AF717503

DELIUS KLASING

Andy Johnson

PERFEKTE BOOTS ELEKTRIK

KNOW-HOW FÜR DIE PRAXIS

Aus dem Englischen von Egmont M. Friedl

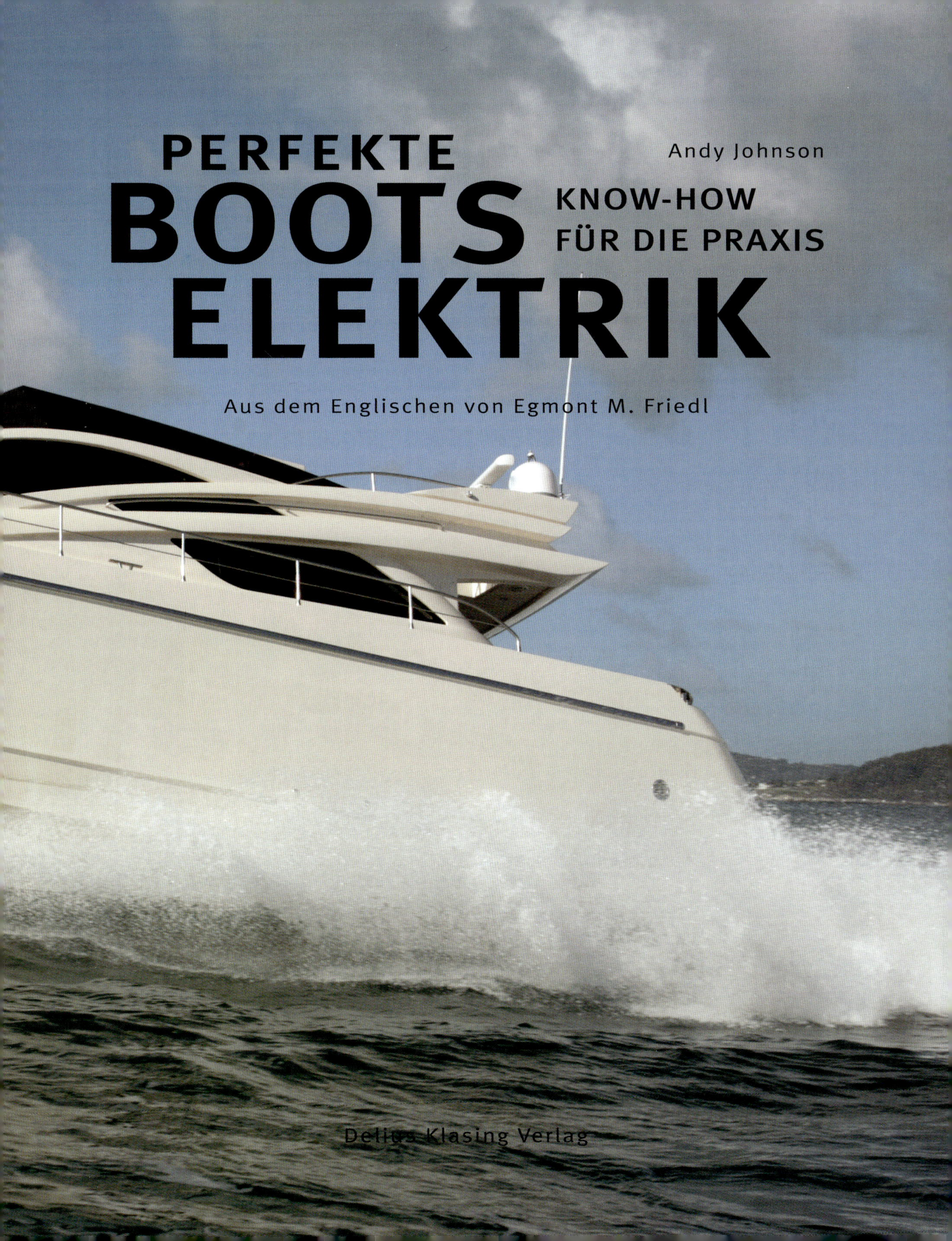

Delius Klasing Verlag

© Andy Johnson 2015, originally published by Bloomsbury Publishing UK
Die englische Originalausgabe mit dem Titel »The Boat Electrics Bible« erschien bei Adlard Coles Nautical, an imprint of Bloomsbury Publishing Plc, London.

Bibliografische Information der Deutschen Nationalbibliothek
Die Deutsche Nationalbibliothek verzeichnet diese Publikation in der Deutschen Nationalbibliografie; detaillierte bibliografische Daten sind im Internet über http://dnb.dnb.de abrufbar.

3. Auflage
ISBN 978-3-667-10684-1
Die Rechte für die deutsche Ausgabe liegen bei der Delius Klasing Verlag GmbH, Bielefeld

Aus dem Englischen von Egmont M. Friedl
Lektorat: Felix Wagner
Titelbild: Serg Shalimoff/shutterstock
Fotos: siehe Seite 192
Herausgeber: Judith Chamberlain-Webber, Sarah Doughty
Berater: Andrew Simpson
Layout: Kevin Knight
Einbandgestaltung: Gabriele Engel
Satz: Bernd Pettke · Digitale Dienste, Bielefeld
Printed in India 2024

Alle in diesem Buch enthaltenen Angaben und Daten wurden von dem Autor nach bestem Wissen erstellt und von ihm sowie vom Verlag mit der gebotenen Sorgfalt überprüft. Gleichwohl können wir keinerlei Gewähr oder Haftung für die Richtigkeit, Vollständigkeit und Aktualität der bereitgestellten Informationen übernehmen.

Alle Rechte vorbehalten! Ohne ausdrückliche Erlaubnis des Verlages darf das Werk weder komplett noch teilweise reproduziert, übertragen oder kopiert werden, wie z. B. manuell oder mithilfe elektronischer und mechanischer Systeme inklusive Fotokopieren, Bandaufzeichnung und Datenspeicherung.

Delius Klasing Verlag GmbH, Siekerwall 21,
D - 33602 Bielefeld
Tel.: 0521/559-0, Fax: 0521/559-115
E-Mail: info@delius-klasing.de
www.delius-klasing.de

Inhalt

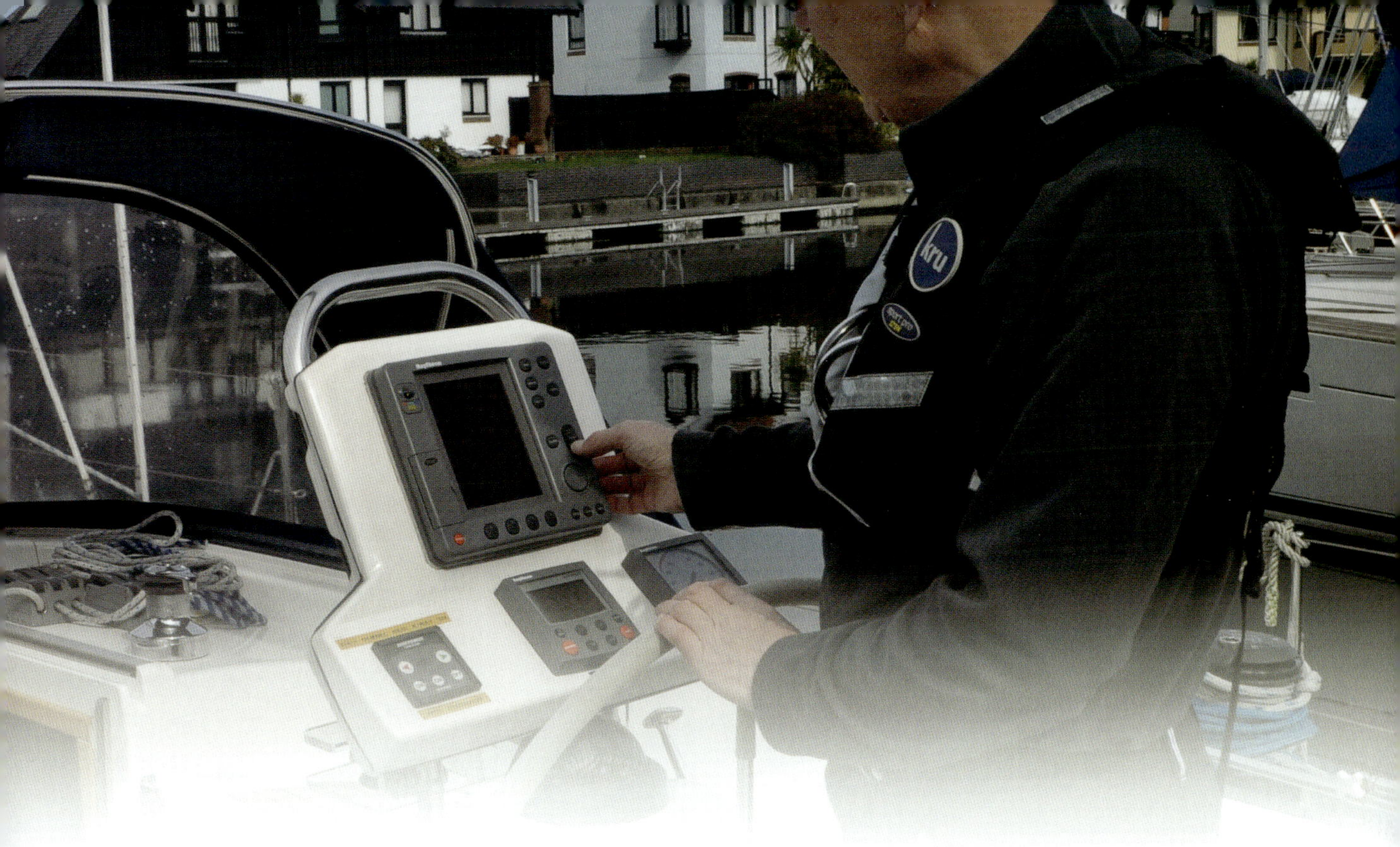

Willkommen bei »Perfekte Bootselektrik«

Wer noch nie Arbeiten an der Bordelektrik durchgeführt hat oder vor den ersten Schritten zögert, dem hilft dieses Buch, Schalter, Kabel, Sicherungen und andere Bestandteile der batteriegespeisten elektrischen Ausrüstung an Bord besser zu verstehen. Wo nötig, erlauben die ausführlichen Erklärungen einen tieferen Einblick in die Arbeitsweise des Bordnetzes.

Ein Multimeter ist überaus nützlich. Mit ihm können Spannung und Stromstärke sowie Durchgang und Widerstand gemessen werden. Ohne dieses Werkzeug ist die Möglichkeit am Bordnetz zu arbeiten oder Fehler zu finden stark eingeschränkt.

Viele Bootsbesitzer zögern, bei Problemen an der Elektrik selbst Hand anzulegen. Einfaches Grundwissen genügt jedoch, um die meisten Arbeiten am batteriegespeisten Niedervolt-Stromnetz, wie man es üblicherweise an Bord vorfindet, auszuführen.

Viele komplizierte Werkzeuge oder Spezialausrüstung sind nicht erforderlich. Eine einfache Grundausstattung inklusive eines Multimeters sollte genügen. Das Hauptaugenmerk richtet sich einerseits darauf, wie neue Ausrüstungsteile eingebaut werden, und andererseits darauf, wie Fehler im Bordnetz aufgespürt und behoben werden können.

Schalttafeln können verschiedenste Formen haben. Sie bestehen im Grunde aus Schaltern und Kontrollleuchten, über die der Strom zu den einzelnen Geräten verteilt wird. Oft sind auch die Sicherungen im Schaltpaneel integriert.

Die Sicherheit steht immer an erster Stelle, und alle Arbeiten an einem Boot bergen potenzielle Gefahren. Das Niedervolt-Stromnetz an Bord (12 und 24 Volt) ist im Prinzip ungefährlich, doch Sorgfalt ist nötig, denn die Batterien speichern beachtlich viel Energie. Auf Wechselstrom an Bord wird ebenfalls eingegangen, doch werden die Arbeiten an der höheren Netzspannung nicht gleichermaßen detailliert gezeigt.

Die nötigen Voraussetzungen

Größen wie Spannung, Stromstärke, Widerstand und Leistung sind verantwortlich für das Funktionieren des Bordnetzes, denn:

- Bei zu geringer Bordspannung können die angeschlossenen Geräte nicht einwandfrei arbeiten.
- Der richtige Kabelquerschnitt und die korrekten Sicherungen zum Schutz der Kabel und Geräte richten sich nach dem Stromverbrauch der Ausrüstung.
- Der Arbeitsstrom einzelner Geräte kann entweder durch Messung bestimmt oder den Angaben auf dem Gerät bzw. der Gebrauchsanweisung entnommen werden.

Das gesamte Niedervolt-Stromnetz hängt von den Batterien ab, sodass eine fundierte Kenntnis über die unterschiedlichen Batteriearten, deren Arbeitsweise und die Größe der benötigten Batteriebank vonnöten ist. Es handelt sich zwar um wartungsarme Ausrüstungsgegenstände, aber die Einsatzart und die Art der Aufladung haben Auswirkungen auf die Leistung und die Lebensdauer einer Batterie.

Von den Batterien wird der Strom über einzelne Schaltkreise zu den vielen elektrischen Geräten an Bord geleitet. Zwischen den Batterien

Die Batterien bilden das Herzstück des Bordnetzes. Hier ist die gesamte Energie gespeichert und stets abrufbereit.

und den Verbrauchern befinden sich Schalter, Sicherungen, Verteiler, Kontrollleuchten und natürlich viele Meter Kabel.

Zum Laden der Batterien steht unter Umständen nur eine einzige Stromquelle zur Verfügung, nämlich der Motor, genauer gesagt die Lichtmaschine am Motor. Verfügt man jedoch über eine größere Auswahl an Stromquellen, wie Landstrom, Wind- bzw. Wassergeneratoren oder Solaranlagen, so ist es wichtig, über die Abstimmung und die Laderegelung dieser unterschiedlichen Quellen Bescheid zu wissen, um die Funktion des Bordnetzes zu verbessern.

Elektronik und Instrumente

Heutzutage ist die Vernetzung der einzelnen Geräte, wie Radar, AIS und andere Navigations- und Überwachungsinstrumente, ein grundlegender Teil der Schiffsführung. Um mit den unterschiedlichen Netzwerken, besonders NMEA 0183 und NMEA 2000 oder den proprietären Netzwerken der Hersteller, das bestmögliche Ergebnis zu erzielen, ist es wichtig, sich sowohl mit der Theorie als auch mit der praktischen Anwendung zu befassen. Instrumente unterschiedlicher Hersteller können mit beiden Netzwerken, entweder einzeln oder simultan, verbunden werden.

Sobald man mit den Konzepten vertraut ist und weiß, was man selbst an Bord haben möchte, wird das Niedervolt-Bordnetz keine größere Schwierigkeit mehr darstellen.

Kabelscheren und Seitenschneider sind in verschiedenen Größen für alle Kabeldurchmesser erhältlich.

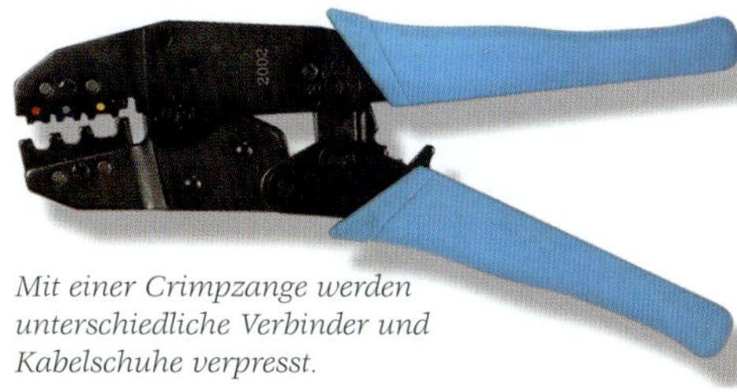

Mit einer Crimpzange werden unterschiedliche Verbinder und Kabelschuhe verpresst.

Nach dem Abschneiden des Kabels wird das Ende mit einer automatischen Abisolierzange von der Plastikummantelung befreit, ohne den Leiter zu beschädigen.

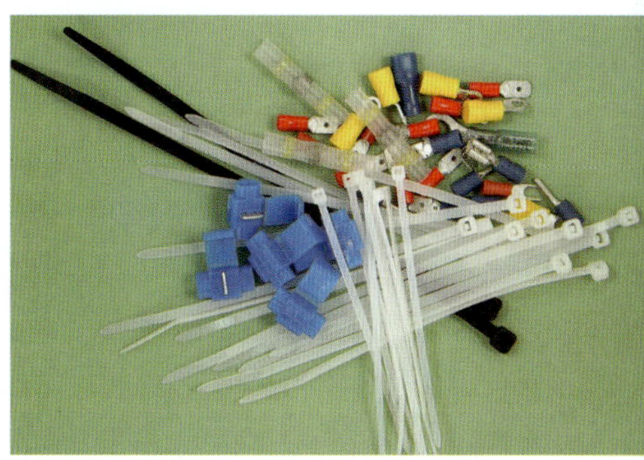

Verbinder, Stecker und Kabelschuhe sind in allen Abmessungen erhältlich, ebenso Kabelbinder für die Befestigung der Kabel (oben).

Windgeneratoren sind eine beliebte Stromquelle, um beim Laden der Batterien zu helfen (links).

Die Grundlagen

1

Was ist Elektrizität?

Elektrizität ist das Fließen elektrischer Ladung. In der Natur tritt dieses Phänomen bei einem Blitzschlag und statischer Aufladung von allein auf. Erfolgt jedoch eine kontrollierte Bewegung der elektrischen Ladungsträger, spricht man von elektrischem Strom, wie wir ihn alltäglich nutzen. Elektrizität wird auf einem Boot für mehr Komfort, zunehmend aber auch für mehr Sicherheit, benötigt.

Elektrizität ist eine Energieform, die auf kleinsten Ladungsträgern beruht. Jede Form von Materie besteht aus Atomen, die wiederum einen Atomkern besitzen, der von negativ geladenen Elektronen in unterschiedlichen Bahnen umkreist wird. Sie ähneln in ihren Umlaufbahnen den Satelliten, die unsere Erde umkreisen. Elektrischer Strom entsteht, wenn sich diese geladenen Teilchen von Atom zu Atom bewegen.

Bei elektrisch leitenden Materialien sind die Elektronen in den äußeren Umlaufbahnen instabil und springen von einem Atom zum nächsten, sobald eine elektrische Spannung anliegt. Die negativ geladenen Elektronen werden von positiver Ladung, wie beispielsweise dem Pluspol einer Batterie, angezogen.

Springt ein Elektron aus seiner Umlaufbahn in die Umlaufbahn eines anderen Atoms, hinterlässt es eine Lücke im ersten Atom, das nun etwas mehr positive Ladung aufweist. Dadurch zieht das erste Atom bereits das nächste Elektron an, das sich auf dem Weg zum Pluspol der Batterie befindet.

Das neue Elektron, das die Lücke nun ausfüllt, hinterlässt seinerseits eine Lücke in dem Atom, von dem es gerade kommt, und so geht es immer weiter. Während die Elektronen Richtung Pluspol wandern, setzen sich die zurückgelassenen Lücken in Richtung zum Minuspol fort. Diese Bewegung ist das Fließen von elektrischem Strom.

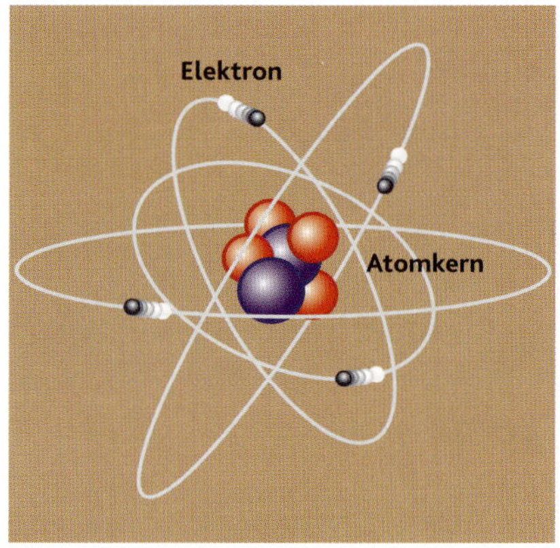

Festlegung der Stromrichtung

Frühe Wissenschaftler definierten die Richtung des Stroms so, dass er von einer positiven Ladung zu einer geringeren oder negativen Ladung fließt. Stromfluss ist somit die Bewegung der Lücken vom Pluspol der Batterie durch die Kabel und den

Atome sind die Bausteine aller Materie. In elektrisch gut leitenden Materialien haben die Atome lose Elektronen in den äußeren Umlaufbahnen, die sich weiterbewegen können, wenn sie sich zwischen unterschiedlich geladenen Polen befinden und dadurch elektrischer Spannung ausgesetzt sind (oben).

Blitzschlag ist eine natürliche Bewegungsform elektrischer Ladung (unten).

gesamten Stromkreis zum Minuspol und wird in einem Schaltplan mit einem Pfeil dargestellt.

Die Ausrichtung elektrischer Spannung kann ebenfalls mit einem Pfeil zwischen zwei Punkten in einem Stromkreis dargestellt werden. Der Pfeil zeigt in Richtung der höheren Ladung. Bei einer Batterie würde er vom Minuspol zum Pluspol zeigen.

Ein vielseitiger Energieträger

Elektrizität selbst ist nicht sichtbar, was das erschwerte Verständnis von Elektrizität erklären mag. Man kann den Strom im Leiter nicht fließen sehen wie Wasser in einem durchsichtigen Rohr. Nur das Ergebnis kann man sehen, wenn Strom in eine andere Energieform umgewandelt wird, wie Wärme, Licht oder Bewegung.

Elektrizität ist eine außerordentlich vielseitige Energieform, die für nahezu jede Aufgabe eingesetzt werden kann. Letztendlich wird Elektrizität fast immer in Wärme umgewandelt, aber auf dem Weg dorthin kann sie nützliche Arbeiten verrichten. Angefangen von Mikroprozessoren, in denen nur wenige Millionstel Volt (Mikrovolt, µV) arbeiten, über den Strom im Haushalt mit wenigen Hundert Volt, bis hin zu den Hochspannungsleitungen, die den Strom mit Zehntausenden Volt über das ganze Land verteilen, ist es immer das gleiche Grundprinzip der Elektrizität, nur dass der Strom in die jeweils geeignetste Form umgewandelt wird.

Dieses Buches möchte zum besten Nutzen der Bordelektrik verhelfen, damit man die Zeit auf dem Wasser sicher und komfortabel genießen kann.

Negativ geladene Elektronen werden von positiver Ladung angezogen und wandern Richtung Pluspol. Die Lücken, die sie hinterlassen, wandern in die andere Richtung zum Minuspol.

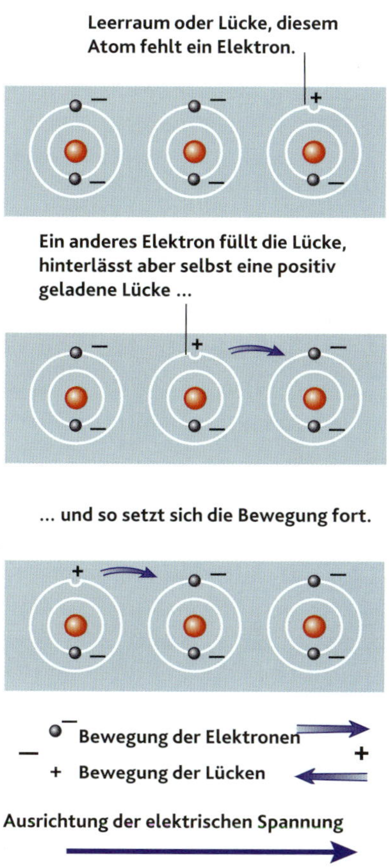

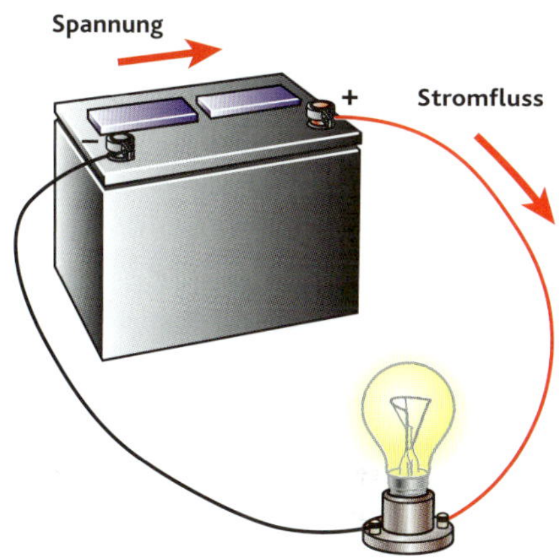

Zwischen den unterschiedlich geladenen Polen zeigt der Pfeil die Richtung der Spannung vom Minuspol zum Pluspol an. Der Strom fließt dagegen vom Pluspol durch das Kabel und die Glühbirne zum Minuspol (oben).

Strom wird auf die passende Spannung transformiert, abhängig von den Anforderungen der angeschlossenen Geräte. Auf kleineren Booten sind es üblicherweise 12 oder 24 Volt. Oft muss die Spannung noch weiter verringert werden, beispielsweise für LED-Lampen (unten).

Volt, Ampere, Watt und Ohm

Theoretische Berechnungen sind beim praktischen Umgang mit der Bordelektrik zum Glück kaum nötig. Dieser Teil der Arbeit ist mit der Konzeption und der Erstinstallation abgeschlossen. Die Kenntnis der Grundbegriffe erleichtert jedoch das Verständnis.

Spannung (Formelzeichen U)

Elektrische Spannung entsteht zwischen zwei unterschiedlich geladenen Punkten in einem Stromkreis und wird in der Einheit Volt (V) gemessen. Denkt man an die Wasserleitung im Haushalt, so entspricht die Spannung dem Wasserdruck. Der Druck entsteht, weil sich der Vorratsbehälter in größerer Höhe als der Wasserhahn befindet. Je größer der Höhenunterschied, desto größer ist der Druck. Ähnlich ist es bei einer Batterie. Je größer der Ladungsunterschied der beiden Pole, desto höher ist die Spannung. Bei einer vollen Batterie beträgt der Unterschied 12,7 V zwischen dem Pluspol mit höherer Ladung und dem Minuspol. In einem Schaltplan wird die Richtung der Spannung mit einem Pfeil dargestellt, der zu dem Punkt mit höherer Ladung zeigt. Bei einer Batterie zeigt der Pfeil somit vom Minuspol zum Pluspol (siehe Seite 13).

Stromstärke (Formelzeichen I)

Die Stromstärke gibt an, wie viel elektrische Ladungsträger durch einen Leiter, zum Beispiel ein Kabel, fließen. Sie wird in Ampere (A) gemessen. Die Stromstärke entspricht beim Vergleich mit der Wasserleitung der Menge Wasser, die durch das Rohr fließt. Negativ geladene Elektronen werden vom Pluspol der Batterie angezogen. Sie hinterlassen Lücken in den Atomen. Die Lücken wandern in Richtung zum Minuspol. Die Bewegung dieser Lücken definiert den Stromfluss, sodass die Richtung des Stroms vom Pluspol durch den Stromkreis zum Minuspol führt.

Widerstand (Formelzeichen R)

Der elektrische Widerstand gibt an, wie gut Strom durch ein Material fließen kann und wird in Ohm (Ω) gemessen. Jedes Material hat einen

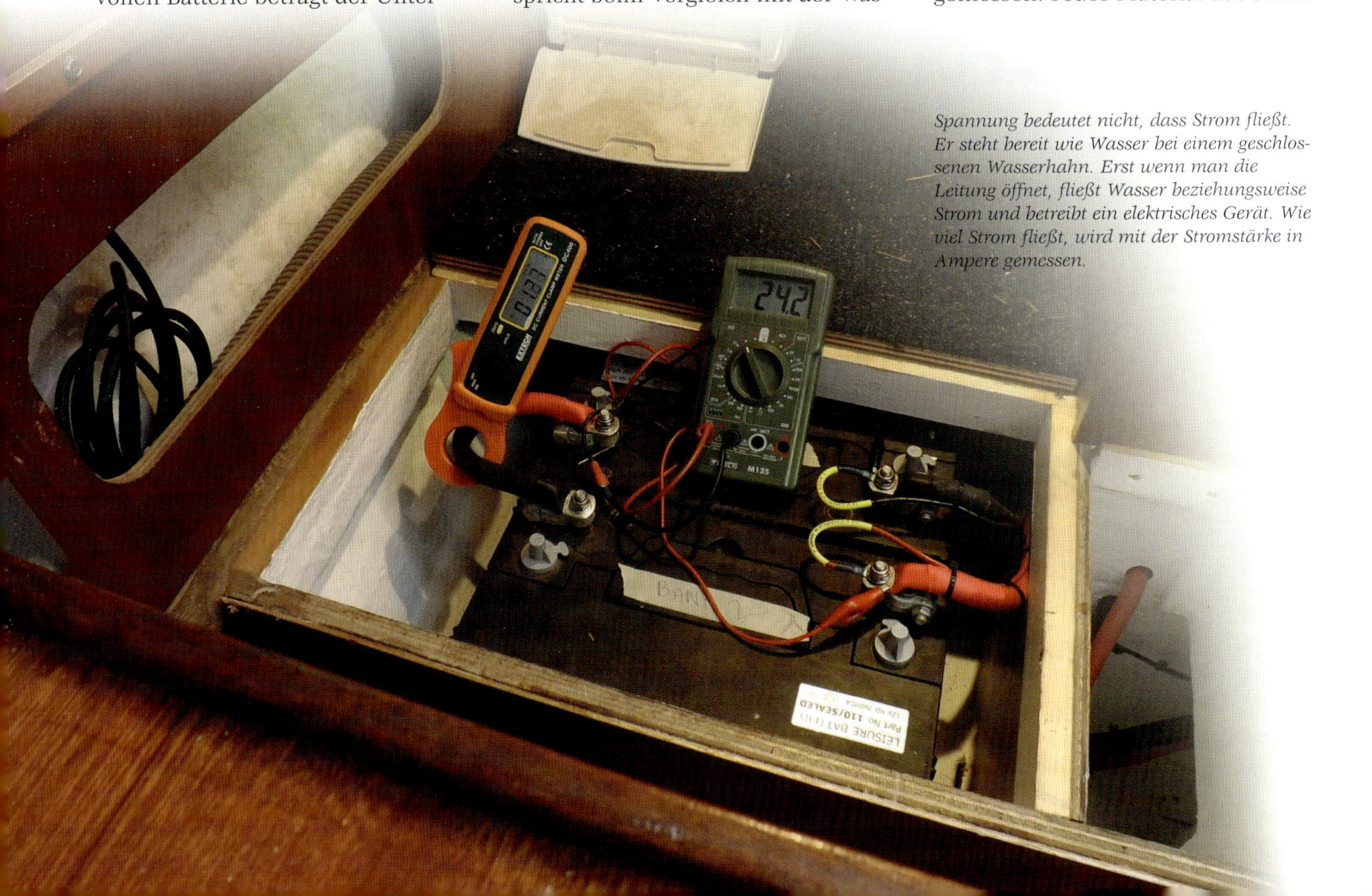

Spannung bedeutet nicht, dass Strom fließt. Er steht bereit wie Wasser bei einem geschlossenen Wasserhahn. Erst wenn man die Leitung öffnet, fließt Wasser beziehungsweise Strom und betreibt ein elektrisches Gerät. Wie viel Strom fließt, wird mit der Stromstärke in Ampere gemessen.

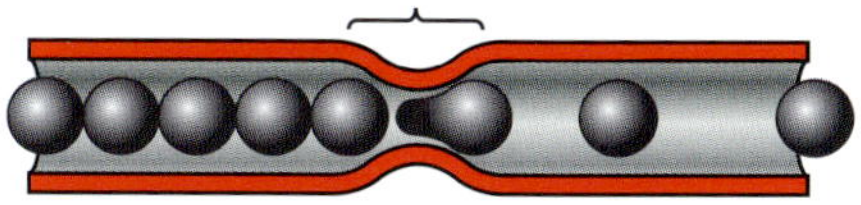

Durch den elektrischen Widerstand eines Materials bewegen sich die Elektronen langsamer, sodass weniger Strom fließen kann.

unterschiedlichen elektrischen Widerstand. Bei Kupfer ist er sehr gering, weshalb Kupfer als Leiter weitverbreitet ist.

Viele Kunststoffe haben dagegen einen sehr hohen Widerstand, sodass Strom nicht durch sie hindurchfließen kann. Kupferleitungen werden deshalb mit Kunststoff zur Isolation überzogen. So sind sie vor Kontakt mit anderen Kabeln oder Gegenständen geschützt. Natürlich verhindert diese Isolation auch, dass man bei Berührung einen elektrischen Schlag erhält. Der Widerstand macht sich innerhalb eines Stromkreises durch Spannungsabfall bemerkbar. Energie aus der Batterie geht dabei durch Wärmeentwicklung verloren.

Leistung (Formelzeichen P)

Die Leistung ist im Grunde der Verbrauch an elektrischer Energie in einem Stromkreis und wird in Watt (W) ausgedrückt. Es ist wichtig, die Leistung der am Bordnetz angeschlossenen Geräte zu kennen, um danach den Kabelquerschnitt, die Batteriekapazität und den Ladebedarf auszurichten.

Bei jedem elektrischen Gerät ist die Leistung angegeben, entweder auf einem Aufdruck oder in der Betriebsanleitung oder auf der Verpackung. Kennt man die Leistung in Watt, kann man den vom Gerät benötigten Strom in Ampere ausrechnen.

Der Ladestrom muss mehr Spannung haben als die Batterie. Das Voltmeter zeigt einen Ladestrom von 13,7 V, um eine 12-V-Batteriebank aufzuladen. Die Stromstärke des Ladestroms wird ebenfalls angezeigt. Hier beträgt sie 6 A. An den Vorzeichen ± ist erkennbar, ob der Strom in oder aus der Batterie fließt (oben und Mitte).

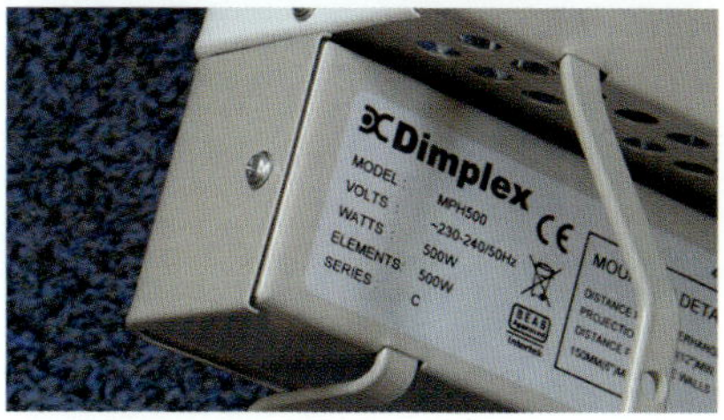

Die Leistung eines Geräts ist üblicherweise auf der Rückseite oder in der Gebrauchsanweisung angegeben (unten).

Tipp

Auf vielen Booten ist ein Voltmeter in der Schalttafel eingebaut. Für sich allein genommen ist sein Nutzen begrenzt, aber man kann mit einem Blick erkennen, ob die Batterie gerade geladen wird oder nicht. Zeigt das Voltmeter bei einem 12-Volt-Bordnetz einen Wert zwischen 13 und 15 Volt an, so wird die Batterie geladen (26-28 V bei einem 24-V-Bordnetz).

Die wichtigsten Formeln und Gesetze

Elektrizität ist eine Energieform, die durch einen Stromkreis fließt. Mit Messungen und einfachen Berechnungen kann man ganz genau herausfinden, was in einem Stromkreis vor sich geht. Einige der Gesetze und Formeln wurden bereits vor Jahrhunderten entdeckt. Es lohnt sich, diese auch für das Stromnetz an Bord zu kennen und anzuwenden.

Kirchhoffs Knotenregel

Der deutsche Physiker Gustav Robert Kirchhoff hat Mitte des 19. Jahrhunderts zwei Regeln über Ströme und Spannungen in elektrischen Schaltungen formuliert, die auch für das Bordnetz sehr nützlich sind. Die Knotenregel besagt, dass die Summe aller Ströme, die zu einem Knoten- oder Verbindungspunkt fließen, gleich der Summe aller vom Knotenpunkt abfließenden Ströme ist. Bei einem 12-V-Bordnetz bedeutet das, dass an einer Stelle, wo sich die Schaltung in mehrere Kabel aufteilt, wie bei einer Sammelschiene, der Strom in dem zuführenden Kabel gleich groß ist wie die Summe der Ströme in allen weiterführenden Kabeln.

Angenommen, der zur Sammelschiene führende Strom ist positiv, und die abfließenden Ströme sind negativ, dann ergibt die Summe aller Ströme null. Das bedeutet auch, dass das zuführende Kabel stark genug dimensioniert sein muss, um die Summe aller Ströme aufzunehmen, die zu den Verbrauchern, wie Beleuchtung, Kartenplotter etc. weiterführen. Das ist auch dann wichtig, wenn später noch weitere Verbraucher eingebaut werden – denn auch das zur Sammelschiene führende Kabel muss den zusätzlichen Strom aufnehmen können.

Kirchhoffs Maschenregel

Jeder Stromkreis beginnt am Pluspol der Batterie und endet am Minuspol. Kirchhoffs Maschenregel besagt, dass die Batteriespannung über alle Elemente des Schaltkreises aufgeteilt

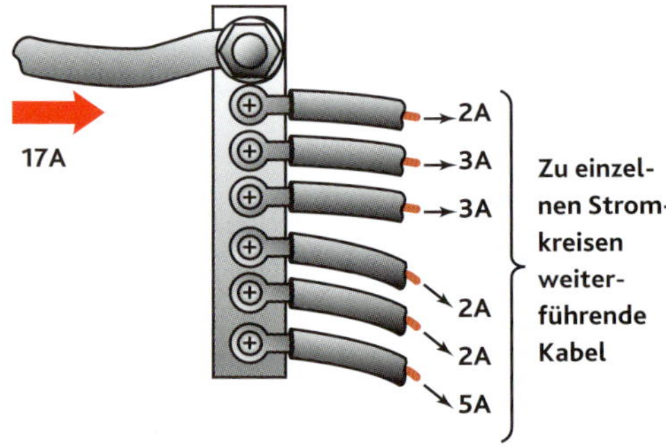

Das zuführende Kabel muss die Summe aller abführenden Ströme aufnehmen können.

Das dickere, rote Kabel führt von der Batterie zur Sammelschiene und muss – nach Kirchhoffs Knotenregel – die Summe aller zu den Verbrauchern weiterführenden Ströme liefern (unten).

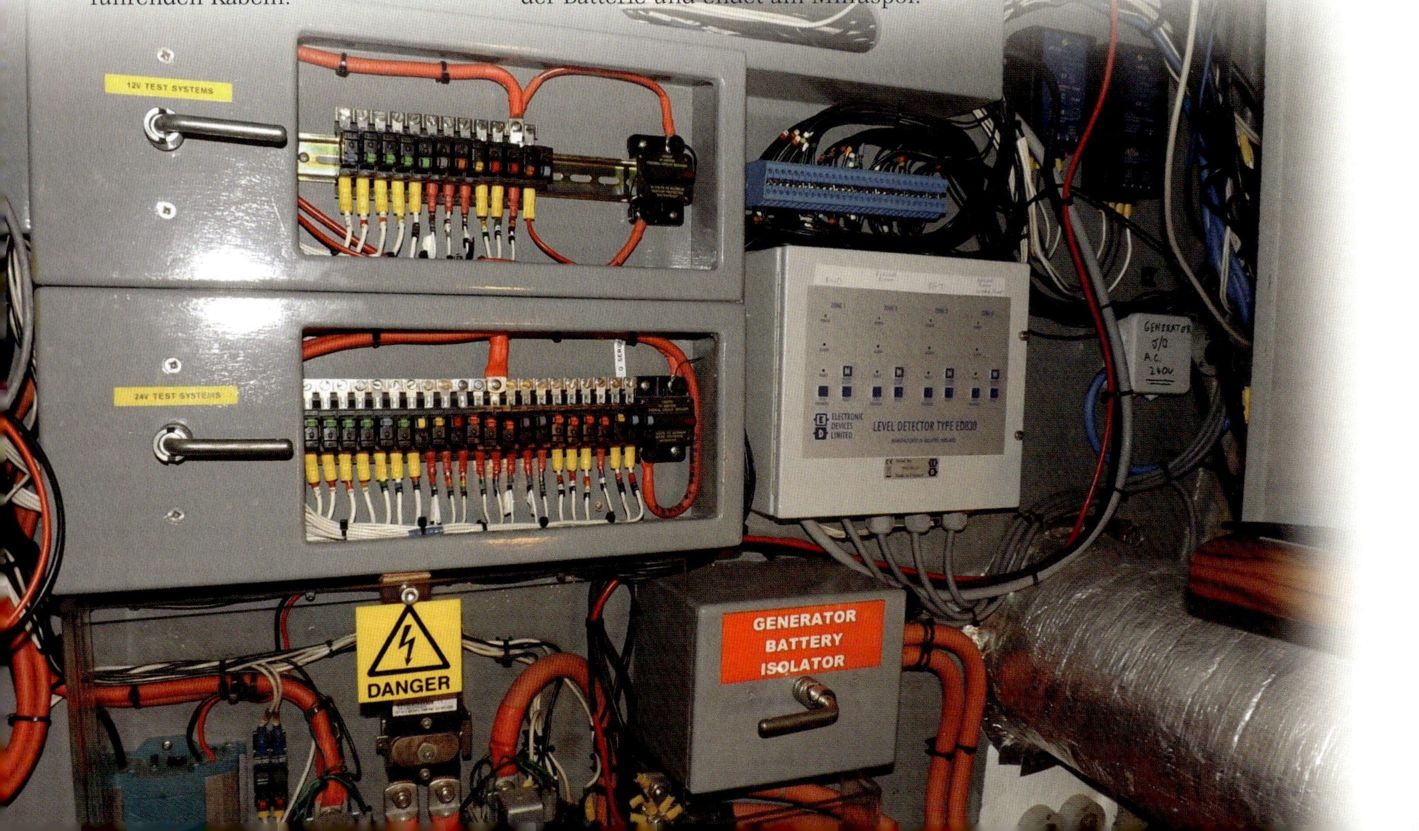

wird, in erster Linie an den Hauptverbraucher. Angenommen, die positiven Teilspannungen führen im Uhrzeigersinn durch den Stromkreis und negative gegen den Uhrzeigersinn, so addieren sich diese Teilspannungen, oder Maschen, laut Kirchhoffs zweitem Gesetz zu null.

Diese Regel kann zur Fehlersuche im Bordnetz eingesetzt werden, denn der Unterschied der Spannung, den man zwischen den Batteriepolen misst, und der Spannung an einem Verbraucher ist der anderswo im Stromkreis auftretende Verlust.

Erstes Joulesches Gesetz

Der englische Physiker James Prescott Joule formulierte den Zusammenhang von Leistung, Spannung und Stromstärke in dem ersten Jouleschen Gesetz, der Stromwärmegleichung. Daraus ergibt sich:

Leistung (in Watt) = Spannung (in Volt) x Stromstärke (in Ampere)

Oder umgeformt ergibt sich: Ampere = Watt geteilt durch Volt. Bei einer gemessenen Bordspannung von 12,5 Volt verbraucht eine 10-Watt-Glühbirne demnach einen Strom von 0,8 Ampere (10 Watt geteilt durch 12,5 Volt). Da der Großteil der Energie in Wärme umgewandelt wird, lässt sich erkennen, ob eine Kühlung durch Ventilation nötig ist.

Bei einer Leistung von 10 Watt ist die Hitzeentwicklung jedoch nicht maßgebend, hier wird lediglich die Glühbirne selbst heiß. Anders ist es bei Geräten mit 50–100 Watt Leistung, bei denen die Wärme durch Ventilation abgeführt werden muss. Außerdem kann man durch die Berechnung der Stromstärke den nötigen Kabelquerschnitt bestimmen.

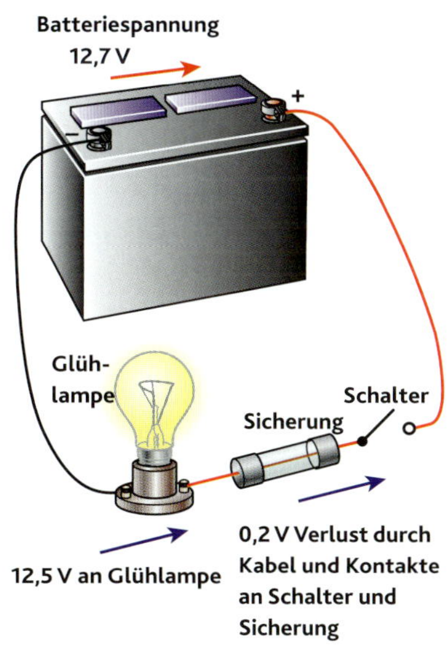

+ V (Batterie) – V (Glühlampe) – V (Verlust) = 0
+ 12,7 V – 12,5 V – 0,2 V = 0
(oder 12,7 V = 12,5 V + 0,2 V)

Nach Kirchhoffs Maschenregel liegt die gesamte Batteriespannung an der Glühlampe an, abzüglich dem Verlust durch schlechte Kontakte, Korrosion etc. Bei größeren Spannungsverlusten leuchtet die Glühlampe schwächer.

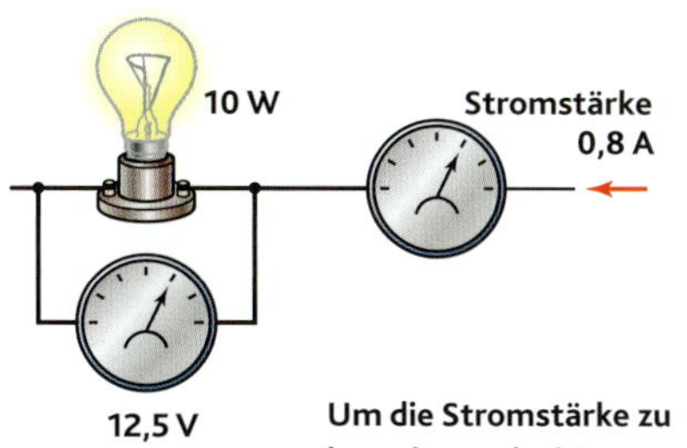

Um die Stromstärke zu berechnen, deckt man das I ab, und die Formel lautet P geteilt durch U.

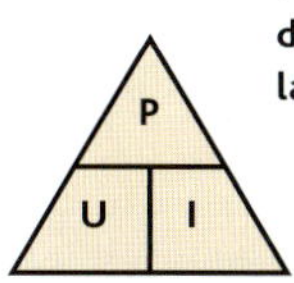

$$\text{Stromstärke (I)} = \frac{\text{Leistung (P)}}{\text{Spannung (U)}} = \frac{10\,\text{W}}{12{,}5\,\text{V}} = 0{,}8\,\text{A}$$

Mit Kenntnis der Stromstärke kann man die Auswirkungen auf die Lebensdauer der Batterie beurteilen, siehe S. 42.

Tipp

Das Ohmsche Gesetz besagt, dass bei einer Spannung von 1 Volt ein Strom von 1 Ampere fließt, um einen Widerstand von 1 Ohm zu überwinden. Gleichermaßen fließt bei einer Spannung von 12,7 V ein Strom von 12,7 A, um einen Widerstand von 1 Ω zu überwinden.

Ohmsches Gesetz

Eine weitere Grundregel der Elektrizität wurde im 19. Jahrhundert von dem deutschen Physiker Georg Simon Ohm aufgestellt. Das Ohmsche Gesetz besagt, dass die Spannung (U) in einem Stromkreis gleich dem Produkt aus Stromstärke (I) und Widerstand (R) ist. Das bedeutet, dass der Widerstand, beispielsweise an einer schlechten Steckverbindung, zu einem Spannungsabfall führt, wenn Strom durch die Verbindung fließt.

Aus Kirchhoffs Maschenregel lässt sich folgern, dass bei dem Verlust von Spannung an einer schlechten Verbindung, weniger Spannung an der Glühbirne anliegt, wodurch sie weniger hell leuchtet, als dies eigentlich der Fall sein sollte. Joules Stromwärmegleichung besagt, dass aufgrund des Widerstands in der mangelhaften Verbindung Hitze entsteht.

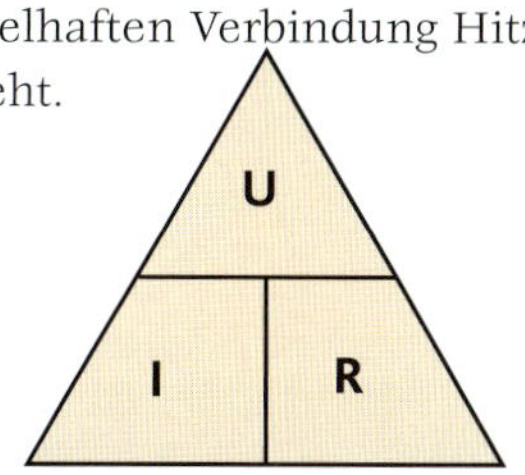

Spannung = Stromstärke x Widerstand
U = I x R

Decken Sie die gesuchte Größe ab und das Dreieck zeigt die Formel an. Um zum Beispiel den Widerstand zu berechnen, decken Sie das R ab und im Dreieck steht U geteilt durch I (Volt geteilt durch Ampere).

Gleich- und Wechselstrom

Elektrischer Strom kann in zwei Formen produziert werden, als Dreh- oder Wechselstrom durch rotierende Bauteile wie bei einer Lichtmaschine oder als Gleichstrom durch chemische und andere Reaktionen wie bei einer Batterie, einer Solarzelle oder einer Brennstoffzelle. Der Strom kann von der einen in die andere Form gewandelt werden, zunächst soll aber die Erzeugung des Stroms genauer erklärt werden.

Wechselstrom

Bei einer Lichtmaschine dreht sich je nach Bauart zum Beispiel ein Magnet in einem Gehäuse, das mit einem langen isolierten Kabel umwickelt ist und somit eine Spule bildet. Jedes Mal, wenn sich der Nordpol des Magneten an der Spule vorbei dreht, induziert er einen Stromfluss in die eine Richtung, und bei der zweiten Hälfte jeder Umdrehung induziert der Südpol des Magneten einen Stromfluss in die andere Richtung. Das wiederholt sich mit jeder Umdrehung.

Die Spannung hat dabei die Form einer Sinuskurve mit einer Frequenz (in Hertz, Hz) in Abhängigkeit von der Zahl der Umdrehungen der Lichtmaschine pro Sekunde. Weltweit hat der Haushaltsstrom eine Frequenz von entweder 50 oder 60 Hz und eine Spannung zwischen 110 und 240 V. Wechselstrom hat viele Vorteile, aber auch einen entscheidenden Nachteil: Ohne Umformung kann er nicht gespeichert werden.

Die elektrische Spannung von Batterien hat gleichbleibende Polarität.

Gleichstrom

Bei Gleichstrom, wie ihn Batterien und Solarpaneele liefern, wechselt die Polarität nicht. An Bord sind Spannungen von 12 V oder 24 V üblich. In einer Solarzelle lösen sich durch das Sonnenlicht Elektronen, sodass Strom fließt. Dieser Prozess ist nicht umkehrbar. Anders bei der chemischen Reaktion in einer Batterie. Dieser Prozess wird umgekehrt, wenn Strom über ein Ladegerät in die Batterie zurückgeleitet wird. Batterien sind dadurch von unschätzbarem Wert als Energiespeicher an Bord, sorgen aber auch durch ihre Eigenheiten für endlosen Gesprächsstoff.

Stromrichter

Stromart und Spannung können ohne größere Probleme umgewandelt werden. Ein gutes Beispiel für einen solchen Stromrichter ist das Ladegerät an Bord, das den Wechselstrom mit der Netzspannung von 110–240 V in Gleichstrom mit einer Spannung von ungefähr 14 V (28 V) umwandelt, der dann als Ladestrom für die Batterien dient.

Auch die Lichtmaschine produziert zunächst Wechselstrom, der mit dem in die Lichtmaschine integrierten Gleichrichter und einem Laderegler in Gleichstrom gewandelt wird, sodass er direkt an die Batterien weitergeleitet werden kann.

Die Lichtmaschine an Bord produziert durch ihre Umdrehungen zunächst Wechselstrom, der mithilfe des eingebauten Gleichrichters und dem Laderegler in Gleichstrom umgewandelt wird, der direkt an die Batterien weitergeleitet werden kann.

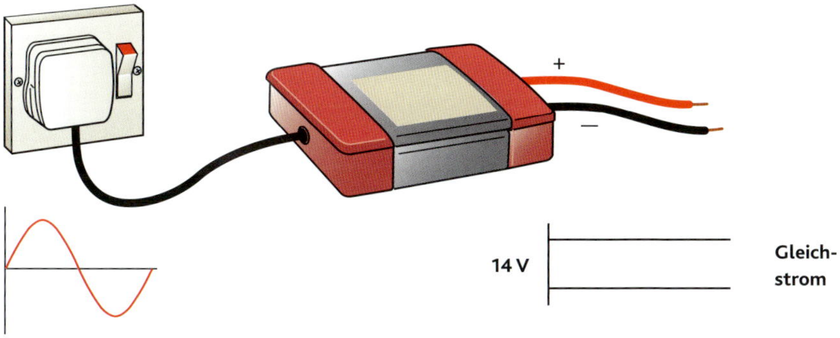

Eingangsspannung, Wechselstrom

Ausgangsspannung Ladegerät, Gleichstrom zur Batterieladung

Der Wechselstrom aus der Steckdose wird vom Ladegerät in Gleichstrom mit passender Spannung umgewandelt, um die Batterien zu laden (oben).

Die Lichtmaschine an Bord produziert genau genommen einen Dreiphasenwechselstrom, auch Drehstrom genannt. Die einzelnen Phasen werden zusammengeführt und mit Gleichrichtern in Gleichstrom zum Laden der Batterien umgewandelt (unten).

Kühlung

Spannungswandler können nicht mit hundertprozentigem Wirkungsgrad arbeiten. Die Verluste können bis zu 30 Prozent betragen und treten in Form von Wärme auf. Daher ist es wichtig, Ladegeräte und Regler an einem gut belüfteten Ort einzubauen, damit sie diese Wärme besser an die Umgebungsluft abgeben können. Die Installationshinweise sollten auf jeden Fall beachtet werden.

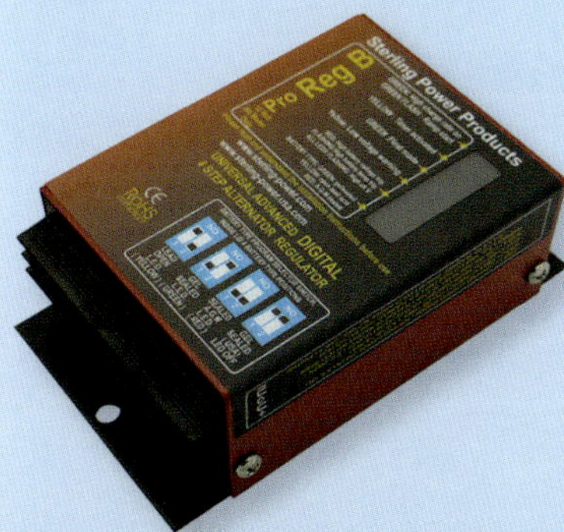

An der linken Seite (oben) sind an diesem Gerät Kühlrippen aus Aluminium angebracht, um die entstehende Wärme besser abzuleiten.

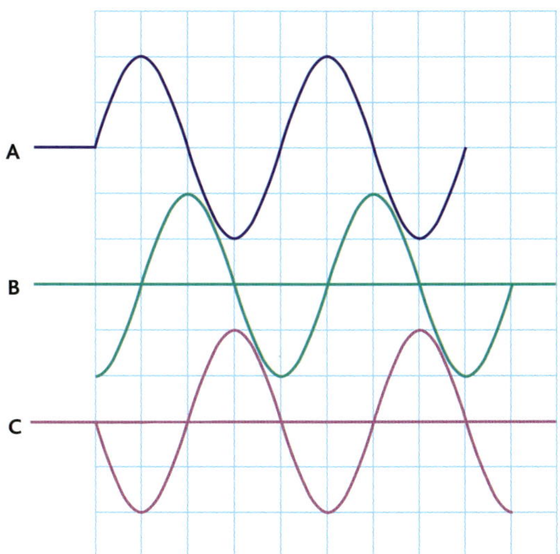

Lichtmaschine

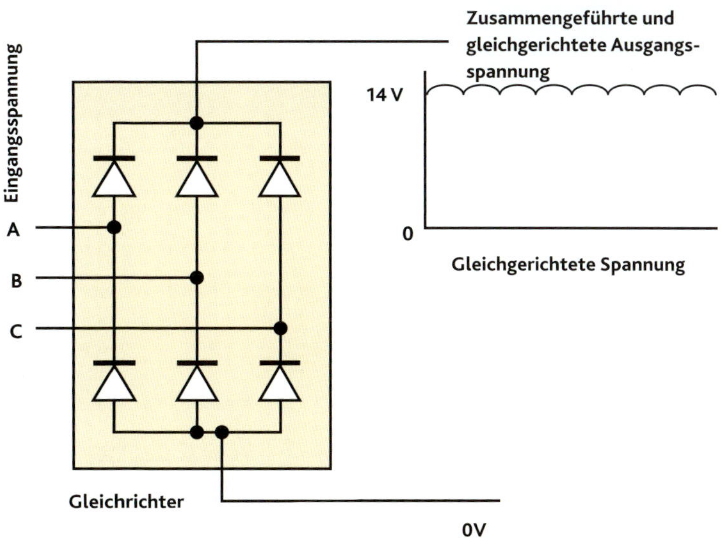

Gleichrichter

Gleichgerichtete Spannung

Werkzeuge und Messinstrumente

1/8 MADE IN USA
2

Werkzeuge für die Bordelektrik

Führen Sie immer eine Auswahl der wichtigsten Werkzeuge zur Reparatur an der Bordelektrik mit. Dicke Kabel, die große Stromstärken von der Batterie und der Lichtmaschine aufnehmen müssen, sollte ein Fachbetrieb konfektionieren, aber für nahezu alle anderen Arbeiten am Niedervoltsystem genügen die folgenden Werkzeuge.

Das Multimeter

Dieses äußerst nützliche Messgerät darf an Bord auf keinen Fall fehlen. Mit dem Multimeter können Spannung, Stromstärke und Widerstand gemessen werden.

Crimpzange

Mit dieser Zange werden Verbindungselemente mit dem Kabel verpresst. Ratschen-Crimpzangen sind der beste Typ unter den preiswerteren Modellen. Sie sind für verschiedene Größen geeignet, die mit den Farben rot, blau und gelb gekennzeichnet sind, und haben einen Entriegelungshebel, falls sich die Zange festklemmt. Achten Sie auf die passende Ausführung der Zange, denn amerikanische und europäische Crimpverbinder haben unterschiedliche Größen.

Abisolierzange

Um die Kunststoffisolierung am Ende des Kabels zu entfernen, verwendet man am besten eine Abisolierzange.

- Automatik-Abisolierzangen haben den Vorteil, dass man die Litzen des Kabels nicht verletzen kann.

Seitenschneider, Kabelschere

Es lohnt sich, unterschiedliche Größen mitzuführen. Ein 6-mm²-Kabel lässt sich beispielsweise mit einem kleinen Seitenschneider nicht mehr sauber durchtrennen.

Kabel-Einziehstangen

Diese flexiblen GFK-Stangen können miteinander verbunden werden, um Kabel hinter Verblendungen, Deckenpaneelen oder unter Böden einzuziehen.

Schraubendreher

Hier gibt es alle Größen und verschiedene Ausführungen. Eine gute Auswahl bis hinunter zu den kleinsten Größen ist empfehlenswert. Ein elektrischer Schraubendreher oder ein kleiner Akkuschrauber mit Leuchte können ebenfalls gute Dienste leisten.

Heißluftpistole, Lötlampe

Eine elektrische Heißluftpistole oder eine gasbetriebene Lötlampe sind ideal um Schrumpfschläuche an Verbindern aufzubringen, damit sie gegen Feuchtigkeit geschützt sind.

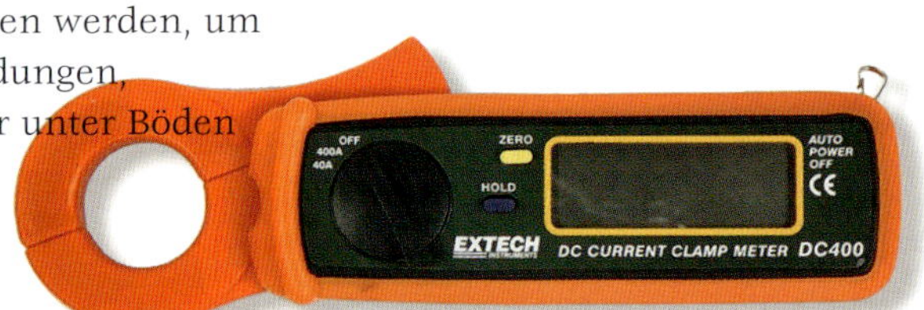

Ein Zangenstrommesser kann Stromstärken von mehreren hundert Ampere messen.

Mit einer Verlängerung in der COM-Buchse kann man von jeder Stelle im Boot den Minuspol der Batterie erreichen.

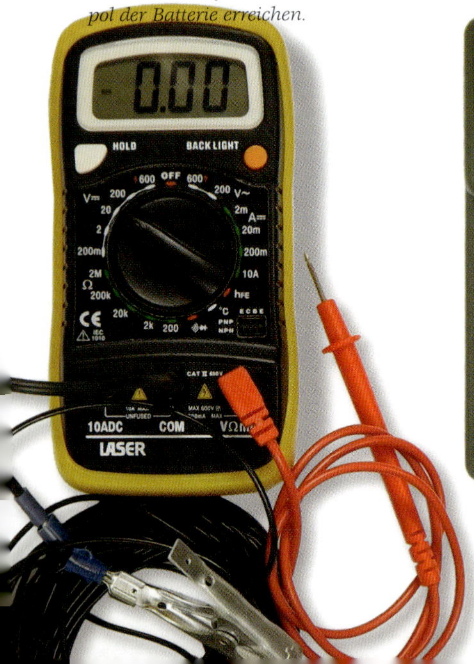

Digital-Multimeter

Diese Abisolierzange ist für kleine bis große Kabeldurchmesser geeignet.

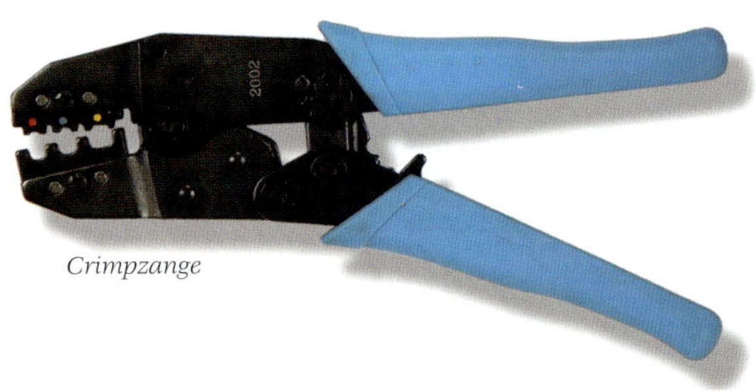

Crimpzange

Lötkolben

Lötverbindungen sind an Bord im Allgemeinen nicht empfehlenswert. Elektrische Lötkolben sollten ungefähr 100 Watt Leistung haben, um genug Hitze zu entwickeln und damit einen guten Verlauf des Lötzinns zwischen den Litzen zu gewährleisten. Auch gasbetriebene Lötgeräte sind nützlich und entwickeln ebenfalls große Hitze.

Pinzette und Spiegel

Diese Hilfsmittel werden nicht unbedingt zusammen eingesetzt, sollten aber dennoch in der Werkzeugkiste nicht fehlen.

Weitere nützliche Werkzeuge:

- Handbohrer
- Bohrständer
- Lochsägen
- Ratschenkasten (min. bis 17 mm)
- Arbeitsmesser
- Kleine Bügelsäge
- Wiederverwendbare Klebemasse, z. B. Blu Tack®
- Isolierband
- Selbstverschweißendes Klebeband
- Kleine Dose Polfett oder Vaseline für die Batterie und Kabelschuhe an Leitungen mit hohen Stromstärken

Kleinteile

Kabelbinder in verschiedenen Längen und Stärken, um Kabelstränge zu bündeln und mithilfe von Befestigungssockeln zu verlegen
Schrumpfschlauch in verschiedenen Stärken und Farben
Eine gute Auswahl an Crimp- und anderen Verbindern (siehe Seite 54/55)

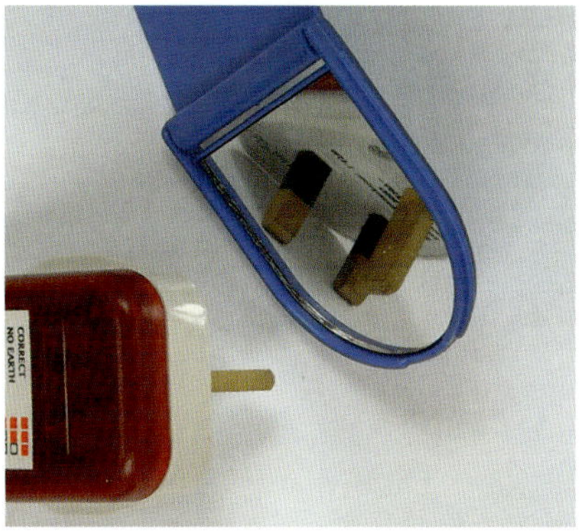

Ein kleiner Spiegel kann sehr nützlich sein und sollte in der Werkzeugkiste nicht fehlen.

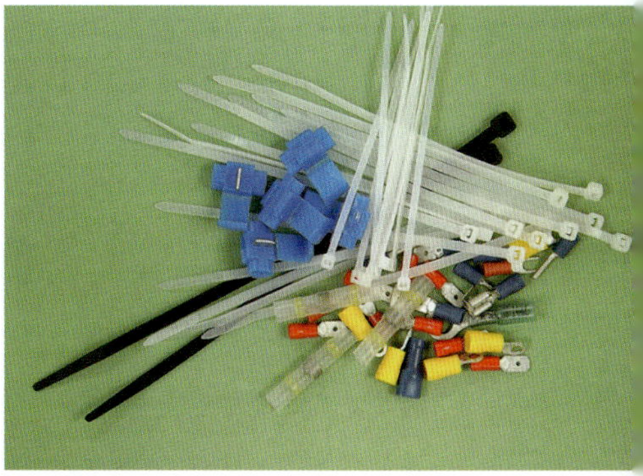

Man benötigt eine angemessene Auswahl unterschiedlicher Verbindungselemente und Kabelbinder.

Dank verschiedener Aufsätze kann dieser Gasbrenner zum Löten oder zum Aufbringen von Schrumpfschläuchen verwendet werden.

Starke, elektrische Heißluftpistole

Einziehstangen lassen sich bis zur gewünschten Länge miteinander verbinden.

Tipp

Crimpverbinder sind je nach Größe rot, blau oder gelb und müssen passend zum Kabelquerschnitt gewählt werden. Ist der Crimpverbinder zu groß, lässt sich das Kabel nicht fest verpressen, und es kann herausfallen.

Sicherheit geht vor

Arbeiten an der Elektrik erfordern größte Sorgfalt. Das Niedervolt-Bordnetz mit Spannungen von 12 oder 24 Volt ist an sich nicht gefährlich, aber die Batterien speichern so große Energiemengen, dass es bei einem Kurzschluss leicht zu einem Brand kommen kann. Arbeiten am 230-Volt-Netzstrom überlässt man besser einem Elektriker, es sei denn, man verfügt selbst über entsprechende Qualifikationen. Die Sicherheit sollte immer an erster Stelle stehen.

Handwerkzeuge

- Die benötigten Werkzeuge sind im Prinzip einfach zu bedienen und sollten keine Probleme bereiten. Bevor man zu arbeiten beginnt, ist ein Blick in die Gebrauchsanweisung jedoch grundsätzlich empfehlenswert.
- Ein scharfes Teppich-, Stanley- oder Cuttermesser ist bei Arbeiten an der Elektrik unabdingbar. Die Klinge sollte sich vollständig einziehen lassen. Am besten gewöhnt man es sich an, die Klinge immer einzuziehen, wenn man das Messer weglegt.
- Schraubendreher sollten auch am Schaft isoliert sein, damit es beim Arbeiten nicht zu ungewollten Kontakten kommen kann, die einen Kurzschluss oder einen Stromschlag auslösen können.

Elektrowerkzeuge

Stellen Sie sicher, dass die Stromversorgung mit einem RCD oder Fehlerstrom-Schutzschalter ausgestattet ist (RCD für »Residual-Current Device«, früher FI-Schalter genannt). Nur so sind Sie bei schadhaften Elektrogeräten vor einem Stromschlag geschützt. Bei Arbeiten mit langen Verlängerungskabeln ist es ratsam, eine tragbare RCD-Steckdose vorzuschalten. An Bord sollte ein Fehlerstrom-Schutzschalter gleich nach dem Anbaustecker für das Landanschlusskabel installiert sein.

Lötwerkzeuge

- Verwenden Sie für kleine elektrische oder gasbetriebene Lötkolben eine Ablage mit angefeuchtetem, hitzebeständigem Schaumstoff. Legen Sie eine Hitzeschutzmatte unter die Ablage, um Holzoberflächen zu schützen. Streifen Sie überschüssiges Lötzinn von der Spitze des Lötkolbens am Schaumstoff ab.
- Größere Lötkolben haben einen Tastschalter, sodass sie ausgeschaltet sind, sobald man sie weglegt. Sie sind so leistungsstark, dass sie sich bei Betätigung des Schalters sehr schnell wieder aufheizen.
- Achten Sie auf gute Belüftung, denn beim Löten entsteht merklich viel Rauch.
- Lassen Sie den Lötkolben nach Verwendung lange genug abkühlen, bevor Sie ihn wegstauen oder die Spitze berühren.

Heißluftpistolen

- Diese sehr nützlichen Geräte geben extrem viel Hitze ab. Berühren Sie deshalb niemals die

Vorsicht, wenn man an der Schalttafel mit einem Schraubendreher arbeitet. Positive und negative Kabelanschlüsse liegen oft dicht nebeneinander – berührt man beide gleichzeitig, entsteht ein Kurzschluss.

Bei langen Landstromkabeln kann die Fehlerstrom-Schutzeinrichtung an Land unter Umständen nicht effektiv arbeiten, weshalb auf jeden Fall auch an Bord ein RCD-Schutzschalter eingebaut sein sollte. Anderenfalls kann man eine mobile RCD-Steckdose am bordseitigen Ende eines langen Verlängerungskabels anschließen.

Düse, um die Funktion zu überprüfen, denn nach nur wenigen Sekunden ist sie bereits heiß.

- Halten Sie die Heißluftpistole zuerst in ausreichendem Abstand, und verringern Sie dann langsam die Distanz zum Werkstück, bis die gewünschte Wirkung zu beobachten ist. Bewegen Sie die Düse kreisförmig, um den Hitzestrahl auf eine größere Fläche zu verteilen anstatt auf nur einen Punkt.
- Achten Sie darauf, wohin der Hitzestrahl gerichtet ist, wenn Sie die Heißluftpistole vom Werkstück wegbewegen.
- Lassen Sie die Heißluftpistole, genau wie einen Lötkolben, nach Gebrauch lange genug abkühlen.

Unübersichtliche Verkabelung

Größte Vorsicht ist angebracht, wenn man in Hohlräumen oder anderen schlecht einsehbaren Orten an der Verkabelung arbeitet, um nicht versehentlich einen unisolierten Netzstromkontakt zu berühren. Vor der Arbeit sollte man den Landanschluss ausstecken und auch die Batterie abklemmen.

Heißluftpistolen entwickeln sehr große Hitze! Achten Sie darauf, dass Gegenstände neben dem eigentlichen Werkstück nicht schmelzen (oben).

Eine mobile RCD-Steckdose kann am bordseitigen Ende eines langen Verlängerungskabels angeschlossen werden (unten).

Kurzschlüsse am 12-V/24-V-Bordnetz

Unter einem Kurzschluss versteht man eine direkte Verbindung zwischen den Batteriepolen. Das kann direkt an der Batterie oder weiter entfernt in der Verkabelung passieren, wenn man mit einem positiven Stromleiter den Minusleiter oder Masse berührt. Ohne Verbraucher bildet nur das Kabel selbst einen Widerstand zwischen den Batteriepolen, sodass Strom mit bis zu Hunderten Ampere fließen kann und sich starker Funkenschlag bildet.

Achten Sie auf unisolierte Netzstromkontakte. Decken Sie solche Kontakte ab oder, stecken Sie besser das Landstromkabel aus, bevor Sie mit der Arbeit beginnen.

Polklemmen anschließen

Halten Sie zunächst die Polklemme mit der Hand an den Batteriepol. Bei einem Problem können Sie den Kontakt sofort unterbrechen. Bei Berührung des Batteriepols mit der Klemme entsteht oft ein kleiner Funke. Ist alles in Ordnung, kann die Polklemme zugeschraubt werden. Decken Sie dabei den anderen Batteriepol ab, um eine versehentliche Berührung mit dem Schraubenschlüssel zu vermeiden.

Das Multimeter

Als Standard-Messgerät kommt ein digitales Multimeter, umgangssprachlich auch Voltmeter genannt, zum Einsatz. Bei vielen Geräten muss der Messbereich manuell eingestellt werden, andere stellen automatisch den passenden Bereich ein (auto-ranging). Neben den üblichen Geräten mit digitaler Anzeige gibt es auch Ausführungen, die das Messergebnis analog mit einem Zeiger anzeigen.

Das Multimeter ist ein batteriebetriebenes Vielzweck-Messgerät, mit dem man Gleich- und Wechselspannung, Gleichstromstärke und Widerstand messen sowie Dioden und Batterien testen kann. Bei den Auto-Range-Modellen muss nur die Messgröße gewählt werden, zum Beispiel Gleichspannung, und das Gerät stellt sich automatisch auf den passenden Messbereich, sobald man mit der Messung beginnt. Bei den meisten Geräten wählt man die Messgröße und den Messbereich mit einem zentralen Drehschalter und steckt die Messkabel in die zur Messgröße zugehörigen Buchsen.

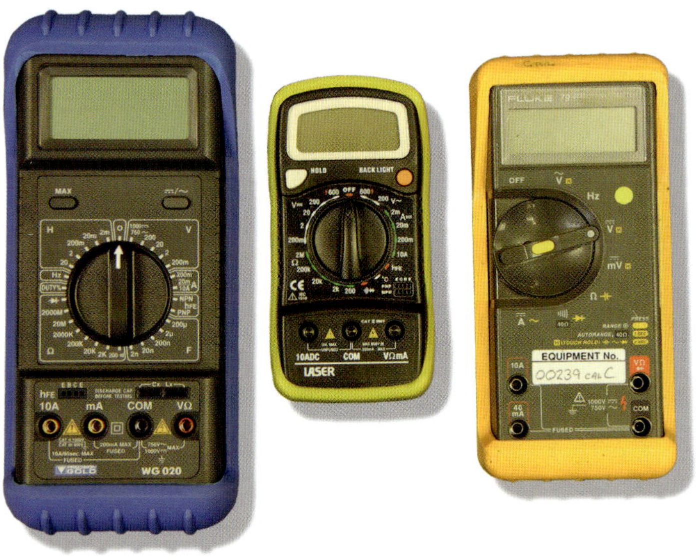

Typische Ausführungen eines Multimeters, das Modell rechts ist ein Auto-Range-Multimeter.

Zusätzliche Funktionen

- Eine automatische Abschaltung ist nützlich und verlängert die Lebensdauer der eingebauten Batterie, kann aber auch zu Verwirrungen führen.
- Ein hintergrundbeleuchtetes Display erleichtert die Ablesung bei Messungen in den dunkleren Ecken eines Bootes.
- Geräte mit HOLD-Funktion können das Messergebnis auch noch nach der Messung anzeigen. Viele Geräte haben diese Funktion, die aber auch verwirrend sein kann, wenn man vergisst, sie abzuschalten.
- Mit manchen Modellen kann man zudem Oberflächen-Temperaturen messen. Man wählt die entsprechende Messgröße, schließt den beiliegenden Temperaturfühler an und berührt damit die zu messende Oberfläche.

Spannungs-Messbereiche

Multimeter haben mehrere Messbereiche, um Gleichspannung zu messen, vom kleinsten, 0–200 mV (0,2 V), bis zum größten mit einem Bereich von mindestens 0–600 V. Meist kann auch ebenso starke Wechselspannung in drei oder vier entsprechenden Messbereichen angezeigt werden.

Messung der Stromstärke

Für die Stromstärkemessung stehen zwei Messbereiche zur Verfügung, der erste für kleine Stromstärken bis 1 A und der zweite für höhere Stromstärken mit einen Gesamtbereich üblicherweise bis 10 A, bei manchen Modellen bis 20 A. Die Messkabel müssen dazu in die zum Messbereich passenden Buchsen eingesteckt werden.

Widerstand und Durchgang

Mehrere Messbereiche für Widerstände bis zu 10 MΩ (10 Millionen Ohm) sind Standard.

Diodenprüfung

Eine Diode (oder Gleichrichter) arbeitet wie ein Ventil, das den Strom nur in eine Richtung durchlässt. Mit dem Multimeter kann man feststellen, ob eine Diode einwandfrei funktioniert.

Auf einem Boot findet man Dioden in erster Linie in der Licht-

Einstellung von Messgröße und Messbereich

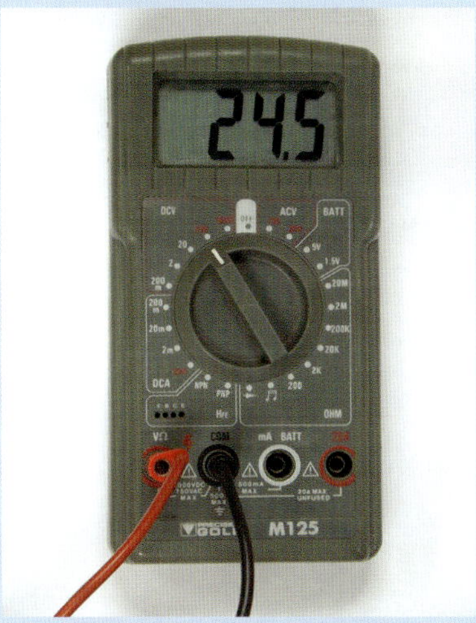

Stellen Sie das Multimeter auf die gewünschte Messgröße und den korrekten Messbereich. Hier ist es auf Messung einer Gleichspannung im Bereich bis 200 V eingestellt, da es auf einem Boot mit einem 24-V-Bordnetz eingesetzt werden soll.

Die Messkabel sind zur Stromstärkemessung in die 20-A-Buchse und in die COM-Buchse eingesteckt.

Test einer Diode an einer Lichtmaschine. Bei einwandfreier Funktion zeigt das auf Diodenprüfung gestellte Multimeter eine Durchlassspannung von ungefähr 0,7 V an.

Mit der Funktion zum Testen einer Batterie kann man den Ladezustand von 1,5-V-Batterien und 9-V-Blockbatterien überprüfen. Eine leere 1,5-V-Batterie hat noch ungefähr 1,2 V.

maschine. Dort wandeln die sechs Dioden des Gleichrichters den Wechselstrom in Gleichstrom um, der dann zur Ladung der Batterien zur Verfügung steht.

Batterietest

Diese Funktion ermöglicht es, die in vielen Geräten verwendeten 1,5-V-Batterien und 9-V-Blockbatterien zu testen.

Messkabel

Multimeter werden meist mit nur zwei Standard-Messkabeln mit spitzen Messfühlern ausgeliefert. Es lohnt sich daher, einen umfangreicheren Messleitungssatz mit Krokodil- oder Abgreifklemmen anzuschaffen, um bei der Messung die Hände frei zu haben.

Tipp

Oft muss man die spitzen Messfühler sehr fest auf die zu messende Kontaktfläche drücken, denn nach längerer Zeit kann sich dort eine isolierende Oxidschicht gebildet haben. Es kann sogar nötig sein, diese Oxidschicht erst wegzukratzen, um eine Messung vornehmen zu können.

Bei Messleitungen mit Krokodilklemmen hat man die Hände frei.

Messung von Spannung und Stromstärke

Vor einer Messung muss das Multimeter richtig eingestellt und die Messkabel in die richtigen Buchsen gesteckt werden. Multimeter sind jedoch ziemlich robuste Geräte und haben eine eingebaute Sicherung.

Messkabel einstecken

Die Buchsen für die Messkabel können unterschiedlich ausgeführt sein – lesen Sie daher auch in der Gebrauchsanweisung nach. Im Allgemeinen wird das schwarze Messkabel in die COM-Buchse gesteckt. Für das rote Messkabel gibt es mehrere Möglichkeiten, abhängig von der Messgröße:

- Für Gleich- und Wechselspannung wird die VΩ-Buchse verwendet.
- Bei Messung der Stromstärke bis 200 mA ist es die mA-Buchse.
- Für Stromstärkemessung bis 10 A (oder 20 A) muss in die 10-A-Buchse (bzw. 20-A-Buchse) eingesteckt werden.

Messbereich einstellen

Der Messbereich des Multimeters ist nach oben begrenzt. Üblicherweise kann bei Gleichspannung bis maximal 600 V, bei manchen Geräten bis 1000 V, gemessen werden. Für Messungen geringerer Spannung ist der Messbereich nach unten in mehrere Bereiche aufgeteilt, die eine höhere Auflösung haben. Wählen Sie den passenden Bereich, der die zu messende Spannung abdeckt. Bei 12 V ist es der Bereich bis 20 V, bei einem 24-V-Bordnetz muss der nächstgrößere Bereich, meist 200 V, eingestellt werden. Am Multimeter entsteht jedoch kein Schaden, wenn versehentlich in einem zu klein eingestellten Messbereich gemessen wird.

Um den Spannungsabfall an einer Sicherung zu messen, wird das Multimeter auf einen kleinen Messbereich (2 V) eingestellt, da mit einem geringen Messwert zu rechnen ist, auch wenn gleichzeitig mehrere Ampere durch den Stromkreis fließen. Selbst wenn der Messwert den eingestellten Messbereich übersteigt, entsteht kein Schaden am Multimeter.

Messung der Spannung

Das Multimeter misst den Unterschied der Spannung zwischen dem roten und dem schwarzen Messkabel, sodass das Messergebnis auch davon abhängt, wo die Spannung im Stromkreis gemessen wird. Um die Batteriespannung zu messen, stellt man das Multimeter auf den passenden Messbereich und hält das rote und schwarze Messkabel direkt an den Plus- bzw. Minuspol der Batterie. Vertauscht man bei einer Messung Plus und Minus, zeigt ein digitales Multimeter lediglich ein Minuszeichen vor dem Messwert.

Soll dagegen der Spanungsabfall an einer Sicherung gemessen werden, rechnet man mit einem wesentlich geringeren Verlustwert an Spannung und wählt den 200-mV- oder 2-V-Messbereich. Um mit korrekter Polarität zu messen, hält man das rote Messkabel an die Batterieseite der Sicherung, von der der Strom kommt, und das schwarze Messkabel an die Seite, auf der der Strom weiterfließt.

Messung der Stromstärke

Um die Stromstärke zu messen, muss der Stromkreis unterbrochen und das Multimeter in den Stromkreis eingesetzt werden. Da die Stromstärke im Stromkreis überall gleich groß ist, kann er an einem beliebigen Punkt unterbrochen werden. Stecken Sie das schwarze Messkabel in die COM-Buchse und das rote in die 10-A-Buchse. Wählen Sie den 10-A-Messbereich, und schließen Sie die Messkabel an der unterbrochenen Stelle an.

Der Messwert ist positiv, wenn der Strom durch das rote Messkabel in die 10-A-Buchse fließt und durch das schwarze Messkabel weiterfließt. Einzelne Stromkreise können praktischerweise direkt an einem Schalter gemessen werden, ohne ein Kabel abklemmen zu müssen. Stellen Sie den Schalter auf »aus«, und überbrücken Sie ihn mit den Messkabeln, sodass der Stromkreis durch das Multimeter geschlossen wird.

Eingebaute Sicherung

Das Multimeter hat eine eingebaute Sicherung zum Schutz vor zu großen Stromstärken. Bedenken Sie auch, dass die Messkabel nicht dafür ausgelegt sind, hohe Stromstärken für längere Zeit aufzunehmen und schnell heiß werden. Die Messung der Stromstärke sollten Sie daher nur so lange vornehmen, bis Sie das Messergebnis ablesen können.

Multimeter sind durch eine eingebaute Sicherung weitgehend geschützt. Um an die Sicherung zu kommen, muss die Rückseite abgenommen werden.

Tipp

Bei der Messung der Stromstärke muss man bedenken, dass die Messkabel nur kurze Zeit mehrere Ampere aushalten können, ohne heiß zu werden oder sogar zu schmelzen. Den maximalen Messwert von 20 A können sie nur für wenige Sekunden aufnehmen. Man darf daher nur kurz messen und muss die Messkabel sofort abnehmen, sobald man das Ergebnis abgelesen hat.

Stromstärkemessung

Da der hohe Messbereich bis 10 A eingestellt ist, müssen die Messkabel in die 10-A-Buchse und in die COM-Buchse eingesteckt werden.

Um die Stromstärke in einem Schaltkreis der Innenbeleuchtung zu messen, stellt man den Schalter auf »aus« und überbrückt ihn mit den Messkabeln. Das Multimeter schließt somit den Stromkreis und zeigt die Stromstärke an.

Direkt am Kabel messen

Bei Niedervolt-Anlagen kann man mit den Spitzen der Messkabel durch die Isolierung stechen, um die Spannung zu messen, wenn keine andere Kontaktfläche zur Verfügung steht. Legen Sie ein Stück Holz statt ihres Fingers unter das Kabel, und machen Sie das niemals bei Netzstromkabeln.

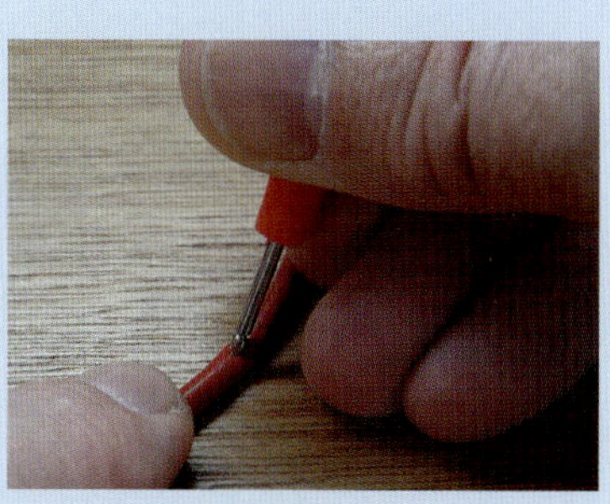

Messung größerer Stromstärken

Es ist sehr nützlich, den Strom von der Lichtmaschine oder der Batterie zu messen. Bei laufendem Motor kann man sofort überprüfen, wie viel Strom die Lichtmaschine produziert. Diese Stromstärken, und auch die von Windgeneratoren und Solaranlagen, sind jedoch zu groß für ein Multimeter, sodass man ein anderes Messgerät benötigt.

Zangenstrommesser

Die Stromstärke an der Batterie, dem Anlassermotor und der Lichtmaschine kann nicht mit dem Multimeter gemessen werden. Hierfür ist ein Zangenstrommesser ideal, bei dem eine unterschiedliche Messtechnik zum Einsatz kommt. Fließt Strom durch ein Kabel, entsteht ein Magnetfeld, dessen Stärke in direkter Abhängigkeit zur Stromstärke im Kabel steht. Der Sensor eines Zangenstrommessers, auch Stromzange genannt, kann dieses Magnetfeld messen und als Stromstärke anzeigen, wenn er um das Kabel herum angebracht wird.

Mit einer Stromzange kann der Strom zum Anlassermotor (127,5 A) ganz einfach gemessen werden. Fließt der Strom in Richtung des Pfeils am Messgerät – hier zum Anlassermotor hin – wird er im Display positiv angezeigt.

Bei den verschiedenen Ausführungen sollte man darauf achten, dass das Gerät für Gleichstrom geeignet ist. Zusätzlich ist oft ein Voltmeter integriert. Mit einer Stromzange können auch geringe Stromstärken gemessen werden; allerdings ist die Messgenauigkeit dann geringer. Zwei Zehntel hinter dem Komma mehr oder weniger sind jedoch nicht entscheidend, vielmehr überwiegt der Vorteil sehr einfach und schnell die Stromstärke bestimmen zu können.

Wohin fließt der Strom?

Boote mit zwei oder drei Batteriebänken und mehreren Stromquellen zur Ladung haben unweigerlich ein komplexes Bordnetz. Nur wer die Verkabelung von den dicken Batteriekabeln bis hin zu den kleinen Stromkreisen für die Beleuchtung verfolgen kann, hat einen kompletten Überblick über das Bordnetz. Das ist besonders nach dem Kauf eines Gebrauchtbootes von Vorteil.

- Das Praktische an einer Stromzange ist, dass man keine Kabel abklemmen muss. Achten Sie auf den Richtungspfeil am Gerät, der anzeigt, in welcher Richtung es angebracht werden muss, damit der Messwert positiv ist. Für das Gerät macht es keinen Unterschied, aber es hilft zu verstehen, in welcher Richtung der Strom fließt. Bleiben Sie dabei einer Definition treu, zum Beispiel, dass der Strom vom Pluspol zum Minuspol der Batterie fließt.
- Stellen Sie fest, aus welcher Batterie die Verbraucher gespeist werden. Schalten Sie die Beleuchtung ein, und umschließen Sie mit der Zange nacheinander die positiven Batteriekabel. Bei den Verbraucherbatterien wird ein negativer Strom-

Dieser Zangenstrommesser hat ein eingebautes Voltmeter, sodass man Volt und Ampere gleichzeitig messen und daraus die Leistung errechnen kann.

Stromfluss

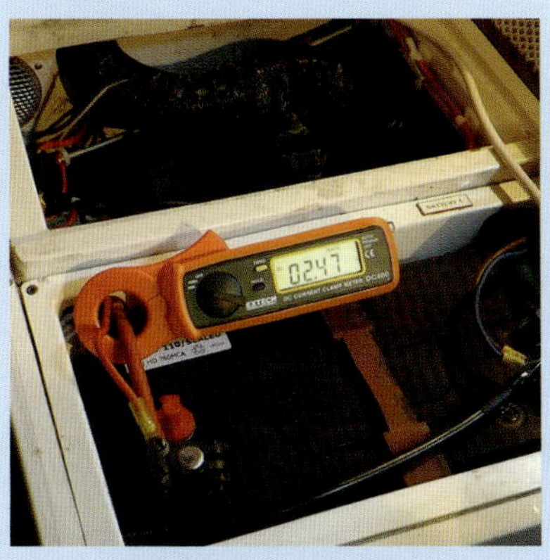

Bei eingeschaltetem Ladegerät zeigt der Zangenstrommesser einen Stromfluss von 2,47 A in die Batterie.

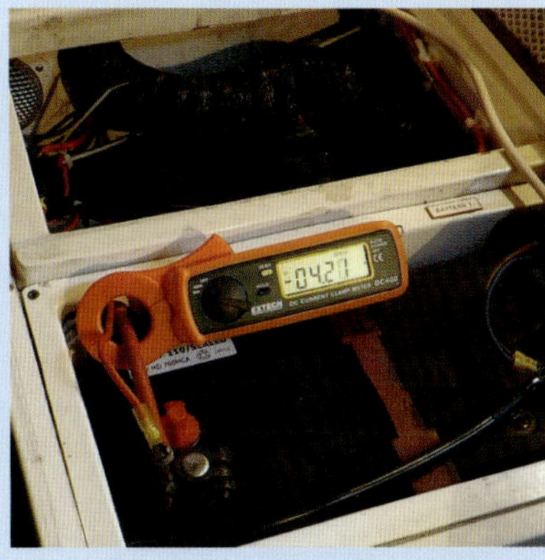

Schaltet man das Ladegerät aus, wird ein Stromfluss von 4,21 A aus der Batterie angezeigt.

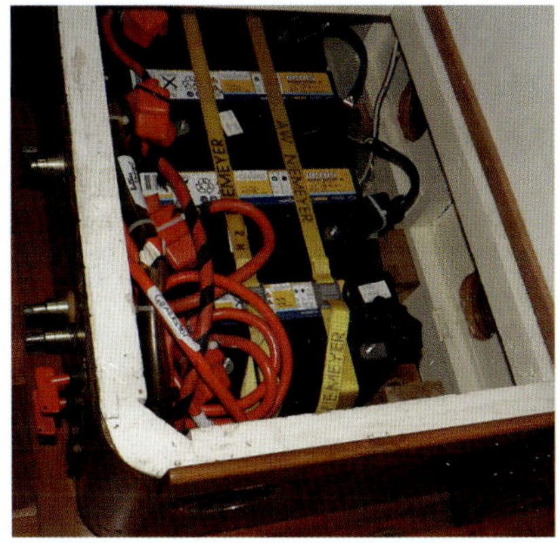

Um eine Verkabelung zu verstehen, ist es sehr hilfreich, messen zu können, welches Kabel Strom in welche Richtung führt, während man gleichzeitig die Schalter bedient. In diesem Fall stellte sich das rote Kabel mit dem schwarzen Klebeband als Minusleiter heraus. Die gemessene Richtung des Stroms, zurück zur Batterie, hat das bestätigt.

fluss, also eine Entladung, angezeigt, sofern man nach oben genannter Definition vorgeht.

- Überprüfen Sie, ob die Lichtmaschine lädt, indem Sie die Stromzange an dem positiven Kabel der Verbraucherbatterie anlegen, die Beleuchtung einschalten, um den Entladestrom als negativen Wert zu erhalten, und dann den Motor starten. Jetzt muss der Wert positiv werden, da der höhere Ladestrom von der Lichtmaschine in die Batterie fließt. Beachten Sie, dass Sie die Differenz zwischen Lade- und Entladestrom messen, da die Beleuchtung noch eingeschaltet ist.
- Das Ladegerät für Landstrom kann auf die gleiche Art überprüft werden, indem es statt des Motors eingeschaltet wird. Je mehr Verbraucher während des Ladens eingeschaltet sind, umso länger dauert es, bis die Batterien aufgeladen sind.

Prüfung der Lichtmaschine

Man kann sich ein gutes Bild von der Arbeitsweise der Lichtmaschine machen, wenn man den Anstieg des Ladestroms beobachtet, während man die Motordrehzahl erhöht. Ist der Ladezustand der Batterie gering oder sind viele Verbraucher eingeschaltet, sollte bei einer intakten Lichtmaschine der Ladestrom deutlich ansteigen. Auf der anderen Seite wird man wahrscheinlich beobachten, dass die Lichtmaschine bei Leerlaufdrehzahl des Motors kaum oder gar keinen Ladestrom für die Batterien produziert.

Tipp

Bevor man mit der Stromzange messen kann, muss man das Gerät jedes Mal auf null stellen. Dazu muss man es einschalten und bei geschlossener Zange, ohne Kabel in der Zange, auf »auto zero« drücken oder den entsprechenden Regler auf null stellen.

Ladestrom von der Lichtmaschine

Bei Leerlauf wird nur geringer Ladestrom produziert, hier sind es immerhin 9 A. Arbeitet der Laderegler in der Lichtmaschine jedoch nicht ordnungsgemäß, können es 0 A sein.

Erhöht man die Motordrehzahl, steigt auch der Ladestrom – hier auf 17 A – bis die Batteriespannung knapp 14 V erreicht.

Durchgang, Widerstand und Diodenprüfung

Um diese Funktionen des Multimeters nutzen zu können, muss der Stromkreis unterbrochen werden. Als Stromquelle für die Messung dient die kleine eingebaute Batterie des Multimeters. In den meisten Fällen müssen beide Enden des zu prüfenden Gegenstandes oder des Kabels abgeklemmt sein. Um zu testen, ob eine Sicherung durchgebrannt ist, muss man sie aus ihrer Halterung nehmen.

Durchgang

Bei einer Durchgangsprüfung stellt man fest, ob zwei Punkte elektrisch leitend miteinander verbunden sind, unabhängig davon, ob sie verbunden sein sollen oder nicht. Manche Multimeter zeigen den Durchgang auch mit einem Signalton an. Welches Messkabel an welche Seite gehalten wird, spielt keine Rolle, aber es ist sinnvoll, vor der Messung die Messfühler kurz aneinander zu halten, um den Signalgeber zu überprüfen.

Unterbrechung im Stromkreis

In jedem Stromkreis gibt es Verbindungen, und leider bilden diese oft Schwachstellen. Mitten im Kabel wird es von allein kaum zu einer Unterbrechung kommen, aber an den verpressten oder gelöteten Enden wird die Kupferleitung spröde und kann durch wiederholte Bewegung oder Vibration beschädigt werden. Auch durch Korrosion kann es zu einer Unterbrechung oder erhöhtem Widerstand in Kabeln und Verbindern kommen.

Kabel zuordnen und zurückverfolgen

Hinter der Schalttafel verschwinden die Kabel in dicken Bündeln, um einzeln am anderen Ende des Bootes wieder aufzutauchen. Mit einem Multimeter und einer Verlängerung für das Messkabel kann man jedes einzelne Kabel einem Kabel an der Schalttafel genau zuordnen. Auch die richtige Verbindung zu anderen Kabeln, zum Beispiel bei der Beleuchtung, wo mehrere untergeordnete Stromkreise über einen Schalter führen, kann überprüft werden. Durch Zurückverfolgen der Kabel kann auch nachträglich ein Schaltplan des Bordnetzes erstellt werden.

Schalter

Mit der Durchgangsprüfung kann man feststellen, wie ein Schalter arbeitet. Es kommt oft vor, dass ein Schalter sechs Anschlussstellen hat und anhand des kleinen Diagramms an der Seite des Schalters ist nicht sofort ersichtlich, welche dieser Kontakte mit dem Schalter verbunden und getrennt werden.

Widerstand

Es kommt nur sehr selten vor, dass man den Wert eines Widerstands messen muss, aber falls es nötig ist, muss der Gegenstand elektrisch vollständig isoliert sein. Bei einem Batteriewächter muss der Widerstand des Shunts eingegeben wer-

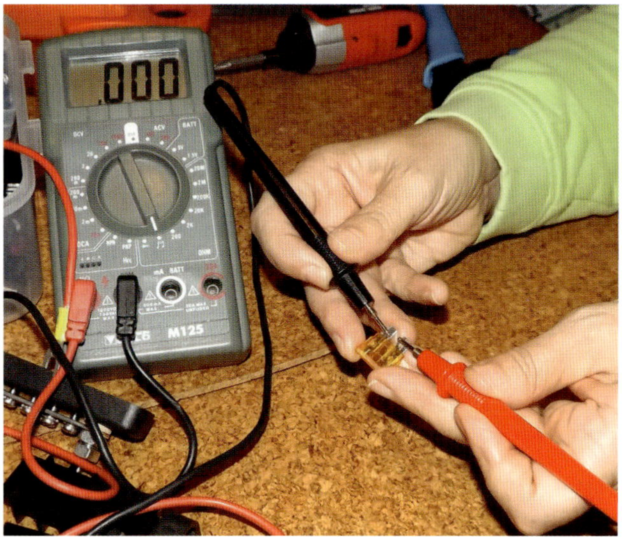

Beim Test einer Sicherung auf Durchgang stellt man fest, ob sie durchgebrannt ist oder nicht. Die Sicherung muss dazu herausgenommen werden.

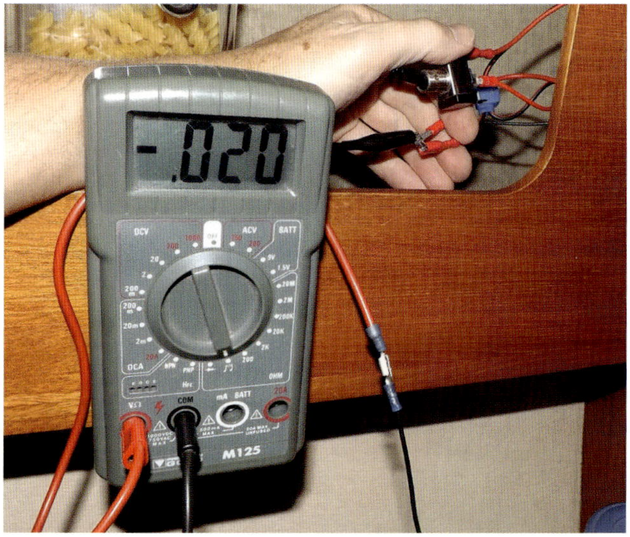

Überprüfung der Zuleitung zu einer Lampe auf Durchgang. Nehmen Sie die Glühbirne heraus, schalten Sie die Lampe an der Schalttafel auf »aus« und verwenden Sie eine Verlängerung für eine der Messleitungen.

den, der jedoch zu klein für die Messung mit dem Multimeter ist.

Nur durch Messung des Spannungsabfalls am Shunt kann mit dem Ohmschen Gesetz der Widerstand exakt bestimmt werden. Fließt Strom durch den Shunt, ist der Widerstand gleich dem Spannungsabfall geteilt durch die Stromstärke. Typische Werte für einen Shunt liegen bei 0,00025 und 0,0005 Ω.

Dioden

Dioden müssen nur selten getestet werden, wenn doch, dann sind es meist die sechs einzelnen Dioden am Gleichrichter der Lichtmaschine, falls dort ein Fehler vermutet wird. Stellen Sie das Multimeter auf die Dioden-Test-Funktion, die bei manchen Modellen mit der Durchgangsprüfung zusammengefasst ist. Stecken Sie das schwarze Kabel in die COM-Buchse und das rote in die VΩ-Buchse. Messen Sie an der Diode erst in die eine und dann in die andere Richtung.

Da eine Diode den Strom nur in eine Richtung durchlässt, müssen die Messfühler richtig herum angesetzt werden. Da das oft schwer feststellbar ist, probiert man erst die eine, dann die andere Richtung. Eine intakte Diode liefert einen Wert von 0,7, wenn die Richtung stimmt, und wenn nicht, zeigt das Display des Multimeters lediglich den Wert 1.

Berechnung des sehr geringen Widerstands eines Strommess-Shunts. Messen Sie den Strom, der durch die Leitung fließt und den Spannungsabfall an beiden Seiten des Shunts. Laut Ohmschen Gesetz ist der Widerstand gleich dem Spannungsabfall (2,7 mV) geteilt durch die Stromstärke (10,94 A) und beträgt demnach 0,00025 Ω.

Mit der Durchgangsprüfung kann man erkennen, welche Kontakte am Schalter verbunden und getrennt werden.

Tipp

Überprüfen Sie vor einer Durchgangsmessung den Signalton des Multimeters. Halten Sie dazu die Messfühler kurz aneinander. Achten Sie bei der Messung auf guten Kontakt. Kratzen Sie dazu mit dem Messfühler durch eine eventuelle Oxidschicht auf metallischen Oberflächen.

Fehlersuche in Niedervolt-Anlagen

Bei der Fehlersuche geht man nach dem Ausschlussverfahren vor. Man kann stundenlang über einem unerklärlichen Phänomen brüten, aber mit methodischem Vorgehen sollte der Fehler entdeckt und eine Lösung gefunden werden.

Ein elektrisches Gerät kann gar nicht mehr funktionieren oder nur noch mit Unterbrechungen arbeiten. Da jedes elektrische Gerät auf eine Stromversorgung angewiesen ist, macht es Sinn, diese zuerst zu überprüfen. Am besten misst man zunächst die Batteriespannung, um sie mit der Spannung an anderen Stellen im Bordnetz zu vergleichen.

Ein Schaltplan kann sehr nützlich sein, – bei manchen Booten muss man selbst einen Schaltplan erstellen. Jeder Verbraucher, von der Glühbirne bis zu einem Multifunktionsdisplay, kann auf gleiche Art als Box mit einem positiven und einem negativen Anschlusskabel betrachtet werden.

Es funktioniert einfach nicht

Funktioniert ein Gerät nicht mehr, ist entweder das Gerät selbst kaputt oder die Stromversorgung unterbrochen. Überprüfen Sie zunächst die naheliegenden Ursachen: Ist die Glühbirne durchgebrannt, hat sich ein Kabel abgelöst oder ist die Sicherung durchgebrannt? Liegt es nicht daran, ist der nächste Schritt, die Stromversorgung zu überprüfen.

- Schalten Sie die Stromversorgung wie üblich ein, und achten Sie auf Brand- oder Hitzespuren an Kabeln und Verbindungen, die sich durch Verfärbung oder Brandgeruch bemerkbar machen können. Fühlen Sie an den Verbindungen, ob dort Hitze entsteht.
- Liegt am Gerät keine Spannung an, kann der Fehler in der Plus- oder Minusleitung des Stromkreises liegen.

Überprüfung der Plusleitung

Um die positive Leitung einzeln zu überprüfen, muss das Pluskabel am Gerät abgeklemmt werden. Dann misst man die Spannung zwischen diesem Kabel und dem Minuspol der Batterie (0 V) mithilfe eines Verlängerungskabels. Legt man die Messleitung mit dem Verlängerungskabel bis zum Minuspol der Batterie zurück, vermeidet man, dass der Strom über irgendeine andere Masseleitung (0 V) fließen und die Messung beeinflussen kann.

Stellen Sie das Multimeter auf den passenden Messbereich für Gleichspannung, und verbinden Sie das schwarze Messkabel aus der COM-Buchse mit dem Verlängerungskabel, das an seinem anderen Ende mit dem Minuspol der Batterie verbunden ist. Dann wird das rote Messkabel mit dem Pluskabel verbunden, um die Spannung zu messen. Diese sollte gleich groß sein wie die Spannung direkt an der Batterie, die man zuvor bereits gemessen hat.

Arbeitet ein Verbraucher nicht, kann es an einer fehlerhaften Minusleitung liegen. Lösen Sie die Minusleitung vom Schalter, und prüfen Sie sie mit dem Verlängerungskabel auf Durchgang bis zurück zum Minuspol (–) der Batterie.

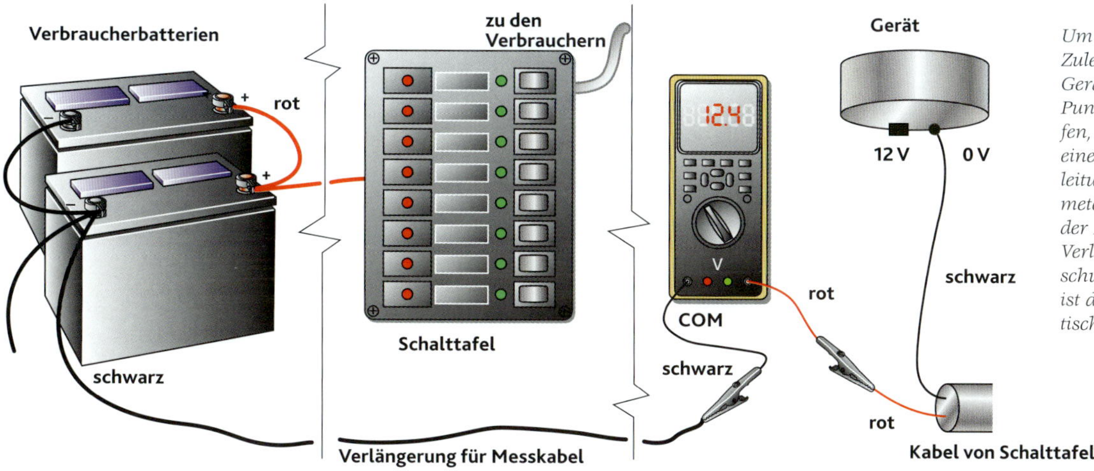

Um die positive Zuleitung zu einem Gerät an mehreren Punkten zu überprüfen, benötigt man eine fehlerfreie Rückleitung vom Multimeter zum Minuspol der Batterie. Eine Verlängerung für das schwarze Messkabel ist dafür sehr praktisch.

Sicherungen, Zu- und Rückleitungen

- Liegt bei dem zuvor beschriebenen Test keine Spannung am Ende des Pluskabels beim Gerät an, wird als nächstes die Zuleitung zur Schalttafel überprüft. Das schwarze Messkabel bleibt wie zuvor an Masse (0 V), und mit dem roten Messkabel prüft man am Schalter und an der Sicherung. Liegt dort Spannung an, liegt der Fehler am Kabel.
- Um die Rückleitung, das Minuskabel, zu überprüfen, muss es am Gerät abgeklemmt werden. Dann kann es auf Durchgang bis zurück zum Minuspol der Batterie getestet werden. Ist das Kabel in Ordnung, richtet sich der Verdacht zunehmend auf das Gerät selbst.
- Sicherungen brennen nicht ohne Grund durch. Deshalb muss die Ursache aufgespürt werden. Oft ist es ein Fehler im Gerät oder ein abgenutztes Kabel.

Spannungsverluste messen

Bei einem abgeschalteten Verbraucher ist die positive Spannung am Schalter gleich der Batteriespannung von 13,52 V.

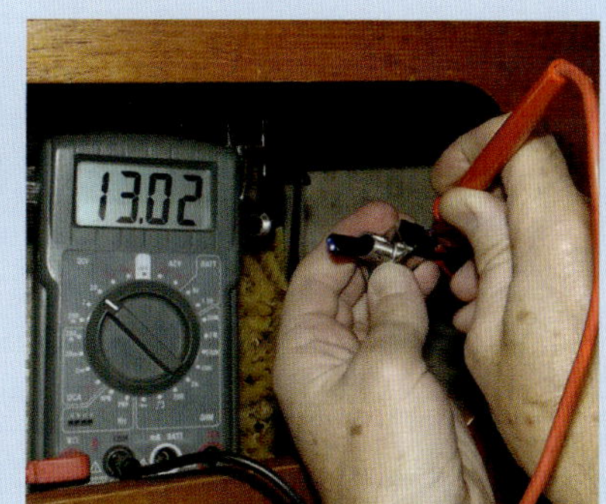

Sobald der Verbraucher eingeschaltet wird und einige Ampere Strom zieht, sinkt die Spannung um 0,5 V. Dieser Verlust entsteht durch einen Widerstand irgendwo im Stromkreis. Bei einem größeren Verlust sollte man der Sache auf den Grund gehen.

Geräte lassen sich nicht einschalten

Durch Spannungsverluste in der Verkabelung kann zu wenig Spannung am Gerät ankommen, um es einzuschalten. Bei einer Glühlampe führt weniger Spannung lediglich dazu, dass sie weniger hell leuchtet, aber einige Geräte können bei zu geringer Spannung nur unterbrochen arbeiten oder aus dem Standby-Modus nicht hochfahren.

Messen Sie zunächst die Spannung am Schalter des Geräts, während es ausgeschaltet ist, dann, während Sie es einschalten und laufen lassen. Verluste in den Leitungen führen zu einer verminderten Spannung an den Anschlüssen des Geräts.

Tipp

Ein dünnes Kabel, etwa so lang wie das Boot, mit Krokodilklemmen an den Enden, kann als Verlängerung für das Multimeter dienen. Damit kann man einerseits Spannungsverluste in der Zuleitung zu weit von der Batterie entfernt installierten Geräten messen und andererseits lange Kabel auf Durchgang testen.

Batterien

3

Batterie-Grundwissen

Die Batterien bilden das Herzstück der Bordelektrik. Neben dem Energieverbrauch ist dabei die Wiederherstellung der Batterieladung maßgeblich, um eine dauerhaft ausgeglichene Energiebalance zu erzielen. Mit fundiertem Wissen über die Arbeitsweise der Batterien können sowohl die Leistung und die Lebensdauer als auch die Zuverlässigkeit gesteigert werden.

Bei Gelbatterien ist das Elektrolyt in einem Gel gebunden. Dieser Batterietyp ist sehr robust, kann in jeder Lage installiert werden und verfügt über die besten Eigenschaften aller Blei-Säure-Batterien.

Die Chemie liefert den Strom

Alle Batterien erzeugen Strom mithilfe einer chemischen Reaktion. In sogenannten Primärelementen ist diese Reaktion nicht umkehrbar, welches die Wegwerfbatterien betrifft. In den Sekundärelementen, den Akkumulatoren, ist die Reaktion in vollem Umfang umkehrbar, sodass der Zyklus von Ladung und Entladung über Jahre hinweg Tausende Male wiederholt werden kann, sofern einige einfache Grundsätze befolgt werden.

Blei-Säure-Batterien bieten immer noch die günstigste Form der Speicherung, aber durch die zunehmende Elektromobilität werden andere Batterietechnologien zunehmend interessant. Die bewährte Technologie der Blei-Säure-Batterien gibt es dagegen seit über 150 Jahren. Eine 12-V-Batterie besteht aus sechs in Reihe geschalteten Zellen von je 2,1 V, die in einem stabilen, vibrationsgeschützten Gehäuse untergebracht sind.

Die chemische Reaktion

Befinden sich zwei Platten aus unterschiedlichen Metallen in einer leitenden Flüssigkeit, einem Elektrolyt, so entsteht elektrische Spannung zwischen diesen Platten. In einer Blei-Säure-Batterie besteht die negative Platte aus Blei (Pb) und die positive Platte aus Bleioxid (PbO_2). Als Elektrolyt dient verdünnte Schwefelsäure (H_2SO_4).Wird der Batterie Strom entnommen, verwandeln die freien Elektronen beide Platten zu Bleisulfat ($PbSO_4$) und das Elektrolyt in reines Wasser (H_2O). Im Extrem-

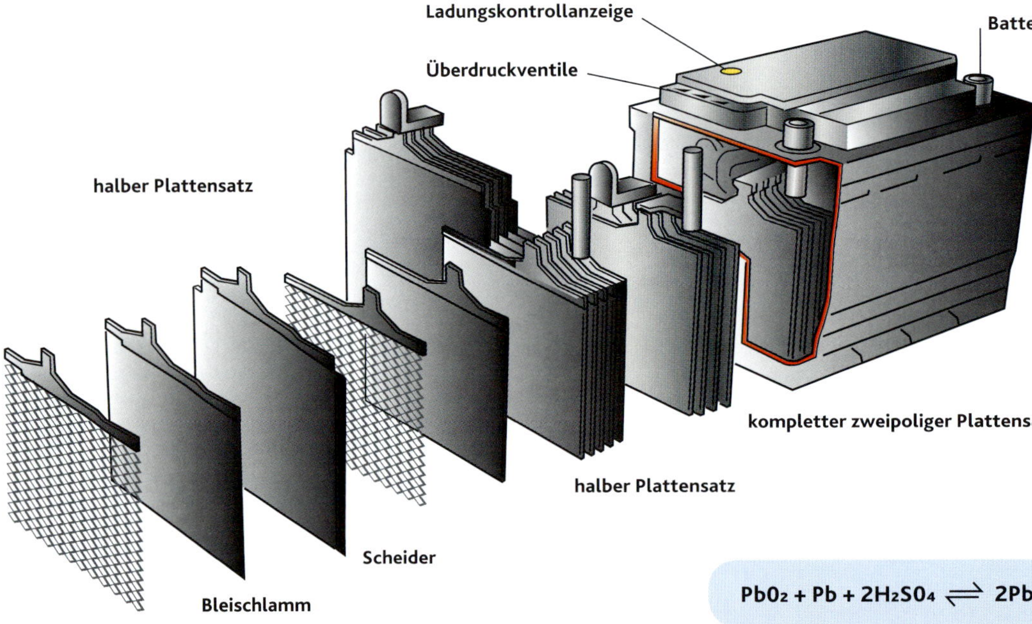

Batterien können viele Male geladen und entladen werden, da der chemische Prozess im Inneren umkehrbar ist.

$$PbO_2 + Pb + 2H_2SO_4 \rightleftharpoons 2PbSO_4 + 2H_2O$$

Diese Batterien müssen regelmäßig auf ausreichenden Elektrolytstand kontrolliert werden. Füllen Sie nicht zu viel nach.

Verschlossene Batterien werden als wartungsfrei bezeichnet. Da die Zellen nicht geöffnet werden können, muss nicht nachgefüllt werden.

Tipp

Erneuern Sie immer alle Batterien einer Batteriebank gleichzeitig, da eine einzelne schwache Batterie die Leistung aller übrigen Batterien vermindert. Am Liegeplatz kann ein kleines Solarpaneel dafür sorgen, dass die Batterien immer vollständig aufgeladen sind und länger halten.

fall blieben zwei Platten aus identischem Metall und Wasser übrig, sodass kein Strom mehr produziert werden könnte – die Batterie wäre völlig leer.

Glücklicherweise kann diese Reaktion durch die Stromzufuhr von außen mit einem Ladegerät umgekehrt werden. Dabei verwandeln sich die Platten zurück in Blei und Bleioxid, während das Elektrolyt wieder auf die ursprüngliche Konzentration gebracht wird. Danach ist die Batterie voll aufgeladen.

Die fast perfekte Lösung

Auf den ersten Blick erscheint die umkehrbare chemische Reaktion ideal, aber es gibt auch einige Nebeneffekte:

- Mit der Zeit verdunstet ein Teil des reinen Wassers, besonders dann, wenn die Batterie überladen wird. Daher muss destilliertes Wasser nachgefüllt werden, um die richtige Konzentration der Schwefelsäure zu gewährleisten. Wasser aus dem Wasserhahn oder von Luftentfeuchtern sollte wegen Verunreinigungen nicht verwendet werden. Bei verschlossenen, wartungsfreien Bleiakkumulatoren ist kein Nachfüllen nötig. Umso wichtiger ist es aber, diese Batterien nicht zu überladen.
- Wird eine Batterie nicht vollständig aufgeladen, bleibt eine dünne Schicht Bleisulfat auf den Platten zurück, die nicht zurückverwandelt wurde. Nach längerer Zeit kann diese Schicht härten – man nennt diesen Prozess Sulfatierung – und dann nicht mehr abgebaut werden, ungeachtet dessen, wie die Batterie später aufgeladen wird. Das bedeutet, dass die Batteriekapazität dauerhaft vermindert ist. Aus diesem Grund sollten die Batterien für den größtmöglichen Teil ihrer Lebensdauer vollständig aufgeladen sein. Eine Standard-Lichtmaschine kann die Batterie nur zu ungefähr 85 % aufladen, sodass ein kleiner Teil der Kapazität mit der Zeit verloren geht, wenn keine andere Ladetechnik eingesetzt wird.

Tipp

Füllen Sie ausschließlich destilliertes Wasser bei einer Batterie nach, um eine Verunreinigung des Elektrolyts zu vermeiden.

Batteriearten

Äußerlich sehen alle Batterien ähnlich aus, aber im Inneren unterscheidet sich ihr Aufbau je nachdem für welche Einsatzart sie entworfen wurden. Man sollte die Vor- und Nachteile der einzelnen Typen kennen, um die richtige Wahl nach Art und Verwendung des Bootes zu treffen. Dabei muss die teuerste Batterie nicht zwangsläufig die beste sein.

Aufbau der Platten

Je größer die Oberfläche der in Elektrolyt getauchten Platten ist, umso schneller kann die chemische Reaktion ablaufen und umso höhere Stromstärken kann die Batterie abgeben.

Der Nachteil dabei ist, dass sich bei starker Entladung wesentlich mehr Bleisulfat festsetzen kann, das durch den Ladestrom nur schwer wieder gelöst werden kann. Batterien, die kurze Zeit hohe Stromstärken liefern müssen, sind für eine tiefe Entladung weniger geeignet.

Die Art Ihres Bootes und dessen Ausrüstung mit elektrischen Geräten bestimmen, welche Batterieart am besten geeignet ist.

Diese Vorgabe erfüllen Batterien mit weniger Platten, die dafür dicker und robuster sind. Durch die verringerte Oberfläche sinkt auch die maximale Stromstärke, aber das Bleisulfat kann beim Laden merklich besser zurückverwandelt werden. Dadurch steigt die Zahl der möglichen Ladezyklen mit tiefer Entladung um einen Faktor von mehreren Hunderten.

Starterbatterie, SMF-Bordbatterie, Deep Cycle

Üblicherweise ist an Bord eine separate Batterie ausschließlich für den Motorstart vorgesehen. Sie ist über den oder die Batterieschalter von den Verbraucherbatterien getrennt und sollte als Starterbatterie spezifiziert sein. Beim Motorstart muss sie zwar einen sehr hohen Strom liefern, aber normalerweise nur für 10 bis 15 Sekunden. Dabei gibt sie nur einen geringen Prozentsatz ihrer Kapazität ab und sobald der Motor läuft, wird die Batterie wieder über die Lichtmaschine aufgeladen.

Alle anderen Verbraucher an Bord benötigen wesentlich geringere Stromstärken, dafür aber über einen viel längeren Zeitraum, sodass es zu einer tieferen Entladung kommt, bis die Batterie wieder aufgeladen werden kann. Für diesen Einsatz sollte man eine Deep-Cycle-Batterie wählen.

Ein Kompromiss zwischen diesen beiden Ausführungen ist die verschlossene, wartungsfreie Batterie oder SMF-Batterie (sealed, maintenance-free). Dieser Batterietyp kann vergleichsweise hohen Strom liefern und ist dennoch weitgehend tiefentladungsfest, sodass er auf Booten ohne separate Starterbatterie eingesetzt werden kann. Steht an Bord nur eine Batteriebank mit zwei oder drei parallel geschalteten Batterien zur Verfügung, muss der Ladezustand sorgfältig überwacht werden, damit immer genug Kapazität vorhanden ist, um den Motor zu starten.

Der Aufbau der Platten variiert je nach Batterietyp. Eine Starterbatterie hat mehrere, dafür aber dünnere Platten als eine Deep-Cycle-Batterie.

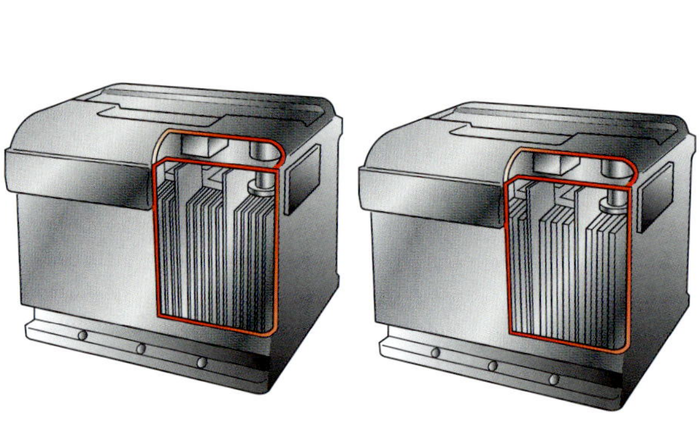

Nass, verschlossen oder Gel?

Als Elektrolyt wird Schwefelsäure verwendet – eine ätzende und gefährliche Flüssigkeit, die an Bord besser nicht auslaufen sollte. Der sichere Verschluss der Säure im Batteriegehäuse ist daher entscheidend.

- Nasse Batterien haben flüssiges Elektrolyt. Jede Zelle kann aufgeschraubt werden, um Wasser nachzufüllen oder den Ladezustand mit einem Hydrometer zu überprüfen. Nachteilig ist, dass dieser Typ nicht auslaufsicher ist und es leicht zum Austritt von Säure kommen kann.
- Verschlossene, wartungsfreie SMF-Batterien haben ebenfalls flüssiges Elektrolyt, aber es befindet sich in einem auslaufsicheren Gehäuse. Ein Überdruckventil ermöglicht den Austritt von Gasen, sollte die Batterie stark überladen werden.
- AGM-Batterien (absorbed glass mat) sind leistungsstärker, absolut verschlossen, verkraften höheren Ladestrom und tiefere Entladung. Sie benötigen etwas mehr Platz, haben aber bedeutend mehr Kapazität.

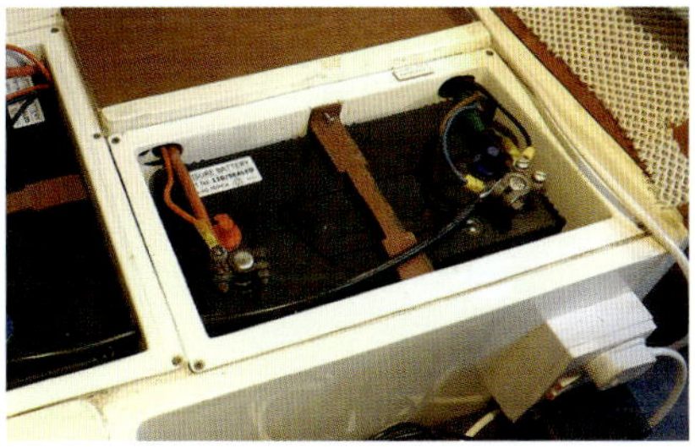

Bei verschlossenen Batterien kann man die einzelnen Zellen nicht aufschrauben, um Wasser nachzufüllen oder den Ladezustand mit einem Hydrometer zu überprüfen.

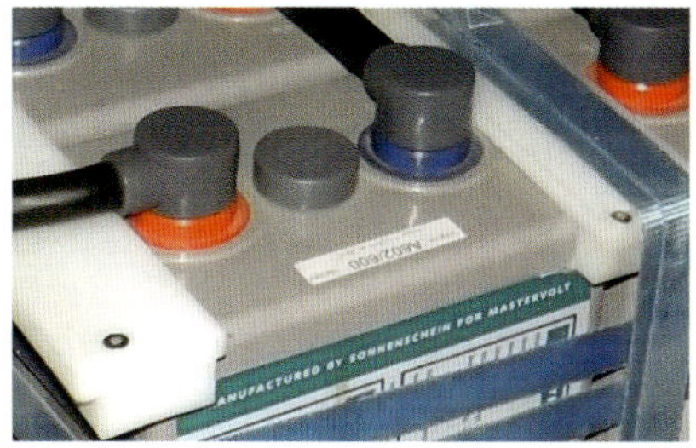

Gelbatterien sind sehr hochwertig und können zahlreichen Ladezyklen mit tiefer Entladung widerstehen.

- In den sehr robusten Gel- oder Trockenbatterien ist die Schwefelsäure gelförmig und kann aus dem völlig verschlossenen Gehäuse unmöglich austreten. Dieser Batterietyp ist teurer in der Anschaffung, sehr tiefentladungsfest und neigt selbst nach längerer Entladung nicht zu dauerhafter Sulfatierung. Gelbatterien müssen etwas anders als nasse Batterien geladen werden, aber die meisten modernen Ladegeräte verfügen über die entsprechende Ladekennlinie.

Tipp

Die verschiedenen Batterien erfordern leicht unterschiedliche Ladeverfahren. Verwenden Sie nur einen einheitlichen Batterietyp innerhalb einer Batteriebank. Alle Ladegeräte müssen auf diesen Batterietyp eingestellt sein. Sollten aus irgendeinem Grund verschiedene Batterietypen verbunden sein, müssen sämtliche Ladegeräte auf die niedrigste Ladeschlussspannung eingestellt werden.

Diese kleine AGM-Batterie kann bis zu 650 A liefern, um den Motor zu starten. Sie ist dafür ausgelegt, tiefe Entladungen zu tolerieren und dennoch hohe Stromstärken abzugeben. Durch diese Vielseitigkeit ist sie gut für Boote mit nur einer Batteriebank geeignet.

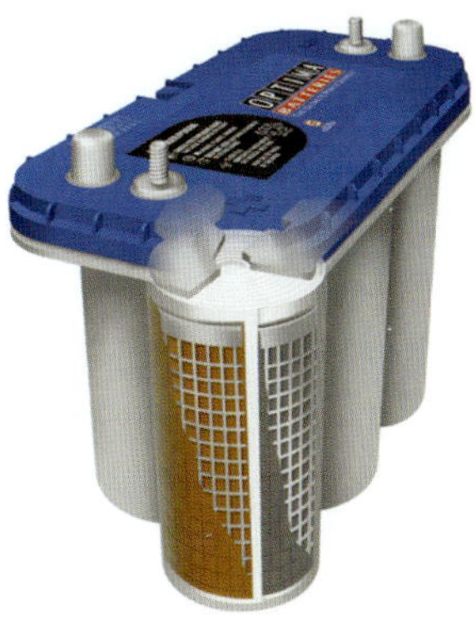

Batterien werden durch die fortwährende Entwicklung immer leistungsfähiger. AGM-Batterien sind auslaufsicher und lageunabhängig.

AGM-Batterien haben einen sehr hohen Kaltstartstrom. Durch ihre kompakten Ausmaße sind sie ideal als Starterbatterie.

Spezifikation, Überprüfung und Wartung

Wer alte Batterien durch neue ersetzen möchte, muss nicht nur den Zustand der alten Batterien beurteilen können, sondern sich auch mit den unterschiedlichen Bezeichnungen und Spezifikationen auskennen. Gelegentliche Wartung der neuen Batterie hilft – wie bei allen Ausrüstungsgegenständen an Bord –, die maximale Lebensdauer zu erzielen.

Spezifikation von Batterien

Um Batterien vergleichen zu können, gibt es je nach Batterietyp einheitliche Leistungsangaben:

- Kaltstartstrom (CCA, cold cranking amps) gibt bei einer Starterbatterie den maximalen Strom an, den die Batterie über eine Zeit von 30 Sekunden bei einer Temperatur von –18 °C liefern kann.
- Startstrom (CA, cranking amps oder MCA, marine cranking amps) gibt den Strom bei 0 °C Außentemperatur an und ist bei Booten eher relevant. Selbst kleine Starterbatterien liefern einen CCA-Wert von 350–400A und einen CA-Wert von über 500 A. Das ist für den typischen Strombedarf eines Anlassermotors von ungefähr 200 A ausreichend.
- Die Batteriekapazität wird in Amperestunden (Ah) angegeben. Dieser Wert bezieht sich üblicherweise darauf, wie viel Ampere die Batterie über einen bestimmten Zeitraum liefern kann. Bei der Bestimmung dieses Wertes wird von einer Entladung über 20 Stunden bei einer Temperatur von 27 °C ausgegangen. Bei Amperestunden handelt es sich genaugenommen um die Nennladung. Der Verbrauch der gesamten Nennladung würde zur völligen Entladung und Schädigung der Batterie führen. Für die Praxis muss ein beträchtlicher Abschlag eingerechnet werden, aber die Angaben sind einheitlich und somit geeignet die Batterieleistung zu vergleichen, siehe Seiten 48/49.
- Viele Bordbatterien sind als Kompromiss zwischen hohem Startstrom und tiefer Entladung (deep cycle) ausgelegt. Ihre Kapazität und CCA- bzw. CA-Werte sind etwas geringer als bei einer reinen Starter- oder Verbraucherbatterie.

Ladungszustand prüfen

Nur wenn man den Ladungszustand der Batterie genau kennt, weiß man, wie viel Kapazität noch übrig ist und wann wieder aufgeladen werden muss. Leider ist diese Messung alles andere als einfach.

- Die unkomplizierteste Methode ist die Messung der Spannung an den Batteriepolen. Zuvor müssen aber alle Verbraucher und Lade-

Sind die Zellen zugänglich, kann man mit dem Hydrometer die Säuredichte des Elektrolyts und damit den Ladungszustand genau überprüfen. Die Batterie sollte vor der Messung kurze Zeit ruhen.

geräte mindestens drei Stunden lang abgeschaltet sein, weil sonst der Messwert wenig aussagekräftig ist. Für eine grobe Abschätzung genügt eine Stunde.

- Die zweite Methode besteht darin, die Säuredichte mit einem Hydrometer, auch Säureheber genannt, zu messen. An der Konzentration der Schwefelsäure kann man den Ladungszustand erkennen. Dazu müssen die Zellen zugänglich sein, verschlossene Batterien und Gelbatterien scheiden somit aus. Vor der Messung sollte die Batterie eine halbe Stunde ruhen. Vorsicht beim Umgang mit Schwefelsäure! Tragen Sie Handschuhe und Schutzbrille, halten Sie einen Eimer Wasser und einen Schwamm bereit.

Wartung

Im Idealfall sollten alle Batterien einer Batteriebank gleich alt sein, da die schwächste Batterie die Leistung der anderen vermindert. Zudem sollten alle Batterien immer soweit möglich voll geladen sein.

- Bei nassen, nicht verschlossenen Batterien muss gelegentlich der Elektrolytstand kontrolliert und mit destilliertem Wasser bis 2–3 mm über die Platten aufgefüllt werden. Oft zeigt eine Markierung die nötige Füllmenge an. Bei AGM-, Gel- und verschlossenen Batterien ist das nicht nötig.
- Überprüfen Sie das Batteriegehäuse auf Beschädigungen und das Batteriefach auf ausgelaufene Batteriesäure.
- Halten Sie die Oberseite der Batterie sauber und staubfrei. Bei einem feuchten Staubbelag können schwache Fehlströme zur Entladung der Batterie führen.

Manche verschlossene Batterien haben ein eingebautes Hydrometer in einer der Zellen, das eine grobe Einschätzung des Ladungszustands erlaubt (oben).

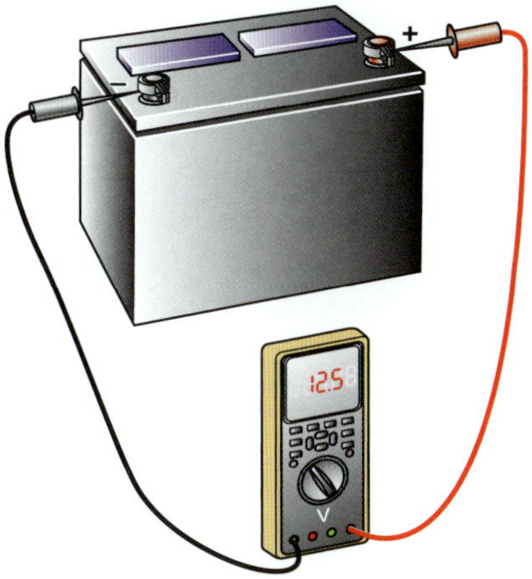

Füllen Sie die Batteriezelle mit destilliertem Wasser bis zur Markierung auf. Füllen Sie nicht zu viel ein, damit nichts auslaufen kann (Mitte).

Um den Ladungszustand anhand der Spannung messen zu können, muss die Batterie mindestens drei Stunden geruht haben. Mit annähernder Genauigkeit kann bereits nach ungefähr einer Stunde gemessen werden (unten).

Ladungszustand

Batteriespannung nach Ruhephase	Batterieladung (%)
12,7	100
12,6	90
12,5	80
12,3	70
12,2	60
12,1	50
12,0	40
11,8	30
11,7	20
11,6	10

Tipp

Über Batterien kursieren viele Gerüchte, eines ist leider wahr: Man sollte immer alle Batterien einer Batteriebank gleichzeitig austauschen. Eine alte, leistungsschwache Batterie mit einer neuen Batterie zu verbinden, führt zu verminderter Leistung der neuen Batterie.

Batterien laden

Bei der Aufladung der Batterien wird der chemische Prozess, der bei der Stromentnahme stattgefunden hat, umgekehrt. Es ist der wichtigste Punkt im Batteriemanagement und entscheidend für die Lebensdauer und Zuverlässigkeit. Wie die Batterien langfristig am besten geladen werden können, hängt auch von der Verwendungsart des Bootes ab.

Was Batterien benötigen

Um die maximale Lebensdauer und Kapazität zu erreichen, sollten folgende Voraussetzungen so weit wie möglich erfüllt werden:

- Im Idealfall sollten Batterien nicht unter 70 % der Nennkapazität entladen werden, keinesfalls unter 50 %. Dazu muss man den typischen Stromverbrauch bis zur nächsten Möglichkeit, die Batterien zu laden, ganz genau kennen, und es muss ausreichend viel Kapazität zur Verfügung stehen. Das heißt, dass die Batteriebank hinsichtlich Anzahl und Größe der Batterien ausreichend dimensioniert sein muss.
- Batterien sollten nicht längere Zeit teil- oder stark entladen belassen werden. Es ist wesentlich besser, wenn sie vollständig aufgeladen sind.
- Um eine Batterie vollständig aufzuladen, muss das Ladeverfahren mit einer elektronischen Schaltung in unterschiedliche Stufen aufgeteilt sein.

Laderegler

Ein Laderegler ist ein elektronisches Gerät, das den Ladestrom aus einer oder mehreren Quellen an die Batterie leitet und kontrolliert. Manche Laderegler, wie der einer Lichtmaschine, regeln den Ladestrom nach der Zellspannung der Batterie. Der Regler eines Windgenerators muss den Ladestrom oft begrenzen und überschüssige Energie von den Batterien ableiten. Einfache Laderegler können zumindest eine Überladung verhindern, aufwendigere Geräte laden zusätzlich in unterschiedlichen Phasen. Je nach Stromquelle unterscheidet man:

- Moderne **Ladegeräte**, die mit Netzstrom betrieben werden, haben hervorragende Ladeverfahren mit mehreren Stufen und können mehrere Batteriebänke unabhängig auf volle Kapazität laden. Sie schalten sich automatisch ab und können für ein Boot in einer Marina die Hauptversorgung mit Batterieladestrom übernehmen. Unterwegs werden die Batterien dann von der Lichtmaschine geladen.

Typischer Tageszyklus

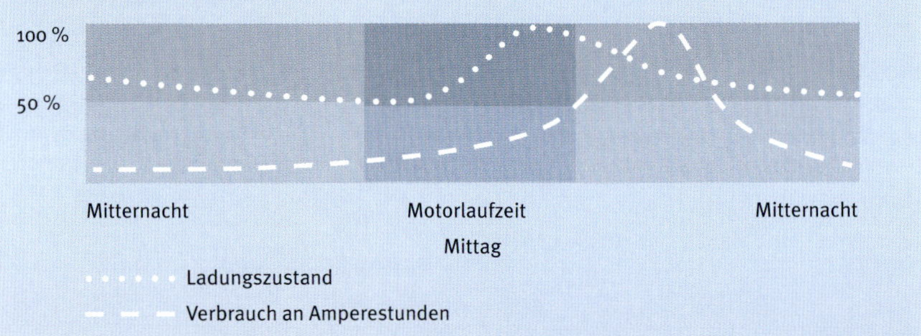

Der Stromverbrauch ist üblicherweise abends am größten, wenn die Beleuchtung eingeschaltet wird. Der Motor muss jeden Tag ausreichend lang laufen, um die Batterien wieder vollständig aufzuladen (oben).

Vorausgesetzt, man lädt genauso viele Amperestunden in die Batterie, wie man entnimmt, so hat man eine ausgeglichene Energiebalance, und die Batterien werden nie leer (unten).

- **Lichtmaschinen** haben einen eingebauten Laderegler, der den Ladestrom so anpasst, dass eine konstante Batteriespannung von ungefähr 13,8 V gehalten wird. Mit einer Standard-Lichtmaschine kann eine Batterie auf nicht viel mehr als 80 % ihrer Kapazität geladen werden.
- Manche **Windgeneratoren** benötigen einen zusätzlichen, externen Laderegler. Viele solcher Regler können gleichzeitig für Solarpaneele eingesetzt werden.
- Bei **Solarpaneelen** kann man sich an die Faustregel halten, dass kein Laderegler nötig ist, wenn der maximale Ladestrom weniger als 10 % der Batteriekapazität beträgt.
- **Brennstoffzellen** haben einen hochwertigen Laderegler eingebaut, sodass man sie über lange Zeit laufen lassen kann und sich die Batterieladung automatisch regelt.

Intelligente Laderegler

Sollen mehrere Stromquellen gleichzeitig zur Ladung der Batterie verwendet werden, ist eine aufwendigere Laderegelung nötig. Intelligente Laderegler führen den Strom aus unterschiedlichen Quellen zusammen und kontrollieren die Energie, die an die Batterien weitergeleitet wird, elektronisch.

Eine dieser Stromquellen kann die Lichtmaschine sein, obwohl dazu meist noch ein zusätzlicher, externer Regler benötigt wird oder der eingebaute Regler der Lichtmaschine ersetzt werden muss. Der große Vorteil dieses Systems ist, dass man über ein perfekt auf die Batterien abgestimmtes Mehr-Stufen-Ladeverfahren verfügt, das die Batterien wann immer möglich auf hundert Prozent ihrer Kapazität auflädt.

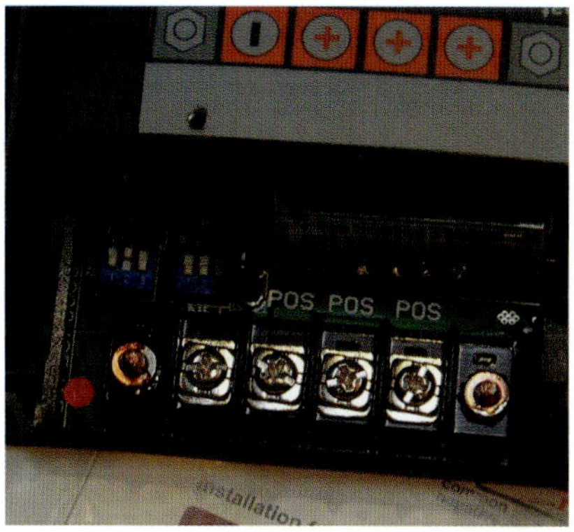

Die gesamte zur Verfügung stehende Energie wird elektronisch geregelt und auf drei Ausgänge verteilt, sodass bis zu drei Batteriebänke geladen werden können.

Der Laderegler in einer gewöhnlichen Lichtmaschine misst und regelt die Ausgangsspannung direkt an der Lichtmaschine, sodass durch Spannungsverluste in der Leitung zur Batterie möglicherweise weniger Ladespannung an der Batterie ankommt, doch das ist nur selten ein größeres Problem.

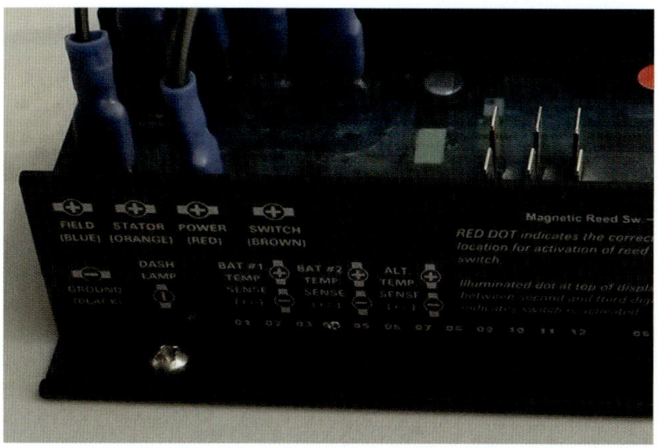

Dieser externe Hochleistungs-Laderegler ersetzt den Laderegler der Lichtmaschine und verbessert die Ladeleistung so, dass die Batterien bis auf 100 % ihrer Kapazität aufgeladen werden können.

Dieser Laderegler kann den Ladestrom aus einem Windgenerator und aus Solarzellen kombinieren, sofern die Gesamtstromstärke den Maximalwert des Reglers nicht übersteigt. Die Brennstoffzelle verfügt über einen eingebauten, elektronischen Laderegler (unten und unten rechts).

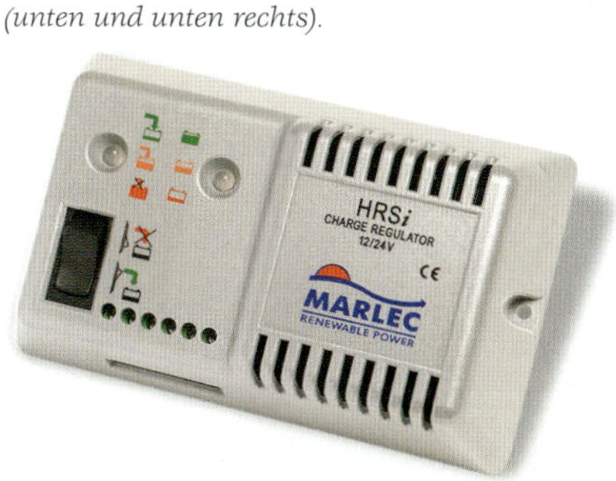

Wie viele Batterien?

Die Energiebilanz zwischen Ladung und Verbrauch an Bord muss langfristig ausgeglichen sein. Die Batterien speichern die Energie an Bord und müssen die elektrische Ausrüstung über die Zeitspanne zwischen den Lademöglichkeiten hinweg versorgen. Die nötige Batteriekapazität, und damit die Anzahl und Art der Batterien, richtet sich nach dem Umfang der elektrischen Ausrüstung und der Dauer, in der die jeweiligen Geräte üblicherweise eingeschaltet sind.

Eine detaillierte Auflistung aller elektrischen Verbraucher an Bord mit den üblichen Betriebszeiten der Geräte hilft bei der Feststellung, ob die vorhandene Batteriekapazität für den geplanten Einsatz des Bootes ausreicht. Ändert sich die Einsatzart, weil zum Beispiel statt der bisherigen Wochenendtörns nun größere Fahrten geplant sind, kann mithilfe des errechneten Verbrauchs überprüft werden, ob die Batteriekapazität erweitert werden muss.

Verbrauchsrechnung

Erstellen Sie eine Liste aller elektrischen Geräte an Bord, und tragen sie den jeweiligen Stromverbrauch in Ampere sowie die zu erwartenden Betriebsstunden pro Tag ein. Multiplizierten Sie den Stromverbrauch in Ampere mit der Betriebszeit in Stunden, um den Verbrauch in Amperestunden (Ah) für jedes einzelne Gerät zu erhalten. Addieren Sie den Verbrauch aller Geräte pro Tag und vergleichen Sie diesen Wert mit der Kapazität der Batterie, die ebenfalls in Amperestunden gemessen wird. Die Tabelle im Anhang auf Seite 174 zeigt ein typisches Rechenbeispiel.

Tatsächlich benötigte Batteriekapazität

Mit dem errechneten täglichen Verbrauch weiß man, wie viele Amperestunden der Batterie innerhalb von 24 Stunden entnommen werden.

Zum Schutz der Batterien darf aber nur ein gewisser Prozentsatz der Nennkapazität verbraucht werden, bevor sie wieder aufgeladen wird. Deshalb gilt:

- Bei Booten mit nur einer Batteriebank für Verbraucher und Motorstart sollte nicht mehr als 40 % der zur Verfügung stehenden Kapazität entnommen werden, sodass zur Sicherheit immer 10 % Reserve übrig sind, um jederzeit den Motor starten zu können.
- Bei Booten mit einer separaten Starterbatterie können die Verbraucherbatterien bis auf 50 % ihrer Kapazität entladen werden, da der Motorstart abgesichert ist.
- Bei Standard-Lichtmaschinen muss man einkalkulieren, dass sie die Batterien nur auf ungefähr 80 % ihrer Kapazität aufladen können. Bei Verwendung eines intelligenten Ladereglers für die Lichtmaschine kann dieser Wert auf mindesten 95 % erhöht werden.
- Weitere 10 % Verlust sollten eingerechnet werden, da die Batteriekapazität mit dem Alter der Batterien abnimmt.

Die benötigte Batteriekapazität hängt allein von der Verwendungsart des Bootes ab. Hier sorgt eine riesige Batteriebank dafür, dass sogar 230-V-Netzstrom mithilfe eines Wechselrichters an Bord jederzeit zur Verfügung steht.

Arbeitsbeispiel

Aus der Verbrauchsrechnung im Anhang auf Seite 174 ergibt sich ein täglicher Verbrauch von 70 Ah. Die benötigte Gesamtkapazität, um die Batterien nicht unterhalb von 50 % ihrer Kapazität zu entladen, kann nun wie folgt berechnet und je nach Ausführung an Bord weiter angepasst werden:

$$C = \frac{Ah}{D}$$

C = Benötigte Batteriekapazität
Ah = Täglicher Verbrauch
D = Prozentsatz der Nennkapazität, der maximal entnommen werden darf, geteilt durch 100

- Bei 70 Ah täglichem Verbrauch und einer einzigen Batteriebank – das heißt maximal 40 % dürfen entnommen werden – ergibt sich eine benötigte Batteriekapazität von 70 : 0,4 = 175 Ah.
- Bei Verwendung einer Standard-Lichtmaschine stellen die 175 Ah wegen der begrenzten Ladefähigkeit nur 80 % der benötigten Kapazität dar. Die benötigte Kapazität erhöht sich somit auf 175 : 0,8 = 219 Ah.
- Rechnen Sie noch 10 % Verlust durch Alterung der Batterien hinzu, 219 x 1,1 = 241 Ah.

Aus diesem Beispiel ergibt sich, dass eine Nennkapazität von ungefähr 240 Ah nötig ist, um täglich 70 Ah verbrauchen zu können, ohne dass die Batterien um mehr als 40 % ihrer Kapazität entladen werden. Das könnte mit zwei parallel geschalteten 120-Ah-Batterien gewährleistet werden. Um die Energiebalance aufrecht zu halten, muss die Maschine jeden Tag so lange laufen, bis der Verbrauch ausgeglichen ist.

Kurz gefasst: Die maximal akzeptable Entladung in Prozent, die Einschränkung beim Laden mit einer Standard-Lichtmaschine und die Verluste durch Alterung müssen eingerechnet werden.

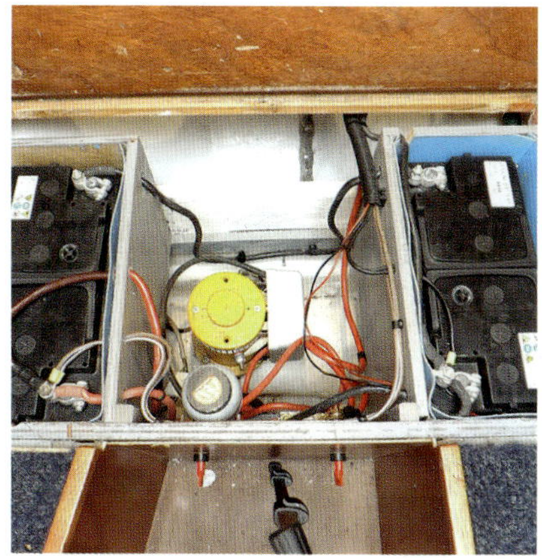

Bugstrahlruder verbrauchen extrem viel Energie und benötigen unter Umständen eine eigene Batteriebank mit eigener Ladevorrichtung. Wegen der hohen Stromstärken und der damit verbundenen starken Hitzeentwicklung gibt es oft eine zeitliche Begrenzung wie lang ein Bugstrahlruder laufen kann, bevor es abkühlen muss.

Zuerst muss der tägliche Verbrauch ermittelt werden, dann kann die Größe der Batteriebank bestimmt werden.

Elektrische Ankerwinden ziehen ebenfalls sehr viel Strom, wenngleich nicht so viel wie Bugstrahlruder.

	Segelyacht 10,3 m			Segelyacht 11 m			Segelyacht 11,4 m			Segelyacht 10,7m		
	Hallberg Rassy 34			Hallberg Rassy 36			JeanneauS/Odd 37			Moody 35		
Einsatzart	Charter			Charter			Ausbildung /Charter			Charter		
Bordspannung	12,5V			12,5 V			12,5 V			12,5V		
Kapazität Verbraucherbatterien	180 Ah			160 Ah			120 Ah			100 Ah		
Dieseltank, Volumen in Litern	155 L			345 L			136 L			186 L		
	A	h	Wh / Tag	A	h	Wh / Tag	A	h	Wh / Tag	A	h	Wh / Tag
Solarpaneele			0			0			0			0
Windgenerator			0			0			0			0
Generator			0			0			0			0
Schleppgenerator			0			0			0			0
Brennstoffzelle			0			0			0			0
Lichtmaschine (Hauptmotor)	20	4	1000	30	3	1125	20	5	1250	20	4	1000
Ladegerät, Landstrom			0			0			0			0
Ladevermögen pro Tag			1000			1125			1250			1000
Täglicher Verbrauch (Berechnung s. unten)			1228			1443			1550			1230
Energiebalance in Ah		-18	Ah		-25	Ah		-32	Ah		-18	Ah
Verbraucher	A	h	Wh / Tag	A	h	Wh / Tag	A	h	Wh / Tag	A	h	Wh / Tag
Navigation												
Multifunktionsdisplay	1	4	50	1	4	50	1.2	4	60	1.8	4	90
Tochteranzeigen			0			0	0.8	3	30			0
Radar	2,5	3	94	2,5	3	94	2,5	3	94	2,5	3	94
Fishfinder			0			0			0			0
AIS			0			0			0			0

Batteriekapazität an Bord erhöhen

Wird das Bordnetz um ein zusätzliches Gerät erweitert, steigt der tägliche Stromverbrauch. Dies kann wiederum zur Folge haben, dass die Batteriekapazität nicht mehr ausreicht. Der Einbau erfordert in der Regel neben einer Aussparung für das Gerät, Kabeln und Schaltern auch einen höheren Ladestrom als Konsequenz des gestiegenen Energiebedarfs. Unter Umständen ist eine leistungsstärkere Lichtmaschine nötig, doch ist die Ausführung von der Einsatzart des Bootes abhängig.

Separate Starterbatterie einbauen

- Um die Kapazität einer einzigen Batteriebank zu erhöhen, ist es unter Umständen einfacher das Bordnetz um eine separate Starterbatterie zu erweitern, als eine zusätzliche Verbraucherbatterie anzuschließen.
- Bei der Neuberechnung der Batteriekapazität kann dann von einer maximalen Entladung der Verbraucherbatterie auf bis zu 50 % statt 40 % der Nennkapazität ausgegangen werden. In dem Beispiel auf Seite 47 steigt die verfügbare Kapazität somit auf 87 Ah.
- Die neue Starterbatterie muss an die Lichtmaschine und den Batterieschalter angeschlossen werden. Die Schaltung muss eventuell so geändert werden, dass die Verbraucherbatterie isoliert werden kann, aber dazu sind zum Glück nur einige Kabel nötig.
- Die zusätzliche Batterie muss sicher in einem neuen Batteriekasten befestigt werden, der sich nicht in der Nähe des Kraftstofftanks, der Filter oder Kraftstoffleitungen befinden darf. Eine Abdeckung mit Belüftung verhindert, dass Gegenstände in Kontakt zu den Batteriepolen kommen können.

Kapazität der Verbraucherbatterien erhöhen

Das kann entweder durch zusätzliche Batterien, andere Batterie-

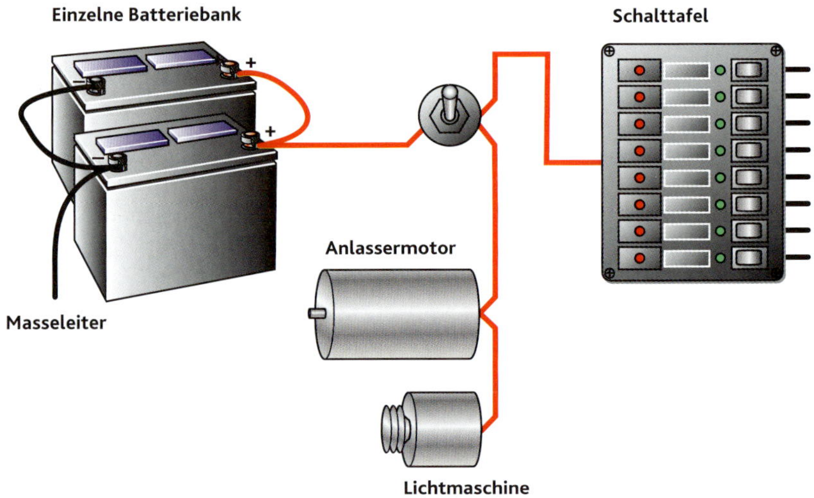

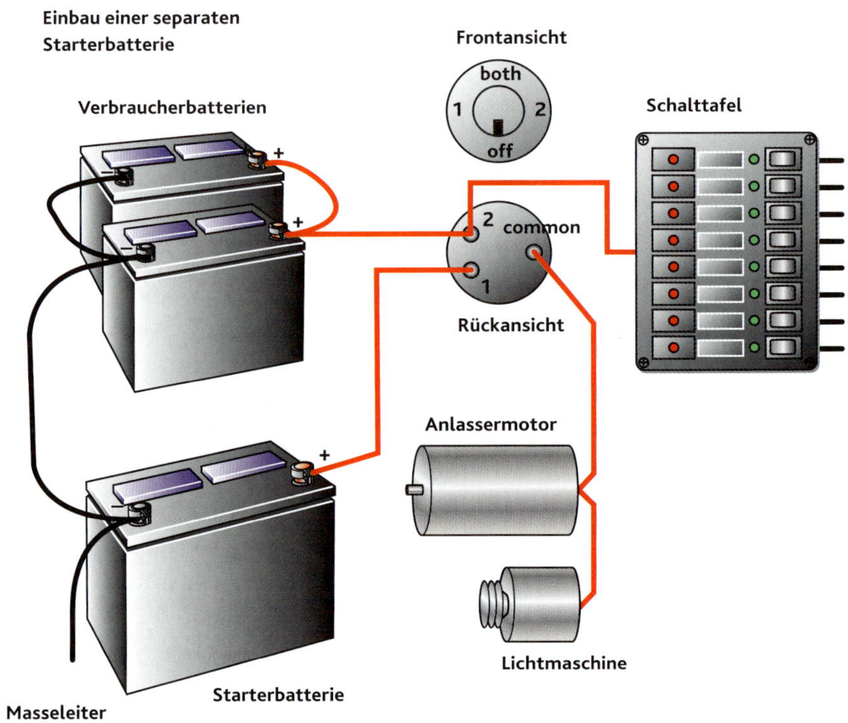

typen, bessere Ladeverfahren oder eine Kombination dieser drei Faktoren erreicht werden.

- Der Einbau einer zusätzlichen Batterie des gleichen Typs erfordert eine neue Batteriebox und einige wenige neue Kabel, führt aber zu 50 % mehr Kapazität, wenn man die Batteriebank von zwei auf drei Batterien erweitert.
- Der Umstieg auf einen leistungsstärkeren Batterietyp, ohne die Anzahl der Batterien zu erhöhen, kann zu einer vergleichbaren Steigerung der Kapazität führen. Vorausgesetzt, die neuen Batterien passen in die vorhandenen Batteriekästen, kann sich der höhere Anschaffungspreis von AGM-Batterien lohnen, da im Gegenzug keine neuen Kabeln oder Schalter nötig sein sollten.
- Die vorhandene Batteriekapazität kann um bis zu 20 % durch Umstieg auf einen intelligenten Mehr-Stufen-Laderegler erhöht werden, mit dem die Lichtmaschine die Batterien auf annähernd 100 % laden kann.

Das ist die Rückansicht eines typischen Batterie-Trennschalters mit vier Schalterstellungen für Bordnetze, die aus zwei Batteriebänken gespeist werden. Die Abbildung links zeigt wie der Ladestrom der jeweiligen Batteriebank zugewiesen werden kann (oben und links).

12-V-Deep-Cycle-Batterien

Nennkapazität Ah	Kaltstartstrom in A bei –18 °C	Startstrom in A bei 0 °C	Übliche Maße in mm L x B x H
Blei-Säure-Batterie, nass			
110		650	348 x 173 x 228
135		900	345 x 175 x 275
Wartungsfrei verschlossene Batterie			
125	900		330 x 175 x 242
180	950		513 x 220 x 225
AGM-Batterie			
145			341 x 173 x 309
230	1300		513 x 273 x 242
260			521 x 269 x 224
Gelbatterie			
120	950		408 x 175 x 209

Auswirkung auf das Ladeverfahren

Wie sich die erhöhte Batteriekapazität auf das Ladeverfahren auswirkt, hängt von der Einsatzart des Bootes ab. Mit dem herkömmlichen Ladeverfahren dauert es lediglich länger, bis die Batterien aufgeladen sind. Steht jedoch diese zusätzliche Zeit nicht zur Verfügung, muss der Ladestrom erhöht werden.

Eine einfache Lösung besteht darin, eine leistungsstärkere Lichtmaschine einzubauen, die in der Regel problemlos an die vorhandene Aufnahme am Motor montiert werden kann. Nur beim Anschlusskabel muss man wegen der größeren Stromstärke einen größeren Querschnitt wählen. Als Faustregel für den maximalen Ladestrom gelten 20 % der Nennkapazität bei Blei-Säure-Batterien; bei AGM-Batterien kann der Ladestrom jedoch noch wesentlich höher sein.

Oft kann mit dem Umstieg auf einen hochwertigeren Batterietyp die gewünschte Kapazitätssteigerung erzielt werden, ohne dabei die Anzahl der Batterien zu erhöhen. AGM-Batterien haben zudem den Vorteil, wesentlich höheren Ladestrom zu tolerieren; Gelbatterien dagegen, dass man sie tiefer entladen kann.

Mit der leistungsstärkeren Ausführung (130 A) einer Standard-Lichtmaschine können die Batterien auch nach Erhöhung der Gesamtkapazität in ungefähr gleicher Zeit geladen werden.

Auf die Verbindu
kommt es an

4

Kabelart und Kabelquerschnitt

Kabel werden in den unterschiedlichsten Ausführungen, Größen und Farben hergestellt. Besonders beim Einsatz in maritimer Umgebung sollte auf geeignete Qualität geachtet werden. Die weitere Auswahl fällt nicht schwer und richtet sich hauptsächlich nach den auftretenden Stromstärken und der Länge des Kabels.

Kabelarten

Bei den Kabeln an Bord dient Kupfer als Leitermaterial, das aus vielen dünnen Einzeldrähten zu feindrähtigen, flexiblen Litzen verseilt wird. Besonders flexible Kabel, fachsprachlich feinstdrähtig genannt, bestehen aus über hundert Einzeldrähten, wie beispielsweise Batteriekabel. Unflexible, eindrähtige Leiter, wie sie bei Haushaltsinstallationen verwendet werden, können den Vibrationen in Fahrzeugen, auch Booten, nicht standhalten.

Die Frage ist nur, ob es verzinnte Kabel sein sollten oder nicht. Bei verzinnten Kabeln sind alle Einzeldrähte mit einer dünnen Zinnschicht überzogen, die das Kabel wesentlich korrosionsbeständiger macht. Solche Kabel sind besonders bei Außeninstallationen wie Navigationslichtern und bei anderen Kabeln im Mast empfehlenswert.

Die Terminologie bei Kabeln kann manchmal verwirrend sein. Die Litze besteht aus vielen Einzeldrähten und hat eine Kunststoffummantelung als Isolierung. Sind mehrere Litzen zu einem Kabel vereint, nennt man sie Adern und unterscheidet zwischen zwei- oder mehradrigen Kabeln.

Bestimmung des Kabelquerschnitts

Jedes Kabel hat einen elektrischen Widerstand. Nach dem Ohmschen Gesetz ist der Spannungsverlust in einem Kabel gleich dem Produkt aus Widerstand und Stromstärke ($U = I \times R$). Dieser Widerstand ist zu gering, um ihn zu messen, kann aber mit dem spezifischen Widerstand von Kupfer, dem Kabelquerschnitt und der Länge des Kabels berechnet werden:

$$R = \rho \times \frac{L}{A}$$

R = Widerstand in (Ω)
ρ (rho) = $0{,}0168\ \Omega \times mm^2/m$
L = Länge des Kabels zum Verbraucher und zurück in m
A = Kabelquerschnitt in mm^2

Der Spannungsverlust in einem Kabel muss bedacht werden, auch weil das Kabel bei übermäßigem Widerstand heiß wird. Als Faustregel gilt, dass der Spannungsverlust höchstens 3 % der Batteriespannung betragen sollte, wenn wichtige Geräte wie Autopilot oder Navigationslichter betroffen sind, und 5–10 % für gewöhnliche Verbraucher wie die Innenbeleuchtung. Die Tabelle im Anhang auf Seite 173 zeigt den nötigen Kabelquerschnitt in Abhängigkeit von der Stromstärke und der Länge des Kabels für 3 % und 10 % Spannungsverlust.

Kabelgrößen

Jedes Kabel muss mit passendem Kabelquerschnitt gewählt werden,

Verzinnte Kabel sind besonders korrosionsbeständig.

Dieses 150-A-Batteriekabel ist aufgrund seiner vielen, sehr dünnen Einzeldrähte außerordentlich flexibel.

Die Hauptkabel an den Batterien müssen ordentlich verpresst sein. Viele Fachhändler bieten diesen Service zu günstigen Preisen an (unten links).

Alle Kabel für die Bordinstallation bestehen aus einer Litze aus zahlreichen, dünnen Einzeldrähten, die mit einer Isolation, meist aus PVC, ummantelt ist. Je dünner die Einzeldrähte, umso flexibler ist das Kabel (unten rechts).

der sich nach dem Widerstand beziehungsweise dem Spannungsabfall richtet.

Der Querschnitt steht natürlich im Verhältnis zum Durchmesser, sodass es zwei Arten gibt, die Dicke eines Kabels anzugeben. AWG (American Wire Gauge) gibt den Durchmesser an, während die in Europa übliche Angabe des Kabelquerschnitts in mm^2 ist.

Bei der Herstellung der Kupferleiter wird ein Draht durch immer kleinere Zieheisen gezogen, bis die gewünschte Stärke erreicht ist. Da dünner Draht durch mehr Zieheisen gezogen wurde als dicker Draht, ist die althergebrachte Bezeichnung nach AWG umso höher, je dünner der Draht ist. 12 AWG ist somit dünner als 6 AWG.

AWG bezieht sich auf den Durchmesser des Drahtes. Bei Litzen aus vielen Einzeldrähten ist die Querschnittsfläche im Verhältnis zum Durchmesser etwas geringer, da sich zwischen den Einzeldrähten winzige Lufteinschlüsse befinden. Diese Diskrepanz kann jedoch vernachlässigt werden. Über die Umrechnung zwischen den unterschiedlichen Größenbezeichnungen gibt ebenfalls die Tabelle im Anhang auf Seite 173 Aufschluss.

Rechenbeispiel

Um einen Kompressorkühlschrank an das 12-V-Bordnetz anzuschließen, muss der maximale Dauerstrom ermittelt werden, um den richtigen Kabelquerschnitt zu wählen.

- In der Gebrauchsanleitung ist die Leistung mit 45 Watt angegeben. Daraus ergibt sich, bei einer Batteriespannung von 12,2 V, ein Strom von 3,7 A.
- Die Länge des Kabels von der Schalttafel zum Einbauort und zurück wird mit 15 Metern gemessen.
- Da der Kühlschrank dauerhaft eingeschaltet bleibt und seine Funktion wichtig ist, sollte man von einem maximal akzeptablen Spannungsabfall von 3 % ausgehen, wodurch sich bei 12,2 V Batteriespannung 0,4 V ergeben. Der Widerstand des Kabels beträgt nach dem Ohmschen Gesetz 0,4 V : 3,7 A = 0,108 Ω. Mithilfe der weiter zuvor genannten Gleichung ergibt sich also ein errechneter Kabelquerschnitt von 2,3 mm^2.
- Geht man nach der Tabelle auf Seite 173 vor und rundet die Stromstärke auf 4 A auf, erhält man bei einer Kabellänge von 15 Metern einen Kabelquerschnitt von 2,7 mm^2. Bei Zwischenwerten sollte man immer auf die nächste Kabelgröße aufrunden. Aus der Tabelle geht auch die entsprechende Größe in AWG hervor, in diesem Fall 12 AWG.

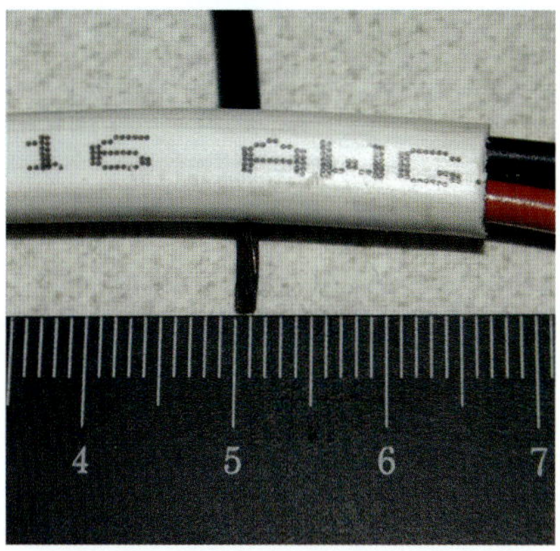

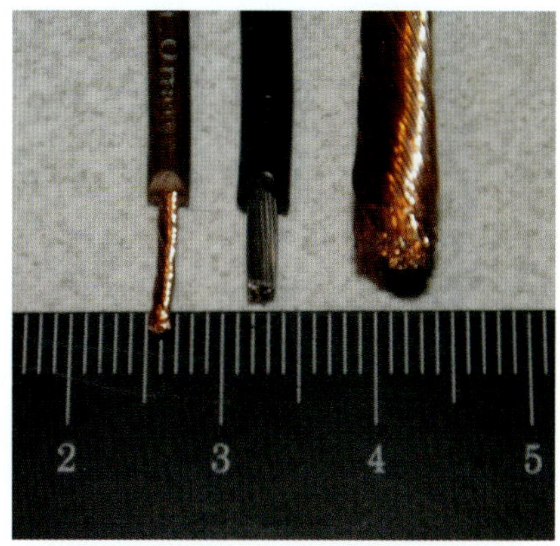

Bei manchen Kabeln ist die Stärke aufgedruckt, meist sowohl in AWG als auch in mm^2 (oben).

Fehlt die Größenangabe, kann man den Durchmesser (d) der Litze messen und den Querschnitt in mm^2 ausrechnen ($r^2 \times \pi$, d.h. 0,5 d x 3,14). Bei den Kabeln im Bild sind es von links nach rechts: 1,0 mm^2 (18 AWG), 1,6 mm^2 (14 AWG) und 4,5 mm^2 (5 AWG) (oben rechts).

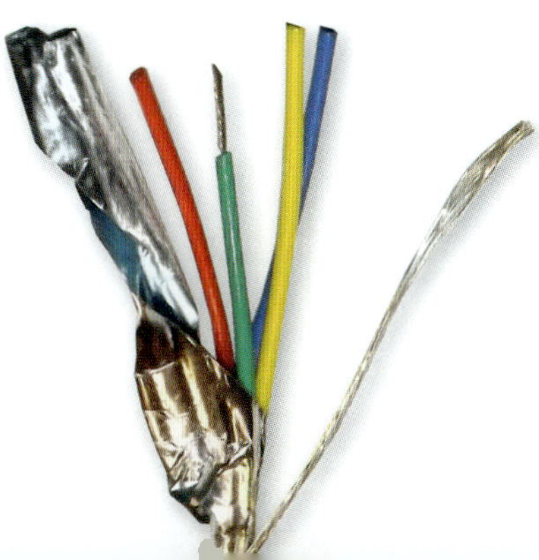

Vieladrige Instrumentenkabel haben eine Abschirmung aus Metallfolie und Draht, um sie vor Interferenz durch andere Kabel zu schützen. Wickeln Sie die Folie am Ende ab, und verbinden Sie den Draht nach Möglichkeit mit Masse (links).

Tipp

Reicht der Kabelquerschnitt zum Beispiel zwischen dem Batterieschalter und der Schalttafel nicht mehr aus, weil neue Geräte eingebaut wurden, muss man dieses Kabel nicht unbedingt ersetzen, sondern kann ein zweites Kabel parallel anschließen. Auch wenn die beiden Kabel unterschiedlich dick sind, erhöht sich der Gesamtquerschnitt, und die Leitung kann höhere Stromstärken aufnehmen.

Verbindungen und Verbinder

Sobald die Anschlussart geklärt und die Kabel ausgemessen sind, wird man beim Einbau eines neuen elektrischen Geräts feststellen, wie erstaunlich viele Verbinder benötigt werden. Leider stellen diese Verbinder einen Schwachpunkt der Verkabelung dar. Sie können korrodieren, brechen oder sich lösen. Achten Sie daher auf die richtige Ausführung jeder einzelnen Verbindung.

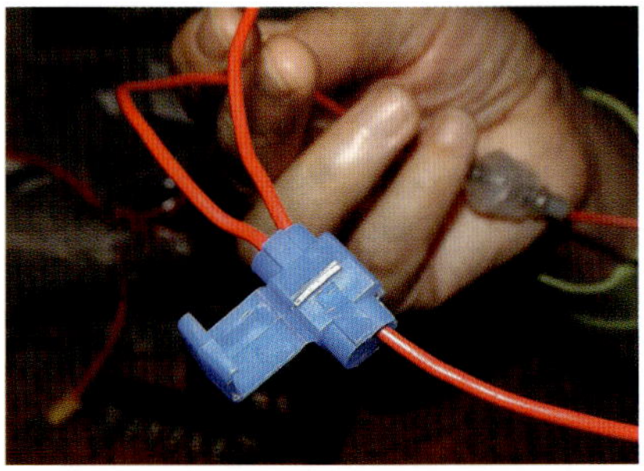

Anschluss eines neuen Kabels als Abzweigung an ein vorhandenes Kabel mittels Scotchlok-Verbinder. Das Kabel muss dabei nicht getrennt oder abisoliert werden.

Verbindungsarten

Der Handel bietet unzählig viele Kabelverbinder an. Dies liegt daran, dass es unterschiedlichste Methoden gibt, Kabel vom kleinsten bis zum größten Querschnitt zu verbinden. Zum Glück kommt bei der Bordinstallation nur eine kleine Auswahl für folgende Verbindungsarten zum Einsatz:

- Verlängerung eines Kabels oder Verbindung von zwei Kabelenden.
- Eine Leitung mittig von einem Kabel abzweigen wie bei einer T-Verbindung.
- Anschluss eines Kabels an einem Gerät. Hier richtet sich die benötigte Kabelverbindung nach der Anschlussart am Gerät.
- Verbindung mehrerer Kabel mit einem einzelnen Kabel, wie bei einer Innenbeleuchtung, bei der die Kabel für sämtliche Leuchten von einem Punkt an der Schalttafel ausgehen.
- Verbindungen für hohe Stromstärken wie bei Batteriekabeln und anderer Ausrüstung, die direkt an die Batterie angeschlossen werden muss, wie beispielsweise eine Dieselheizung.
- Kabelverbindung beim Einbau einer Sicherung oder eines Schalters in den Stromkreis.

Kabelverbinder können mit einem Schrumpfschlauch geschützt und isoliert werden. Vergessen Sie nicht, den Schrumpfschlauch vor dem Crimpen auf das Kabel aufzuschieben.

Verbinder

- **Crimp-Verbinder** sind Quetschverbinder, bei denen man die Litze in ein Rohrstück am Ende des Verbinders steckt, das mit einer Crimpzange fest um das Kabelende verpresst wird. Bei besonders dicken Kabeln werden hydraulische Presszangen zum Crimpen verwendet.
- Eine **Sammelschiene** besteht aus einem Kupferprofil mit zahlreichen Schraubanschlüssen, sodass mehrere Kabel an einem Punkt leitend verbunden werden können.
- Ein **Sammelstützpunkt** hat einen oder mehrere Stehbolzen zur Verbindung stärkerer Kabel mit hohen Stromstärken. Manche haben zusätzlich auch kleinere Anschlüsse, um ein dünneres Kabel mit anzuschließen. Vermeiden Sie Unterlegscheiben aus Edelstahl, da sie erstaunlich viel Widerstand erzeugen können und dann zu einem ungewollten Spannungsabfall führen.
- **Scotchlok** ist der Markenname für einen Kabelverbinder von 3M, bei dem eine Metallklinge durch die Isolierung gedrückt wird, ohne dass das Kabel getrennt oder abisoliert werden muss. Sie sind für Durchgangs- und Abzweigeverbindungen geeignet.
- Eine **Reihenklemme** dient zur Verbindung von Kabelpaaren an mehreren Brücken mit je zwei Schrauben, die von der jeweils nebenliegenden Brücke isoliert sind. An den Kabelenden müssen Ringkabelschuhe gecrimpt werden. Bei anderen Reihenklemmen, wie der Lüsterklemme, werden die Litzen durch Klemm-Verschraubung angeschlossen.
- **Lötverbindungen** sind, außer bei sehr dünnen Kabeln, nicht zu empfehlen, da eine unflexible Verbindung entsteht, die durch Vibration brechen kann. Zudem ist der einwandfreie Verlauf des Lötmittels zwischen den Einzeldrähten Voraussetzung, damit eine einwandfrei leitende Verbindung entsteht.

Crimp-Verbinder

1 Die Schneidklingen befinden sich bei dieser automatischen Abisolierzange in der Mitte.

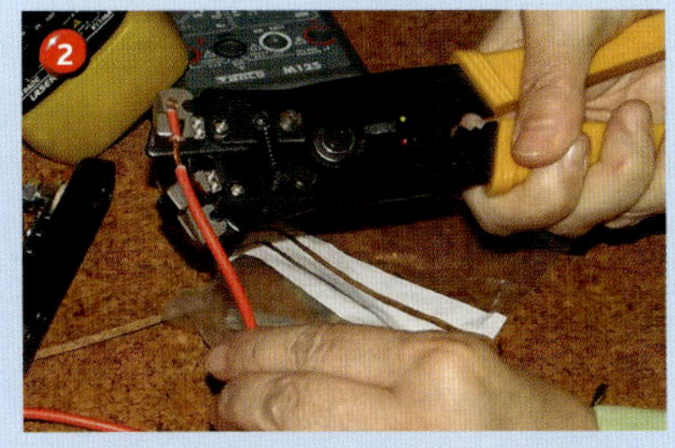

2 Entfernen Sie die Isolierung auf einer Länge von ungefähr 5 mm.

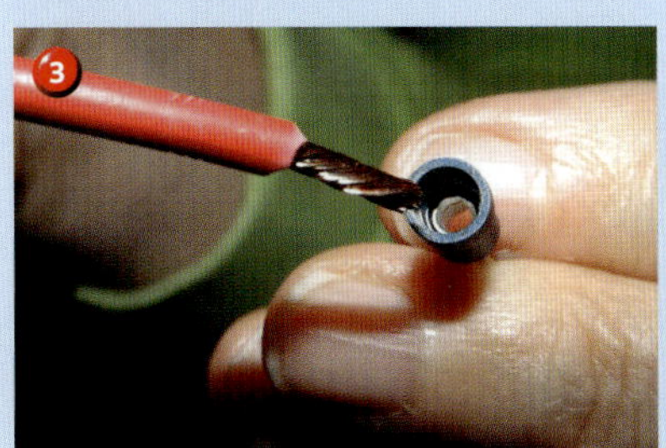

3 Wählen Sie den Crimp-Verbinder in der passenden Größe. Verdrillen Sie die Litze, um sie leichter in den Verbinder einführen zu können.

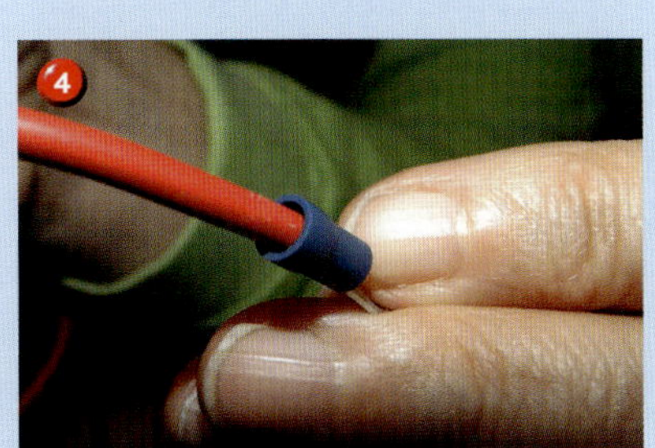

4 Die Litze darf am Ende des Crimp-Verbinders nicht mehr sichtbar sein.

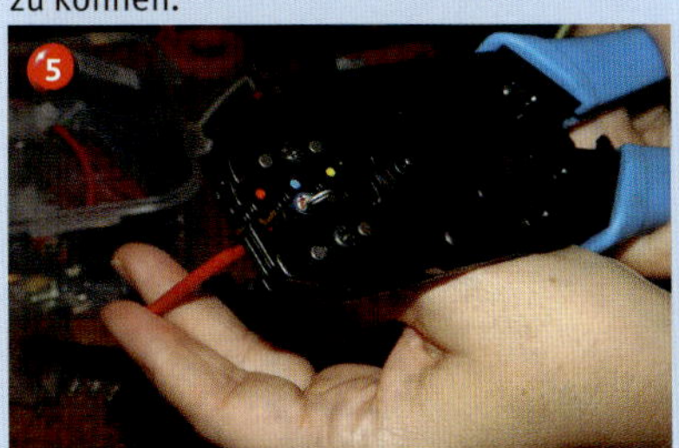

5 Die Crimpzange hat je nach Größe der Verbinder drei Ausnehmungen, die ebenfalls farblich gekennzeichnet sind.

6 Abschließend kann man etwas Fett um das Kabel am Übergang zum Verbinder aufbringen, um Feuchtigkeit abzuhalten.

Richtige Größenwahl

Jeder Verbinder muss in der passenden Größe zum Kabel gewählt werden.

Crimp-Verbinder, die mit der Zange verpresst werden, gibt es je nach Kabelquerschnitt in drei Farben: rot für 0,5–1,5 mm² (22–16 AWG), blau für 1,5–2,5 mm² (16–14 AWG) und gelb für 4–6 mm² (12–10 AWG). Diese drei Größen reichen für den Großteil der Verkabelung an Bord aus.

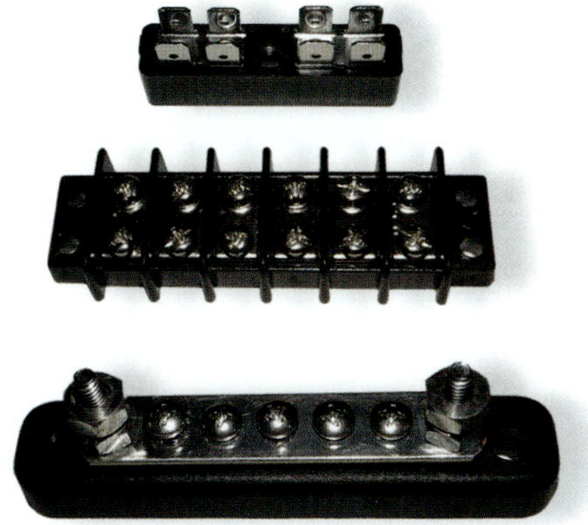

Es gibt verschiedene Möglichkeiten mehrere Kabel anzuschließen und zu verbinden. Führen Sie eine gut sortierte Auswahl solcher nützlicher Verbinder als Ersatzteile an Bord mit, ebenso genügend Crimp-Verbinder in den passenden Größen rot und blau.

An Sammelstützpunkten und Sammelschienen können mehrere Kabel verbunden werden.

Tipp

Es ist empfehlenswert, die Verbindung mit einer der folgenden Methoden vor dem Eindringen von Feuchtigkeit zu schützen:

- Bei normalen Crimp-Verbindern können Sie etwas Vaseline am Übergang zum Kabel aufbringen.
- Wählen Sie teilisolierte Crimp-Verbinder mit einem Schrumpfschlauch am Ende.
- Überziehen Sie die gesamte Verbindung nachträglich mit einem Schrumpfschlauch.

Dünne Kabel verbinden

Sehr dünne, vieladrige Kabel kann man ohne die richtigen Verbinder nur sehr schwer auf verlässliche Art anschließen oder verlängern. Die Hersteller elektronischer Geräte bieten deshalb zunehmend eigene, robuste und wasserdichte Anschluss- sowie Verbindungsstecker an, doch bei vielen Geräten muss man immer noch die dünnen Instrumentenkabel selbst verbinden.

Warum dünne Kabel?

In den vieladrigen Datenkabeln elektronischer Instrumente treten nur sehr geringe Stromstärken auf, weshalb der Kabelquerschnitt sehr klein sein kann. Besonders wichtig ist es, solche Kabel mit Kabelbindern und anderen Befestigungen zu verlegen und zu entlasten, damit keine Zugkräfte auf die Verbinder wirken. Verbinder sollten so ausgeführt sein, dass das Kabelende zwischen zwei Blechstreifen eingeklemmt wird, die entweder durch Federkraft oder mittels Verschraubung aneinander gepresst werden. Als Alternative können zwei Kabelenden auch durch Löten verbunden werden. Die Verbindungsstelle sollte mit einem Schrumpfschlauch isoliert und vor Feuchtigkeit geschützt werden.

Geeignete Verbinder

Die hier beschriebenen Verbinder sind speziell für dünne Kabel geeignet. Das Kabelende mit der verdrillten Litze muss dazu nicht verlötet werden.

- **Lüsterklemmen** sind sehr praktische Verbinder für bis zu vier Kabel. Die Ausführung mit einem Blechstreifen unter der Schraube ist vorteilhaft, da das Kabelende gleichmäßiger gequetscht wird. Die Litze sollte am besten mit einer Aderendhülse versehen werden.
- **Crimp-Verbinder** können in Betracht gezogen werden, aber selbst die kleinste, rot-codierte Größe kann bereits zu groß sein, um die Litze gut zu verpressen. Bei Crimp-Verbindern sollte nur eine einzelne Litze pro Verbinder gecrimpt werden.
- **Stoßverbinder** mit Schrumpfschlauch sind gut geeignet, um zwei Kabel zu verbinden und die Verbindung vor Feuchtigkeit zu schützen. Auch bei diesen Verbindern hat die kleinste Größe die Farbe rot.

Lötverbindungen

Im Allgemeinen sollten Kabel nicht durch Löten verbunden werden. Doch je dünner das Kabel ist, umso besser kann eine Lötverbindung sein, weshalb man sie nicht ganz ausschließen sollte. Drehen Sie jedoch nicht einfach mehrere Litzen zusammen, und versuchen Sie dann dieses Bündel zu verlöten.

- Jedes Kabelende wird zunächst auf einer Länge von ungefähr 5 mm abisoliert und die Litze verdrillt.
- Schieben Sie ein Stück Schrumpfschlauch über eines der Kabel.

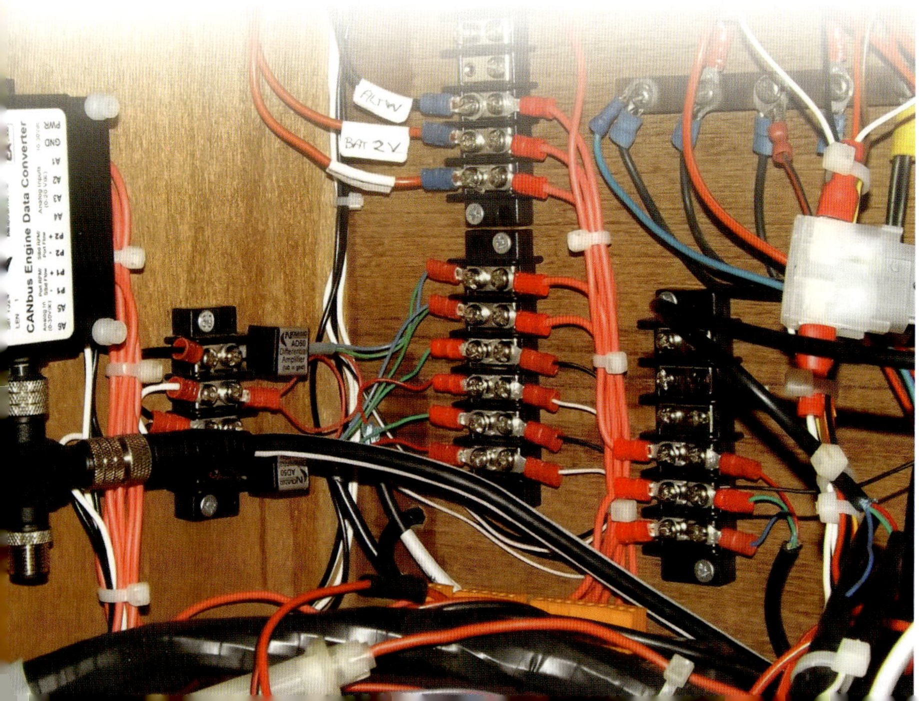

Diese Reihenklemmen sind zwar für wesentlich höhere Stromstärken gedacht, doch sie gewährleisten auch bei dünnen Datenkabeln eine sichere Verbindung. Achten Sie beim Crimpen der Kabelschuhe darauf, dass das Kabel fest verpresst ist. Ziehen Sie zur Überprüfung einmal kurz am Kabel.

Schieben Sie es weit genug zurück, damit es nicht durch die Hitze des Lötkolbens bereits zu schrumpfen beginnt.

- Verzinnen Sie die einzelnen Litzen so, dass das Lötzinn zwischen den Einzeldrähten verfließt.
- Halten Sie die verzinnten Litzen aneinander und erhitzen Sie sie, bis das Lötzinn erneut verfließt und die Litzen verbindet.
- Schieben Sie den Schrumpfschlauch über die Lötstelle, und erhitzen sie ihn nur so stark, dass er sich eng über die Verbindungsstelle legt, das Lötzinn im Inneren aber nicht schmelzen kann.

Lötverbinder mit Schrumpfschlauch

Diese Stoßverbinder haben mittig angebracht etwas Lötzinn, das durch Erhitzen von außen schmilzt und einen sicheren Kontakt der Kabelenden gewährleistet. Gleichzeitig schrumpft der Verbinder selbst und dichtet mit seinem Innenklebstoff wasserdicht ab. Lötverbinder gibt es in vielen Größen, auch für sehr dünne Kabelquerschnitte.

Ein dünnes Kabel kann in einer zu großen Lüsterklemme auf die Seite der Schraube rutschen (ganz oben).

Lüsterklemmen können verwendet werden, wenngleich sie nicht die beste Lösung darstellen. Wählen Sie immer die korrekte, zum Kabelquerschnitt passende Größe und am besten die Ausführung mit einem Blechstreifen unter der Schraube (oben).

Tipp

Das Überziehen der Litze am Kabelende mit etwas Lötzinn wird Verzinnen genannt. Bei Klemmverbindungen ist es jedoch besser, die Litze mit einer Aderendhülse zu versehen.

Crimp-Verbinder bei dünnen Kabeln

Um die Verbindung zu einem dünnen Kabel zu verbessern, kann die Litze verzinnt werden. Dadurch wird sie etwas dicker, und der Crimpverbinder kann in dem weichen Lötzinn besseren Halt finden.

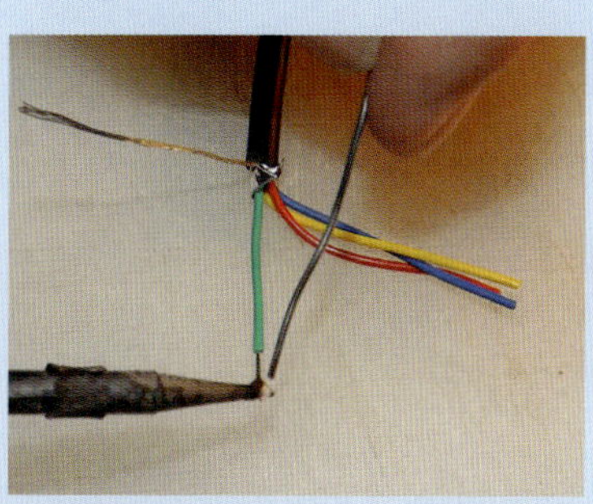

Lötverbinder mit Schrumpfschlauch

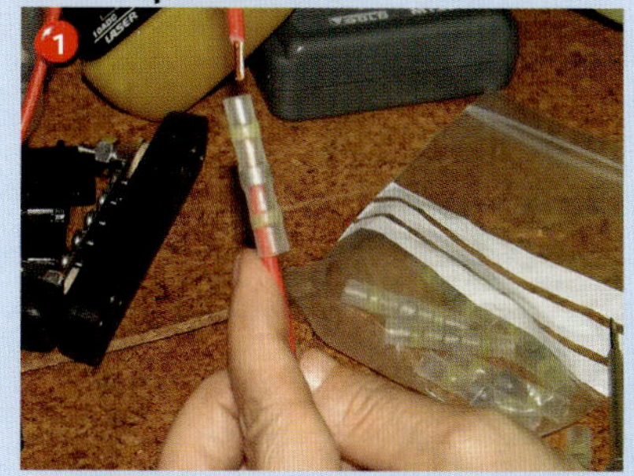

1 Lötverbinder sind eine gute Lösung. Die abisolierten Enden der Kabel überlappen sich in der Mitte unter dem ringförmig eingebrachten Lötzinn.

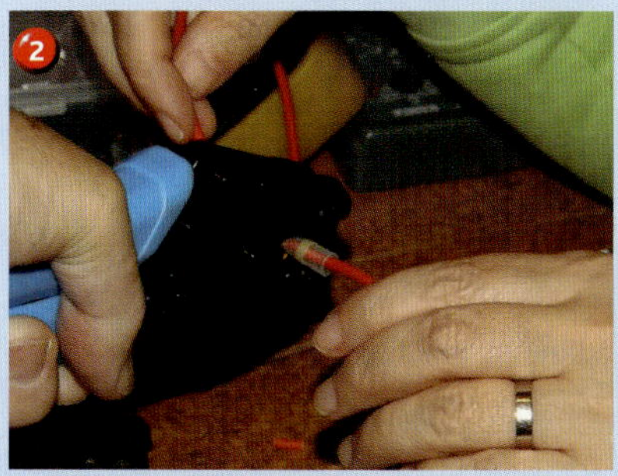

2 Verpressen Sie den Verbinder in der Mitte mit der Crimpzange, um die Kabel zu fixieren.

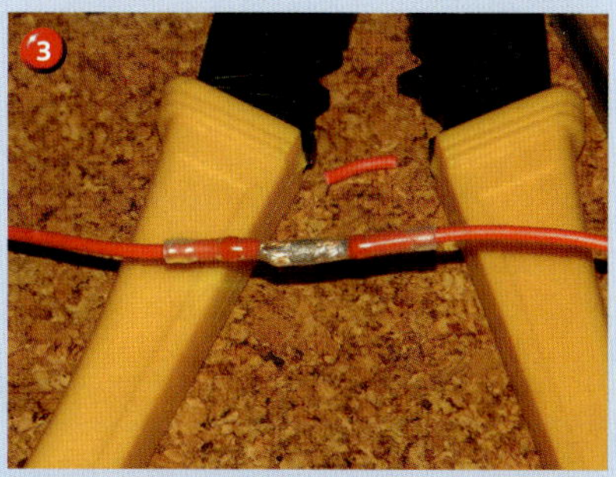

3 Erhitzen Sie den Verbinder vorsichtig mit der Heißluftpistole, bis das Lötzinn schmilzt und sich der Schrumpfschlauch zusammenzieht, wodurch die Verbindung abgedichtet wird.

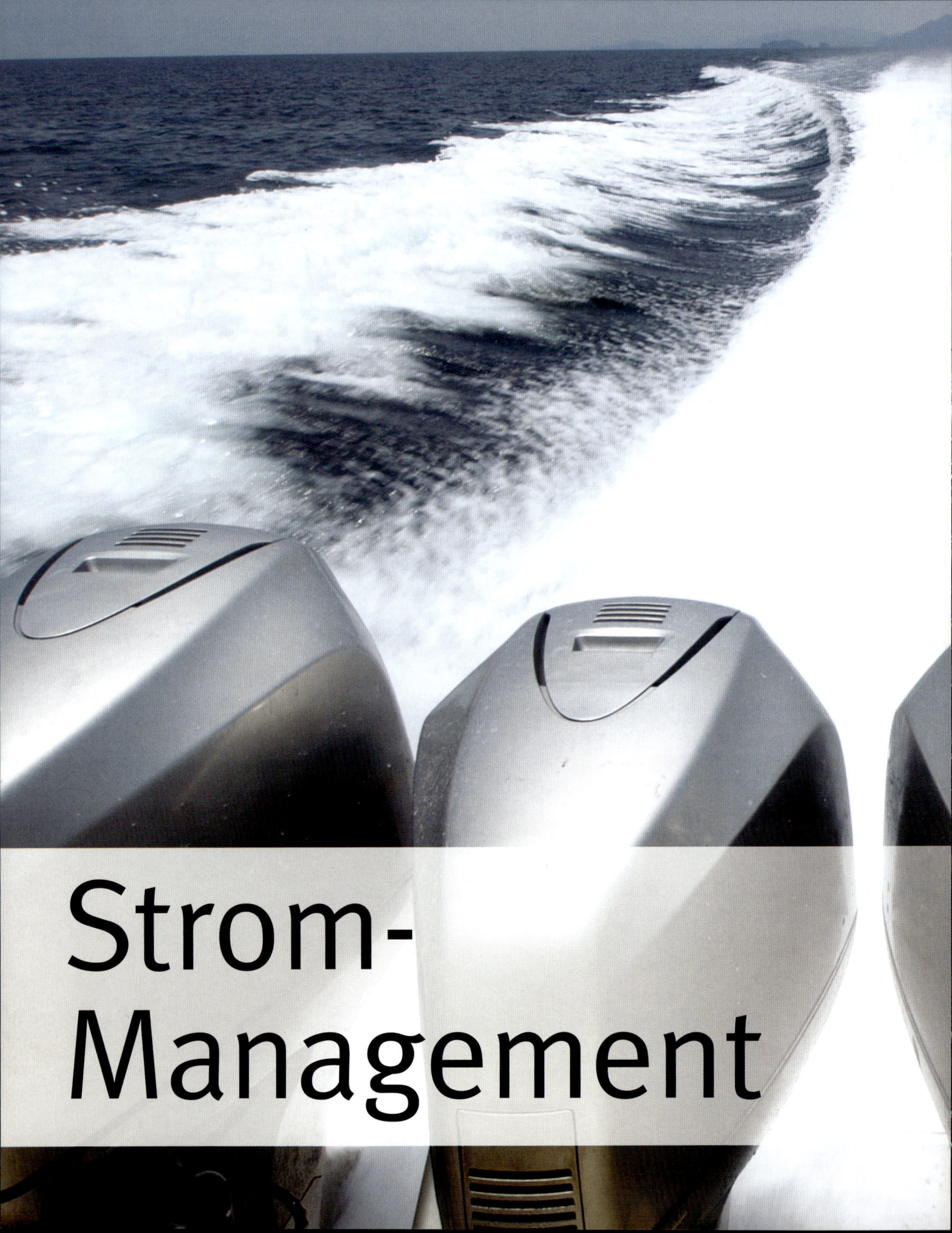

Strom-Management

5

Lichtmaschinen

Lichtmaschinen sind von Grund auf verlässliche Arbeitstiere, die auf den meisten Booten die vorrangige Stromquelle für die Batterieladung darstellen. Die wenigen Einschränkungen dieser Stromerzeuger können überwunden und die Effizienz der Batterieladung sogar gesteigert werden. Ob als einzige Stromquelle oder zusammen mit anderen Stromerzeugern – mit der Lichtmaschine kann der Energiebedarf an Bord erfolgreich gedeckt werden, ganz gleich wie Sie ihr Boot nutzen.

Was ist eine Lichtmaschine?

Die Lichtmaschine ist außen am Motor befestigt und wird von einer Scheibe auf der Kurbelwelle mittels Keilriemen oder Keilrippenriemen angetrieben. Da die Keilriemenscheibe der Lichtmaschine entsprechend kleiner ist als die auf der Kurbelwelle, dreht sich die Lichtmaschine doppelt so schnell wie der Motor.

Durch die Drehung wird Strom erzeugt, der in der Lichtmaschine so gewandelt und geregelt wird, dass er direkt für die Ladung der Batterien oder zur Versorgung der 12-V-Bordinstrumente verwendet werden kann. Bei einem 24-V-Bordnetz benötigt man eine 24-V-Lichtmaschine.

Funktionsweise

Dem englischen Wissenschaftler Michael Faraday wird im Allgemeinen die Entdeckung der Gesetzmäßigkeit zwischen Elektrizität und Magnetismus Mitte des 19. Jahrhunderts zugeschrieben. Zwei seiner vielen Entdeckungen waren:

- Bewegt man ein Kabel durch ein Magnetfeld, so wird Spannung im Kabel induziert. Je schneller man das Kabel bewegt, umso höher ist die induzierte Spannung. Im Prinzip wird das Kabel zu einem Generator.
- Schickt man im Gegenzug Strom durch ein Kabel, entsteht rings um das Kabel ein Magnetfeld. Konzentriert man das Magnetfeld durch spezielle Anordnung des Kabels auf einen Punkt, hat man einen Elektromagneten.

Bei einer Lichtmaschine macht man sich diese beiden Gesetzmäßigkeiten zunutze, nur dass nicht ein Kabel durch ein Magnetfeld, sondern ein Magnetfeld um ein stillstehendes Kabel bewegt wird. Das Magnetfeld selbst wird wiederum durch ein gewickeltes Kabel, eine Spule, erzeugt.

- Im Inneren der Lichtmaschine dreht sich der Rotor, der den Elektromagneten bildet. Er besteht aus einer Wicklung, durch die der Erregerstrom geschickt wird. Der Rotor ist von einem klauenförmigen Käfig umgeben, der das Magnetfeld ausrichtet.
- Der außenliegende, stillstehende Teil, Stator genannt, besteht aus drei getrennten Wicklungen oder Spulen. Dreht sich das Magnetfeld des Rotors an diesen Wicklungen vorbei, wird Spannung im Stator induziert.
- Wie viel Strom im Stator entsteht, hängt von der Stärke des Magnetfelds und der Geschwindigkeit ab, mit der es sich am Stator vorbeibewegt.

Weitere Bestandteile

- **Der Gleichrichter:** Da sich das Magnetfeld dreht, entsteht in den Wicklungen des Stators Wechselstrom, der erst in Gleichstrom gewandelt werden muss, bevor er im Bordnetz genutzt werden kann. Diese Aufgabe wird von sechs internen Dioden übernommen, die den sogenannten Gleichrichter bilden.

Die Lichtmaschine ist am Motor befestigt und wird über die Kurbelwelle mithilfe von einem Keilriemen angetrieben, der auch die Wasserpumpe antreibt. Der Keilriemen muss ausreichend gespannt sein, um nicht durchzurutschen.

Der Rotor (rechts) erzeugt das Magnetfeld, das jedes Mal Spannung in einer der Wicklungen des Stators induziert, wenn der Rotor daran vorbeidreht. Die Stärke des Erregerstroms für das Magnetfeld des Rotors wird vom Laderegler gesteuert und über die Schleifringe übertragen.

- **Der Laderegler:** Um den Ladestrom der Lichtmaschine zu steuern, überwacht der Laderegler die Batteriespannung und schickt so viel Erregerstrom an den Rotor, dass das Magnetfeld die nötige Stärke hat. Je geringer die Batteriespannung, umso stärker muss das Magnetfeld sein, sodass mehr Strom vom Laderegler an den Rotor geleitet wird.
- **Schleifringe und Kohlebürsten:** Damit wird der Erregerstrom für das Magnetfeld auf den drehenden Rotor übertragen. Die Kohlebürsten drücken auf die Schleifringe am Rotor. Die Kohlebürsten verschleißen nach vielen tausend Betriebsstunden und müssen dann ausgetauscht werden.
- **Ladekontrolllampe:** Sie befindet sich in der Regel bei den Motorinstrumenten und ist mit der Lichtmaschine verbunden. Sobald die Lichtmaschine lädt, geht die Ladekontrolllampe aus.
- **Drehzahlmesser:** Ein weiterer Anschluss an der Lichtmaschine führt zum Drehzahlmesser.

Die Standard-Drehstromlichtmaschine hat einen eingebauten Laderegler, der die Batteriespannung mit einer eingebauten Spannungsreferenz vergleicht. Moderne Laderegler arbeiten elektronisch, ältere Modelle greifen die Spannung über Schleifkohlen ab (oben rechts).

Der Gleichrichter besteht aus sechs einzelnen Dioden, die im Gehäuse eingepresst sind (rechts).

Die meisten Lichtmaschinen haben vier Anschlüsse:
B+ : zum Pluspol der Batterie
B– : zum Minuspol der Batterie
W : zum Drehzahlmesser
D+ : zur Ladekontrolllampe (auch als Klemme 61 bezeichnet) (unten rechts)

Tipp

Ein eingebautes Voltmeter zeigt sofort an, ob die Batterien geladen werden. Wird der Motor gestartet, steigt die Spannung auf ungefähr 14 V (28 V bei einem 24-V-Bordnetz). Mit einem eingebauten Amperemeter erkennt man bei laufendem Motor, dass ein positiver Strom fließt, das heißt der Strom fließt in die Batterie hinein – sofern das Gerät richtig gepolt angeschlossen ist.

Pflege, Wartung und Fehlersuche

Lichtmaschinen sind weitgehend wartungsfrei. Nur etwas Sorgfalt ist nötig, um stets die optimale Leistung zu erzielen. Kleinere Reparaturen sind möglich, meist ist es bei einem Schaden jedoch einfacher, die gesamte Einheit auszutauschen. Folgende Punkte sind beim Gebrauch einer Lichtmaschine zu beachten.

Die Achillesferse

Die Lichtmaschine ist grundsätzlich sehr robust. Doch bei den auf Booten üblichen Dieselmotoren muss die Lichtmaschine in zwei Situationen geschützt werden:

- **Dieselmotor abstellen.** Ein Dieselmotor muss immer mit dem Zugschalter oder einem anderen Stoppschalter, der die Kraftstoffzufuhr unterbricht, abgeschaltet werden. Der Zündschlüssel dient nur als Schalter für die Stromversorgung zum Laderegler. Schaltet man am Zündschloss aus, während der Motor läuft, wird die Lichtmaschine nicht mehr reguliert, sodass die Ladespannung in die Höhe schnellt und dabei den Laderegler und möglicherweise auch den Gleichrichter zerstört.
- **Batterieschalter auf »Aus«.** Bei laufendem Motor darf der Schalter nie auf »Aus« gestellt werden, da ansonsten die Lichtmaschine von der Batterie getrennt ist. Der Strom kann nicht mehr abfließen, und die Spannung an der Lichtmaschine steigt rapide an, wodurch es zur Beschädigung oder Zerstörung der Dioden und des Ladereglers kommt. Viele Batterieschalter haben einen entsprechenden Warnhinweis.

Die Lichtmaschine ist meist die Hauptstromquelle für die Batterieladung, ganz gleich, um welchen Bootstyp es sich handelt.

Regelmäßige / jährliche Wartung

Die Lichtmaschine ist direkt mit der Batterie und dem Anlassermotor verbunden. Deshalb sollte unbedingt das Kabel am Pluspol der Batterie abgenommen werden, bevor man an der Lichtmaschine oder ihren Anschlüssen arbeitet.

- An der Rückseite der Lichtmaschine befinden sich mehrere Anschlüsse. Bei der Ausführung als Stehbolzen mit Muttern ist eine Überprüfung auf Sauberkeit und festen Sitz nötig. Mindestens einer dieser Anschlüsse führt den hohen Ladestrom. Eine visuelle Überprüfung genügt in der Regel. Bei den Anschlusskabeln sollte man darauf achten, dass sie festen Sitz haben und keine Beschädigungen oder Scheuerstellen aufweisen.
- Die Ladekabel führen selbst bei der einfachsten Ausführung von der Lichtmaschine zum Anlassermotor und weiter zum Batterieschalter. All diese Verbindungen sollten auf gleiche Art überprüft werden. Zuletzt kontrolliert man die Verbindung des Kabels zur Polklemme, die man zu diesem Zweck zuvor vom Pluspol der Batterie abgenommen hat.
- Der Keilriemen ist genauso wichtig. Überprüfen Sie die korrekte Spannung anhand der Angabe in der Betriebsanleitung. Achten Sie auf Ablösungen in Form von schwarzem Staub und auf Verschleiß, der entsteht, wenn der Keilriemen auf den Riemenscheiben durchdreht.
- Das Lüfterrad an der Lichtmaschine dient zur Kühlung der Wicklungen und ist nicht anfällig für Beschädigungen. Achten Sie aber bei Umbauten im Motorraum darauf, dass die Luftzufuhr nicht eingeschränkt wird.

Fehlersuche

Folgende Anzeichen deuten auf Probleme mit der Lichtmaschine hin:

Der Hinweis soll daran erinnern, dass die Lichtmaschine mit einer Batterie verbunden sein muss, solange der Motor läuft.

Anschlüsse und Verbindungen

Die Plusleitung von der Lichtmaschine ist meist am Anlassermotor mit dem Batteriekabel verbunden.

Die Minus- oder Masseleitung ist mit dem Motorblock verbunden.

Anschluss der Plusleitung an der Lichtmaschine.

- Die Batteriespannung bleibt bei laufendem Motor bei ungefähr 12,6 V, anstatt auf ungefähr 14 V anzusteigen.
- Nach dem Starten des Motors erlischt die Ladekontrolllampe nicht. Das ist ein Anzeichen dafür, dass die Ladespannung die Batteriespannung nicht übersteigt. Als Erstes überprüft man die Keilriemenspannung, wozu der Motor natürlich abgestellt werden muss. Ist das nicht die Ursache, richtet sich der Verdacht als Nächstes auf den Gleichrichter.
- Achten Sie immer darauf, dass alle Kontrolllampen für Motortemperatur, Ölstand und Batterieladung leuchten, wenn Sie den Zündschlüssel umdrehen. Die Ladekontrolllampe ist mit der Lichtmaschine verbunden und muss ordnungsgemäß funktionieren, damit die Lichtmaschine laden kann.

Sollten Sie einen Fehler feststellen, wird es kaum möglich sein, die Lichtmaschine selbst zu reparieren, geschweige denn auf See. Blauwassersegler sollten in Erwägung ziehen, eine komplette zweite Lichtmaschine in Reserve mitzuführen. Bei Törns in Küstennähe kann in einem der nächsten Häfen Ersatz gefunden werden. Hafenbüros können oft Auskunft über Händler und Reparaturbetriebe geben.

Alle Kontrolllampen leuchten auf, wenn die Zündung eingeschaltet wird, um die Lampen und Temperaturfühler auf Funktion zu überprüfen. Sobald der Motor läuft, sollten sie ausgehen.

Das Lüfterrad an der Vorderseite der Lichtmaschine dient zur Kühlung der Wicklungen im Inneren.

Tipp

Die 12-V-Plusleitungen (oder 24 V) werden oft genauer kontrolliert als die Minusleitungen. Dabei sind die Minusleitungen ebenso wichtig. Oft fließt der Strom der Minusleitung über die Befestigung am Motor zur Lichtmaschine zurück oder die Lichtmaschine ist mit einem kurzen Kabel mit dem Motorblock verbunden. Man kann allerdings auch ein zusätzliches Kabel von der Lichtmaschine direkt zu einem der Minuspole der Batterie legen, da alle Masseleiter miteinander verbunden sind.

Bemessung und Umrüstung

Bei der Überlegung, die Ladekapazität der Lichtmaschine zu erhöhen, sollte man mehrere Faktoren bedenken. Zunächst benötigt man eine Verbrauchsrechnung, anhand derer man abschätzen kann, wie lange die Maschine jeden Tag laufen muss, um die Energiebilanz auszugleichen. Zudem sollte man überlegen, wie die vorhandene Installation verbessert und wo Energie eingespart werden kann.

Strombedarf bestimmen

Die Verbrauchsrechnung auf Seite 47 hat ergeben, dass täglich 70 Ah benötigt werden, die von einer Batteriebank mit einer Kapazität von 240 Ah geliefert und von einer Standard-Lichtmaschine nachgeladen werden.

Auf kleinen bis mittleren Booten liefert die Lichtmaschine 50–60 A bei einer Motordrehzahl von 1600 Umdrehungen pro Minute. Aufgrund von Verlusten und Erwärmung stehen tatsächlich jedoch nur 45 A zur Batterieladung zur Verfügung.

Wie lange der Motor zur Ladung der Batterien laufen muss, hängt von mehreren Faktoren ab. Deshalb gilt:

- Schalten Sie möglichst viele Verbraucher aus, um den gesamten Strom der Lichtmaschine zur Ladung der Batterien zu nutzen.
- Der maximale Ladestrom der Lichtmaschine fließt nur anfangs in die Batterien. Sobald die Batterien 75 % geladen sind, verringert sich der Ladestrom der Batterie um mehr als die Hälfte.
- Um 70 Ah mit einem Ladestrom von 35 A zu laden, muss der Motor zwei bis drei Stunden laufen. Die Motordrehzahl darf dabei nicht zu gering sein, denn die Lichtmaschine produziert erst bei schnellerer Umdrehung den maximalen Ladestrom.

Maximaler Ladestrom

Es gibt eine Grenze, wie schnell man eine Batterie aufladen kann. Übersteigt der Ladestrom den zulässigen Maximalwert, erhitzt sich die Batterie stark, weshalb Schnellladegeräte über einen Temperaturfühler an der Batterie verfügen und den Ladestrom gegebenenfalls drosseln.

Wie schnell sich eine Batterie aufladen lässt, hängt von der Batterieart und dem Ladezustand ab. Im Hauptarbeitsbereich von 50–70 % der Nennkapazität gilt:

- Nasse Blei-Säure-Batterien können mit bis zu 25 % ihrer Nennkapazität geladen werden. Im Beispiel wäre das ein Ladestrom von 60 A (25 % von 240 Ah).
- Gelbatterien vertragen bis zu 50 %, somit 120 A bei 240 Ah Kapazität.
- AGM-Batterien können noch weit höheren Ladestrom aufnehmen. Die genauen Angaben der Hersteller variieren jedoch.

Ein intelligenter Laderegler ist der erste Schritt, um das Batteriemanagement zu verbessern (oben).

Wer alternative Energiequellen nutzt, kann die Motorlaufzeit zum Laden verringern (rechts).

Solarzellen sind einfach nachzurüsten. Sie können fest installiert sein oder als flexible Ausführung nur bei Bedarf ausgebreitet werden (ganz rechts).

Eine zweite Lichtmaschine bildet eine Reserve und liefert mehr Energie. Intelligente Laderegler für zwei Lichtmaschinen sind ebenfalls erhältlich (links und unten).

Tipp

Die Anschaffung eines intelligenten Ladereglers lohnt sich. Der größte Vorteil besteht darin, dass die Batterien ganz voll geladen werden. Intelligente Laderegler versorgen die Batterie während der kurzen Motorlaufzeit mit höherem Ladestrom.

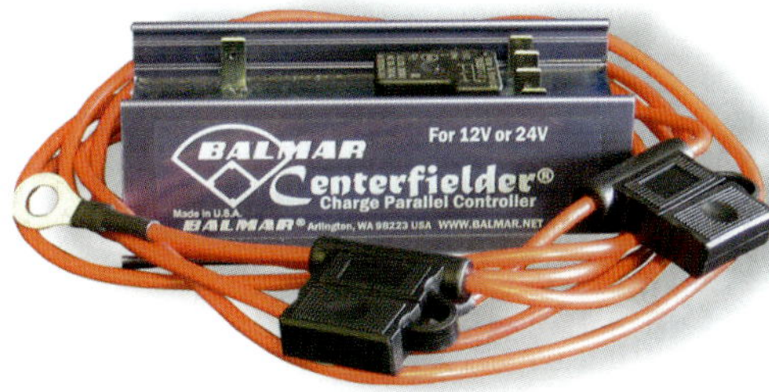

Leistung steigern

Aus den oben genannten Werten lässt sich folgern, dass man höheren Ladestrom benötigt, um die Ladezeit, und damit bei einem Segelboot die Motorlaufzeit, zu verkürzen. Doch es gibt auch andere Möglichkeiten, um effizienter zu laden:

- **Hochleistungs-Laderegler** überbrücken den eingebauten Laderegler und erhöhen die Ladespannung der Lichtmaschine während der ersten Ladephase. Dadurch wird wesentlich länger mit maximalem Ladestrom geladen, ohne dass es zu einer Überladung kommt. Zudem wird die Ladung in mehreren Phasen gesteuert, sodass eine Aufladung auf 95 % der Nennkapazität erfolgt.
- **Andere Stromquellen** wie Solarzellen, Windgeneratoren oder Brennstoffzellen können einen Teil des täglich benötigten Ladestroms liefern.
- **Austausch der Lichtmaschine** gegen ein leistungsstärkeres Modell. Oft passt eine größere Lichtmaschine in die gleiche Aufnahme am Motor.
- **Beides!** Montieren Sie eine größere Lichtmaschine und einen Hochleistungs-Laderegler.
- **Zweite Lichtmaschine.** Dazu sind größere Umbaumaßnahmen nötig, doch aus Gründen der Redundanz empfehlen manche Blauwassersegler zwei Lichtmaschinen am Motor zu montieren.

Verluste minimieren

Die Lichtmaschine produziert anhaltend hohe Stromstärken, weshalb es in den Anschlusskabeln auch zu vergleichsweise großen Verlusten kommen kann. Rüstet man auf eine leistungsstärkere Lichtmaschine auf, muss auch der Querschnitt der Plus- und Minusleitung vergrößert werden. Die Kabelgröße bemisst man nach dem maximalen Ausgangsstrom der Lichtmaschine und 3 % maximalem Spannungsverlust. Wählen Sie aufgrund der hohen Temperaturen im Motorraum eine noch größere Größe.

Für einen Ladestrom von beispielsweise 85 A, bei einer Kabellänge von 6 m, mit maximal akzeptablem Spannungsverlust von 3 % und einer Zugabe wegen hoher Umgebungstemperatur, lässt sich aus der Tabelle im Anhang auf Seite 173 ein Kabelquerschnitt von 42 mm^2 (AWG 1) ermitteln, der sogar bis 90 A geeignet wäre.

Das nächstgrößere Modell einer Lichtmaschine liefert ungefähr 40 % mehr Leistung und passt in der Regel an die vorhandenen Befestigungen am Motor. Ob aber wirklich ausreichend Platz zur Verfügung steht, sollte zuvor überprüft werden.

Intelligente Ladetechnik

Mit einem guten Ladegerät kann die maximale Leistung einer Batterie genutzt werden. Dazu verfügt es über eine aufwendige Elektronik, die den Zustand der Batterie kontinuierlich überwacht und den Ladestrom je nach Art der Batterie anpasst. Viele Laderegler können sogar mehrere Stromquellen gleichzeitig regeln, ohne dass die Batterie überladen wird.

Dreistufige oder vierstufige Ladung

Batterien reagieren sehr unterschiedlich auf den Ladestrom, je nachdem, wie stark sie entladen sind. Die unterschiedlichen Ladeverfahren ähneln sich zwar, aber es ist dennoch wichtig, das Ladegerät auf den jeweiligen Batterietyp nach dem Einbau einer neuen Batterie einmalig einzustellen. Das Ladeverfahren kann als dreistufig oder vierstufig bezeichnet werden, abhängig davon, ob die Reset-Phase mitgezählt wird oder nicht.

- **1. Bulk oder Konstantstrom** Die erste Phase lädt die Batterie, wenn sie auf 50–75 % ihrer Nennkapazität entladen wurde. Dabei wird mit möglichst hohem Strom geladen. Der externe Temperatursensor verhindert, dass die Batterie überhitzt. Erreicht die Batterie durch die Aufladung eine voreingestellte, vom Batterietyp abhängige Spannung, schaltet das Ladegerät auf die zweite Phase um.
- **2. Absorption oder Konstantspannung** Jetzt wird die Ladespannung und die Batteriespannung über eine feste Zeitspanne konstant gehalten. Bei Blei-Säure-Batterien beträgt dieser Wert 14,8 V, bei Gel-, AGM- und verschlossenen Batterien ist er etwas geringer. Die Stromstärke des Ladestroms sinkt in dieser Phase langsam ab, wodurch sich der chemische Prozess im Inneren gleichmäßig über die Platten ausbreiten kann.
- **3. Float oder Erhaltung** Die dritte Phase beginnt nach Ablauf der festen Zeitspanne mit Konstantspannung. Die Batteriespannung sinkt dabei auf den Erhaltungswert ab, der ebenfalls vom Batterietyp abhängig ist. Das Ladegerät kann mit der Erhaltungsspannung unbegrenzt angeschlossen bleiben. Bis die Batterie annähernd 100 % ihrer Kapazität erreicht, kann es mehrere Stunden dauern.
- **4. Reset** Das Ladegerät schaltet auf Reset, wenn die Batteriespannung unter 11,5 V gefallen ist, da die Batterie offensichtlich stark entladen wurde, und beginnt erneut mit der ersten Ladephase. Das Ladegerät kann während der Batterieladung auch die Bordinstrumente mit üblicherweise 10 A oder 20 A Strom versorgen.

Mehrere Stromquellen

Es gibt eine große Auswahl an Reglern, um unterschiedliche Stromquellen zur Ladung zu nutzen. Das größte Problem dabei dürfte sein, sich für den richtigen zu entscheiden.

Ladekennlinien eines vierstufigen Ladegeräts. Drei- und vierstufige Geräte sind im Prinzip identisch, da die vierte Stufe lediglich ein Reset auf die erste Stufe ausführt, wenn die Batteriespannung bei der Entladung unter einen voreingestellten Wert fällt.

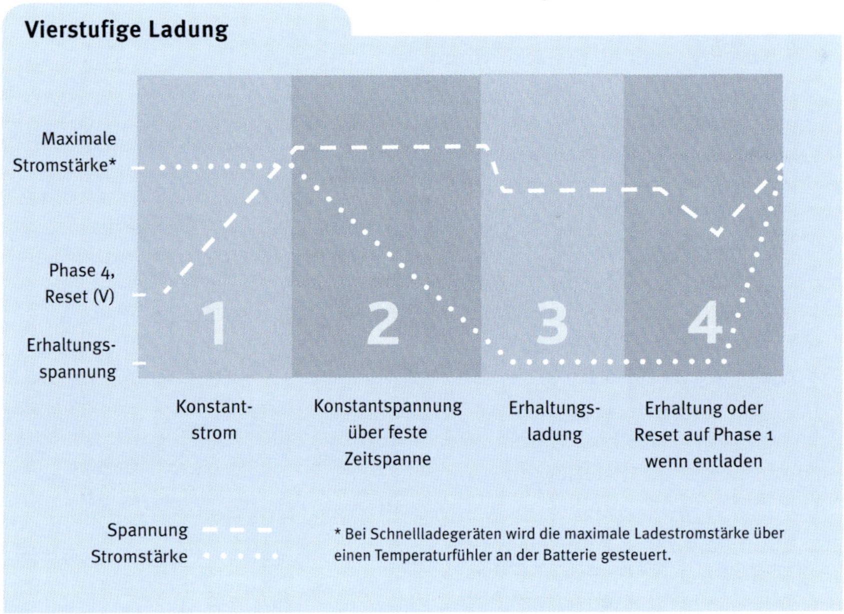

Für ein Bordnetz mit sowohl 12 V als auch 24 V sind zwei Landstrom-Ladegeräte nötig.

Intelligente Laderegler

Tauscht man den eingebauten Laderegler der Lichtmaschine gegen einen externen intelligenten Regler, kann wesentlich mehr Ladeleistung aus der Lichtmaschine gewonnen werden.

An diesen Laderegler können Windgeneratoren und Solarzellen angeschlossen werden. Wichtig ist jedoch, das Gerät nicht durch zu starke Stromquellen zu überlasten.

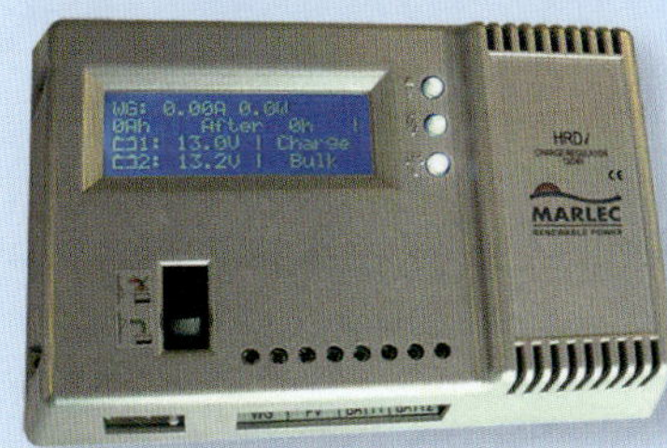

- **Ladegeräte für Landstrom** verwandeln 230-V-Netzspannung in vierstufigen Ladestrom zur Batterieladung.
  Die meisten Geräte können als Dual-Range (DR) sowohl mit 230 V als auch mit 110 V betrieben werden.
- **Laderegler für Lichtmaschinen** leiten den Strom aus einer oder zwei Lichtmaschinen zuerst an die Starterbatterie und, wenn diese voll geladen ist, an die Verbraucherbatterien. Beim Laden der Verbraucherbatterien wird die Ladespannung automatisch erhöht, sodass eine vierstufige Aufladung erfolgen kann.
- **Batterie-zu-Batterie-Ladegeräte** werden zwischen der Starterbatterie und den Verbraucherbatterien installiert. Bei laufendem Motor wird der Ladestrom, den die Lichtmaschine an die Starterbatterie abgibt, von dort an die Verbraucherbatterien weitergeleitet, wobei er ebenfalls so erhöht wird, dass eine vierstufige Ladung der Verbraucherbatterien erfolgt. Da der Ladestrom der Starterbatterie entnommen wird, lädt auch die Lichtmaschine stärker nach, um einen ausreichend hohen Ladezustand der Starterbatterie aufrechtzuerhalten.

Tipp

Um eine Batterie vollständig aufzuladen, muss sie während der dritten Ladestufe über lange Zeit mit Float- oder Erhaltungsspannung versorgt werden. Auf einer Segelyacht ist ein intelligenter Laderegler vorteilhaft, da er die erste Stufe mit Konstantstrom wesentlich schneller abschließt, sodass ein größerer Teil der knapp bemessenen Motorlaufzeit für die zweite und dritte Stufe genutzt werden kann. 80 bis 85 % der Kapazität können innerhalb vertretbarer Zeit erreicht werden, um jedoch auf über 90 % der Kapazität zu laden, müsste der Motor noch viele Stunden länger laufen.

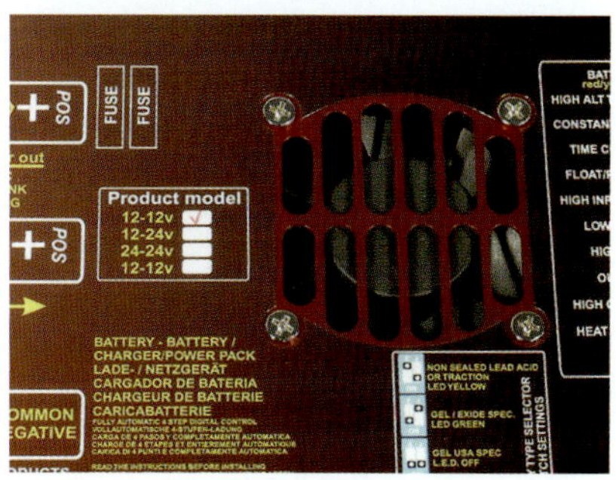

Mit einem von der Starterbatterie gespeisten Ladegerät und einer Standard-Lichtmaschine kann eine vierstufige Aufladung der Verbraucherbatterien erfolgen, wenn die geringe zusätzliche Belastung der Starterbatterie zu vertreten ist.

Strom aus Wind und Wasser

Ein Wind- oder ein Schleppgenerator ist im Prinzip eine Lichtmaschine mit einem Propeller an der Vorderseite. Über Deck montiert, treibt der Wind den großen Propeller an – bei einem am Heck angebrachten Schleppgenerator, mit seinem kleineren Propeller unter Wasser, wird die treibende Kraft durch die Fahrt des Bootes durchs Wasser aufgebracht. Manche Generatoren können für beide Anwendungen umgerüstet werden.

Im Inneren unterscheiden sich diese Generatoren von einer Lichtmaschine nur insofern, als dass der Rotor als Permanentmagnet ausgeführt ist und ein konstantes Magnetfeld hat. Auch fehlt in der Regel ein eingebauter Regler, sodass der Ausgangsstrom direkt von der Umdrehungsgeschwindigkeit abhängt.

Leistungsvermögen

Das Leistungsvermögen kann grafisch als Funktion aus Ampere oder Watt auf der einen und Wind- oder Bootsgeschwindigkeit auf der anderen Seite dargestellt werden. Kleinere Generatoren erzeugen maximal 100 W, größere dagegen bis zu 700 W.

Der Hydrogenerator von Watt&Sea wird am Spiegel montiert und von der Fahrt durchs Wasser angetrieben. Er verspricht eine beachtliche Leistung von 125 W bei einer Bootsgeschwindigkeit von nur 5 kn. Bei 8 kn steigt die Leistung auf 500 W. Dazu werden Hochleistungsmagneten aus exotischen Materialien eingesetzt, die allerdings nicht nur die Leistung, sondern auch den Preis in die Höhe treiben.

Am anderen Ende der Skala wäre der vielseitige Aquair 100 zu nennen, der als Schleppgenerator bei 8 kn Fahrt 89 W (7 A bei 12,7 V) oder als Windgenerator 64 W bei 25 kn Windgeschwindigkeit (6 Bft.) liefert.

Laderegler bei Windgeneratoren

Ein Windgenerator produziert so lange Strom, wie der Wind weht – und das kann irgendwann zu viel werden. Im Gegensatz zu einer Lichtmaschine kann der Ausgangsstrom nicht gesteuert werden. Überschüssige Energie wird bei einem Windgenerator deshalb über mitgelieferte, starke Widerstände in Wärme umgewandelt und abgeführt. Ein Laderegler überwacht dazu die Batteriespannung über ein Sensorkabel, dessen Spannungsabfall je nach Länge ebenfalls berücksichtigt werden muss, und sorgt dafür, dass die Batterien stets voll bleiben, aber nicht überladen werden. Es gibt Laderegler, die gleichzeitig weitere Stromquellen wie Solarzellen aufnehmen und verarbeiten können.

Laderegler bei Schleppgeneratoren

Beim Aquair 100 als Schleppgenerator muss der Ladestrom nicht geregelt werden, da er nicht hoch genug ist, um die Batterien zu überladen.

Andere Hersteller empfehlen jedoch, ihre Generatoren nur zusammen mit einem Laderegler einzusetzen.

Einen Windgenerator stoppen

Windgeneratoren können zwar

Gehen Sie von einer realistischen Durchschnittsgeschwindigkeit ihres Bootes aus, um abzuschätzen, wie viel Energie gewonnen werden kann. Nach 24 Stunden bei 5 kn könnten 130 Ah in die Batterien geladen werden. Die gleiche Menge Energie ließe sich bei durchschnittlich 18 kn Wind erzeugen.

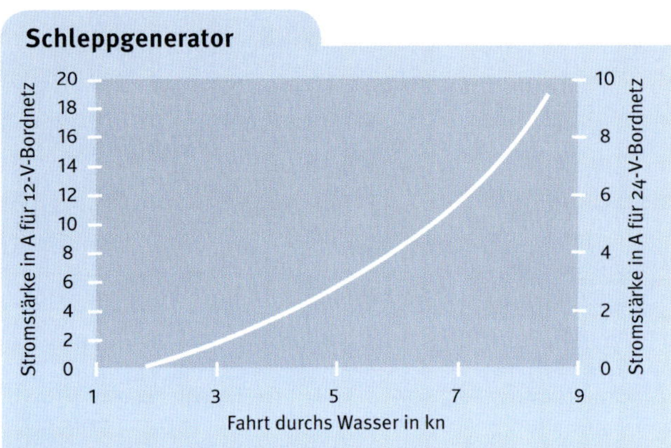

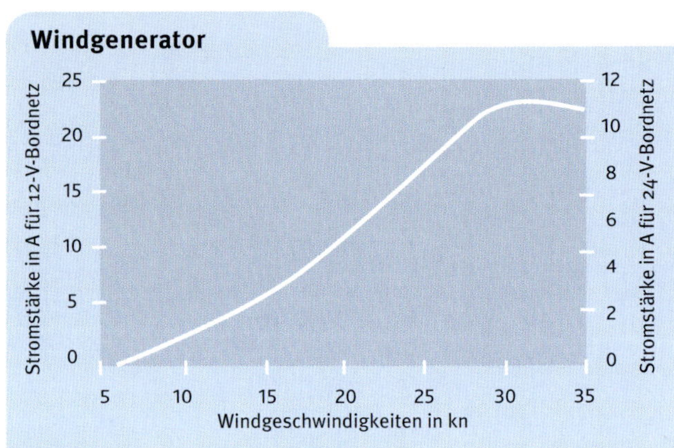

einem Sturm widerstehen, sollten aber trotzdem zuvor gestoppt werden. Die Betriebsanleitungen der Hersteller beschreiben, wie die Windflügel am besten angehalten werden können. Bei Starkwind ist das keine einfache Angelegenheit und Vorsicht ist nötig, um Verletzungen durch die Rotorblätter zu vermeiden. Es gibt zwei übliche Methoden:

- Eine elektrische Bremse kann mit einem Schalter aktiviert werden, der den Generator von den Batterien trennt und die Plusleitung mit der Minusleitung verbindet. Durch diesen Kurzschluss entsteht so viel Aufladung, dass der Rotor gebremst wird und beinahe zum Stillstand kommt. Diese Methode ist bei sehr hohen Windgeschwindigkeiten aber nicht empfehlenswert.
- Um einen Windgenerator von Hand zu stoppen, zieht man dicke Handschuhe an, nähert sich von Lee, greift mit dem Bootshaken nach der hinteren Windfahne und dreht den Generator daran aus dem Wind. Sobald sich die Rotorblätter nicht mehr drehen, bindet man sie fest. Die Rotorblätter sollten allerdings nicht zu kräftig angepackt werden, da sie sehr genau ausbalanciert und etwas empfindlich sind.

Tipp

Welchen Anteil ein Windgenerator zur Batterieladung beitragen kann, sollte mit einer durchschnittlichen Windgeschwindigkeit von 10–15 kn berechnet werden. Verteilt man die Anschaffungskosten auf zehn Jahre, sind die jährlichen Kosten zur Stromerzeugung wesentlich geringer, als sie zur Erzeugung der gleichen Energiemenge durch Einsatz des Motors wären.

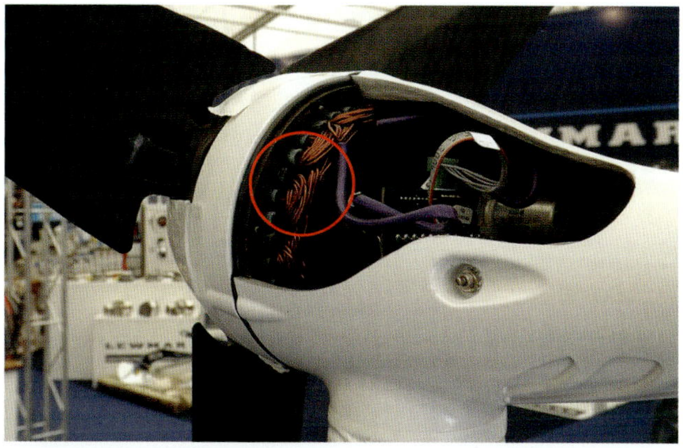

Ein Blick ins Innere des Windgenerators lässt die Statorwicklungen erkennen.

Eine starre Propellerlagerung ist praktischer als die ältere Ausführung, bei der der Propeller nur von einer Leine gehalten wurde. Allerdings kann es zu Beschädigungen durch Treibgut kommen.

Windgeneratoren müssen über Kopfhöhe angebracht werden, damit es nicht zu Verletzungen kommen kann.

Hydrogeneratoren können auf kleinen bis mittleren Booten sehr effektiv zur Stromerzeugung genutzt werden.

Solarpaneele

Solarzellen wandeln Sonnenlicht in Gleichstrom um. Im Vergleich zu anderen Stromerzeugern ist ihre Leistung gering und deckt wahrscheinlich nicht den gesamten Strombedarf ab, kann aber einen wertvollen Beitrag dazu liefern. Solarpaneele sind besonders gut geeignet, um die Batterien auf voller Kapazität zu halten, während ein Boot längere Zeit nicht genutzt wird. Sie sind wartungsfrei sowie in flexibler, halbflexibler und starrer Ausführung erhältlich.

Solarpaneele bestehen aus zwei Siliziumschichten, die mit unterschiedlichen Beimischungen versehen sind. Treffen die Photonen des Sonnenlichts auf die obere Schicht, lösen sich Elektronen und verursachen ein Spannungspotenzial zwischen den beiden Schichten.

Ein Paneel besteht aus einer Reihe von Zellen, die üblicherweise eine Spannung von ungefähr 20 V liefern. Es gibt drei Grundtypen mit unterschiedlicher Charakteristik:

- **Monokristalline Zellen** bestehen aus einzelnen, großen, nahezu perfekt geformten Siliziumkristallen und haben die höchste Effizienz von 14–17 %.
- **Polykristalline Zellen** werden aus geschmolzenem Silizium gebildet, das bei der Abkühlung kleinere Kristalle ausformt. Aufgrund vieler Unregelmäßigkeiten haben sie eine geringere Effizienz von ungefähr 13–15 %.
- **Amorphe Siliziumzellen** sind in der Herstellung preisgünstiger, da eine sehr dünne Schicht Silizium auf ein Trägermaterial aufgedampft wird. Sie weisen die geringste Effizienz von 5–7 % auf, sind aber so flexibel, dass die Paneele sogar aufgerollt werden können.

Elektrische Eigenschaften

- Die **Leerlaufspannung** steht an den Anschlüssen an, wenn kein Strom fließt und beträgt in der Regel rund 20 V. Das ist zu viel, wie man meinen könnte, jedoch sinkt die Spannung beträchtlich, sobald Strom fließt.
- Die **Peak Power** in Watt gibt die maximale Leistung des Solarpaneels bei optimalen Bedingungen an. Auch dieser Wert sinkt rapide ab, sobald Wolken oder Abschattungen auftreten oder das Solarpaneel nicht optimal im rechten Winkel zur Sonneneinstrahlung ausgerichtet ist.
- **Spannung bei Peak Power** legt die optimale Ladespannung fest. Durch die Spannungsregelung kann je nach Sonneneinstrahlung die maximale Leistung (Spannung x Stromstärke) gewonnen werden.
- **Stromstärke bei Peak Power** gibt an, wie viel Ampere das Solarpaneel bei optimalen Bedingungen liefern kann.
- **Systemspannung** gibt an, für welches Bordnetz das Solarpaneel gedacht ist, beispielsweise 12 oder 24 V.

Laderegler

Als Faustregel gilt: Liegt der maximale Ladestrom aller Solarpaneele unter 10 % der Nennkapazität der Batterien, ist kein Laderegler nötig. Andernfalls stehen drei Arten zur Auswahl:

- **Einfache Laderegler** verbinden die Solarpaneele mit den Batterien, sobald die Batteriespannung unter einen festgelegten Wert von typischerweise 12,9 V fällt (25,8 V bei 24-V-Bordnetzen) und trennt sie, wenn die Batteriespannung 14 V (28 V) erreicht. Diese Regler sind preisgünstig und gut für leistungsschwächere Solarpaneele geeignet, die die Batterien über lange Zeiträume mit Erhaltungsspannung versorgen. Das maximale Leistungspotenzial eines Solarpaneels kann mit solchen Reglern jedoch nicht genutzt werden.
- **PWM-Regler** (Pulse Width Modulated) steuern den Ladestrom in Abhängigkeit zu einer voreinge-

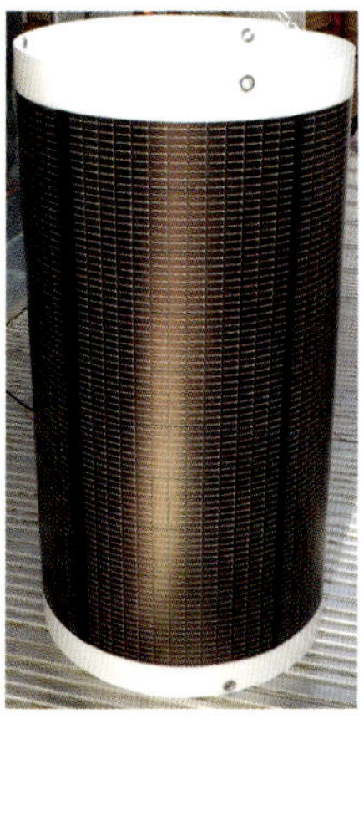

Flexible Solarpaneele lassen sich sogar aufrollen und wegstauen. Bei diesen Ausführungen ist ein rapider technologischer Fortschritt zu verzeichnen, das abgebildete Solarpaneel hat eine Nennleistung von 45 W (rechts).

Halbflexible Solarpaneele passen sich der Decksform an (links).

Auf einer Blauwasseryacht sind Solarzellen eine nützliche Stromquelle, auch wenn kleinere Paneele nicht die gleiche Leistung bieten wie Wind- oder Hydrogeneratoren.

stellten konstanten Ladespannung, sodass die Leistung des Solarpaneels effektiver genutzt werden kann als bei einem einfachen Laderegler. Sobald die Batterien annähernd voll geladen sind, schaltet der PWM-Regler auf Erhaltungsspannung.

- **MPPT-Regler** (Maximum Power Point Tracking) bieten die beste Ladung und holen ein Maximum an Leistung aus den Solarpaneelen. Der Ladestrom wird wie bei PWM-Reglern gesteuert, die Aufladung erfolgt aber in vier Stufen. Die Leistung wird durch die Kontrolle der Ausgangsspannung optimiert. Diese liegt bei einem kritischen Wert von ungefähr 17 V, der dann auf den passenden Wert für die Batterieladung heruntergeregelt wird.

Die angegebene maximale Leistung eines Solarpaneels bezieht sich auf optimale Bedingungen mit rechtwinkliger Einstrahlung. Um einen realistischen Rechenwert zu erhalten, sollte man von etwas weniger Leistung ausgehen, die in südlichen Klimazonen nur über eine Dauer von vier bis fünf Stunden pro Tag und in nördlicheren Breiten für noch kürzere Zeit zur Verfügung steht.

Mit einem MPPT-Regler kann auch das letzte Watt Leistung einer Solarzelle noch genutzt werden (links).

Das Solarpaneel liefert die maximale Leistung, wenn die Ausgangsspannung bei einem kritischen Wert von ungefähr 17 V gehalten wird. Zur Batterieladung wird die Spannung im Gerät entsprechend heruntergeregelt. Für ein 24-V-Bordnetz schaltet man die Solarpaneele paarweise in Reihe (unten).

Tipp

Versuche haben gezeigt, dass ein waagrecht montiertes Solarpaneel die durchschnittlich höchste Stromausbeute über einen Tag hinweg liefert. Zur Leistungssteigerung gibt es elektrische Antriebe, die das Paneel immer rechtwinklig zur Sonneneinstrahlung nachführen.

Maximale Leistung

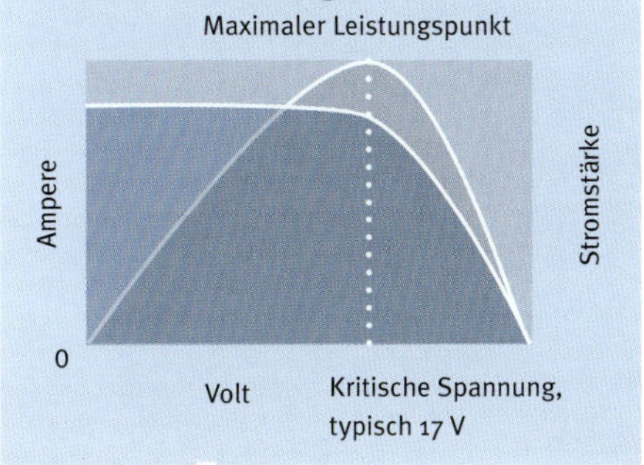

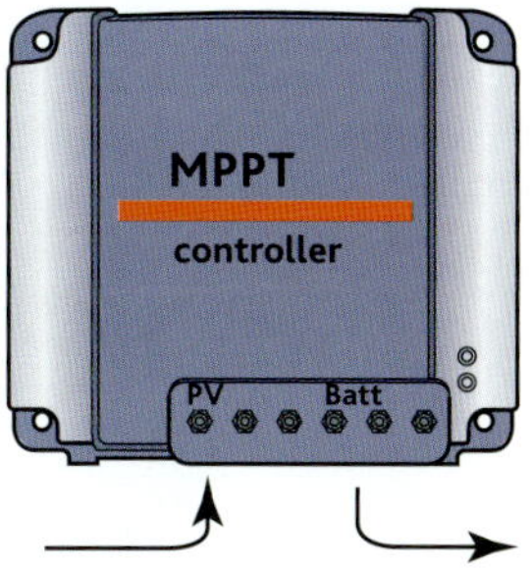

Installation von Ladegeräten

Moderne Landstrom-Ladegeräte sind sehr vielseitig. Geräte mittlerer Güte sind für eine oder mehrere Batteriebänke geeignet, die unabhängig voneinander mit vierstufigem Ladestrom versorgt werden. Sogar der Batterietyp kann einzeln eingestellt werden. Alle bis auf die preisgünstigsten Geräte stellen darüberhinaus 12-V-Bordstrom zur Verfügung, sodass Strom, der nicht für die Ladung der Batterien verwendet wird, für andere Verbraucher eingesetzt werden kann. Der größte Vorteil ist aber, dass sie zeitlich unbeschränkt angeschlossen bleiben können, die Batterien auf voller Ladung halten und ihre Lebensdauer verlängern.

Technische Eigenschaften

- **Universal Input** bedeutet, dass das Ladegerät überall auf der Welt an unterschiedlichen Landstrom von 80–250 V und 40–70 Hz angeschlossen werden kann. Ältere Geräte lassen sich für amerikanischen und europäischen Netzstrom manuell umschalten.
- **Hochleistungswandler** haben einen zusätzlichen Schaltkreis, der die Umwandlung des Netzstroms nach neuen europäischen Normen optimiert. Für den Anwender bedeutet das, von der Art des Netzstroms völlig unabhängig zu sein.
- **Ladegerät und Stromversorgung** in einem Gerät, wie es alle bis auf die preiswertesten Ausführungen bieten, bedeutet, dass Strom, der nicht für die Batterieladung benötigt wird, über eine Versorgungsleitung den anderen Verbrauchern zur Verfügung steht. So können Beleuchtung oder Kühlschrank eingeschaltet werden, ohne die Batterieladung zu stören.

Ladegeräte sind komplizierte elektronische Geräte, die im Allgemeinen sehr zuverlässig sind und eine lange Lebensdauer haben.

Mehrkanal-Ladegeräte

Die meisten Ladegeräte der Mittel- und Oberklasse haben drei Ausgänge, die unabhängig voneinander arbeiten. So können unterschiedliche Batteriebänke gleichzeitig geladen werden. Manche Modelle können sogar zum gleichzeitigen Laden von 12- und 24-V-Batteriebänken eingestellt werden.

Einbau

- Wählen Sie einen gut belüfteten Einbauort. Überprüfen Sie, ob das Gerät zur besseren Kühlung horizontal oder vertikal eingebaut werden muss. Manche Geräte haben strenge Vorgaben.
- Die Versorgungsspannung muss unter Umständen auf 220 V oder 110 V eingestellt werden. Moderne Geräte mit Universal Input passen sich dem Netzstrom automatisch an.
- Die Verlegungswege der Kabel und der Kabelquerschnitt müssen festgelegt werden. Messen Sie die benötigte Kabellänge vom Ladegerät zu den einzelnen Batteriebänken und zurück. Bestimmen Sie dann mithilfe der Tabelle im Anhang auf Seite 173 den Kabelquerschnitt. Bei einem 20-A-Ladegerät mit einer Kabellänge von 10 m sollte ein Kabelquer-

schnitt von mindestens 9 mm² (8–6 AWG) gewählt werden, bei einem 30-A-Ladegerät wären es 13 mm² (6 AWG).

- Stellen Sie das Ladegerät mithilfe der Schalter auf den Batterietyp ein. Diese Einstellung muss in Zukunft nur verändert werden, wenn Sie auf einen anderen Batterietyp wechseln. Im Idealfall sollten einheitliche Batterietypen pro Batteriebank verwendet werden, anderenfalls wählen Sie die Einstellung mit der niedrigeren Absorptions- und Erhaltungsspannung.
- Stellen Sie die Zeitspanne für Absorptions- oder Konstantspannungsladung im Verhältnis zur Nennkapazität der Batteriebank ein. Teilen Sie die Nennkapazität durch die maximale Stromstärke des Ladegeräts, und verwenden Sie diesen Verhältniswert als Anhaltspunkt. Je kleiner der Verhältniswert, umso kürzer kann die Ladestufe mit Absorptions- oder Konstantspannung eingestellt werden. Die Betriebsanleitung sollte nähere Angaben dazu enthalten, manche Geräte stellen sich jedoch automatisch ein. Im Allgemeinen gilt für Verhältniswerte von:
  - 1–4 eine Stunde
  - 5–9 zwei Stunden
  - 10–13 drei Stunden
  - 14–18 und bei Gelbatterien, vier Stunden
- Bei manchen Ladegeräten müssen nicht verwendete Ausgänge ebenfalls angeschlossen werden. Hat man beispielsweise ein Ladegerät mit drei Ausgängen, lädt damit aber nur eine oder zwei Batteriebänke, muss auch der dritte Ausgang an eine der Batteriebänke angeschlossen werden. Das ist aber in der Gebrauchsanweisung klar angegeben.
- Verbinden Sie die Kabel zuerst mit dem Ladegerät, dann mit den Batterien. Seien Sie auf einen kleinen Funkenschlag beim Verbinden des letzten Kabels gefasst.
- In der Plusleitung vom Ladegerät zu den Batterien sollte eine Sicherung eingesetzt werden. Die Betriebsanleitung gibt die benötigte Stärke an.

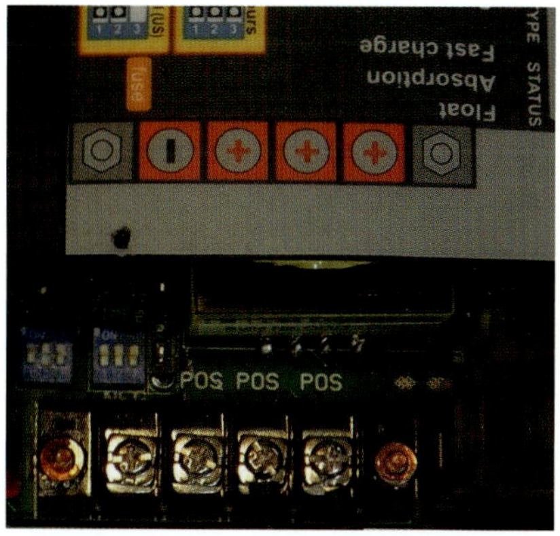

Manche Hersteller schreiben vor, ungenutzte Ausgänge ebenfalls mit den Batterien zu verbinden. Achten Sie auf entsprechende Hinweise in der Betriebsanleitung.

Das Ladegerät muss auf den jeweiligen Batterietyp eingestellt werden, damit die Batterieladung mit der passenden Ladekennlinie erfolgen kann.

Einstellungen

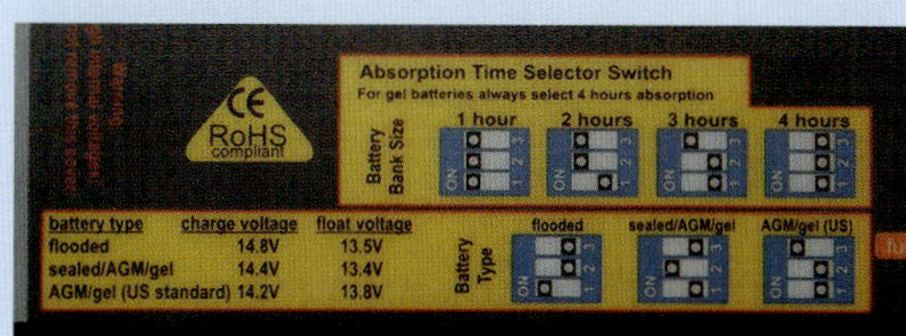

Der Aufdruck zeigt die Schalterstellungen je nach Batterietyp.

Die meisten modernen Ladegeräte haben einen sogenannten Universal Input und passen sich den unterschiedlichen Netzspannungen aller Länder der Welt automatisch an.

Tipp

Bei Landstrom-Ladegeräten gibt es von Hersteller zu Hersteller geringfügige Unterschiede bezüglich der Einbauvorschriften. Halten Sie sich genau an diese Vorgaben, besonders die Kühlung, ungenutzte Ausgänge und die Einstellung des Batterietyps betreffend. Vergessen Sie nicht, das Ladegerät umzustellen, wenn Sie neue Batterien eines anderen Typs installieren, beispielsweise AGM-Batterien anstelle von nassen Blei-Säure-Batterien.

Brennstoffzellen

Eine Brennstoffzelle bietet sofort verfügbare elektrische Energie und unterstützt die Leistung von Windgenerator, Solarzelle und Lichtmaschine. Wenngleich sie nicht so leistungsstark ist wie ein Dieselgenerator, zählen der lautlose sowie weitgehend wartungsfreie Betrieb und die Emissionsfreiheit – abgesehen von einer gelegentlichen Tasse Wasser – zu ihren Vorteilen. Sie liefert Gleichstrom, der direkt zu den Batterien weitergeleitet werden kann. Ein eingebauter Spannungswächter schaltet die Brennstoffzelle ab, sobald die Batterien von anderen Stromquellen geladen werden.

Wie wird Energie gewonnen?

Brennstoffzellen nutzen die chemische Reaktion zwischen Wasserstoff und Sauerstoff, bei der Wasser entsteht, um Elektrizität zu erzeugen. Da es dabei zu keiner Verbrennung kommt, arbeiten sie leise und rückstandsfrei. Sie sind einfach zu bedienen, egal, ob man sie manuell ein- und ausschaltet oder auf automatischen Betrieb einstellt.

Die verschiedenen Ausführungen unterscheiden sich nur darin, in welcher Form Wasserstoff eingebracht wird. Das kann in flüssiger Form als Methanol oder gasförmig in einem Druckbehälter erfolgen. Der Sauerstoff wird dagegen in beiden Fällen aus der Umgebungsluft gewonnen.

Gibt es Probleme mit dem Brennstoff?

Die Lagerung und der Gebrauch energiereicher Brennstoffe müssen immer sorgsam bedacht werden, vor allem für den Fall, dass größere Mengen des Brennstoffs durch eine Undichtigkeit austreten. Methanol ist entzündlich, vermischt sich aber mit Wasser, sodass es in der Bilge verdünnt und außenbords gepumpt werden kann. Da es auch in der Natur vorkommt, gibt es aus Gründen des Umweltschutzes keine ernsthaften Bedenken. Es wird in 5- oder 10-l-Gebinden angeboten und kann durch den Händler an nahezu jeden Punkt der Erde geliefert werden.

Im gasförmigen Zustand ist Wasserstoff 14-mal leichter als Luft. Daher ist ein fester Einbauort mit einer Entlüftung am höchsten Punkt die beste Lösung. Austretendes Gas kann somit nicht an Bord verbleiben und stellt auch keine Umweltgefährdung dar. Wasserstoff wird in speziellen Druckflaschen verkauft. Große Erzeuger wie BOC (Linde) haben ein weltweites Händlernetz für alle Arten von Gasen, sodass eine Marina Wasserstoff ebenso problemlos bestellen kann wie die Gasflaschen zum Kochen.

Elektrische Leistung

Brennstoffzellen sind noch nicht so leistungsstark wie Benzin- oder Dieselgeneratoren und werden derzeit in Ausführungen von 40–150 W dauerhaftem Ausgangsstrom angeboten. Der Brennstoffverbrauch und die Betriebskosten richten sich geringfügig nach der Einsatzart, sind aber bei beiden Brennstoffarten annähernd gleich.

- Mit einem Liter Methanol können 1,1 Kilowattstunden (KWh) Strom erzeugt werden. Ein täglicher Beitrag zur Stromerzeugung von beispielsweise 20 Ah entspricht 0,28 KWh. Da mit einem 5-l-Gebinde 5,5 KWh erzeugt werden können, reicht ein Gebinde ungefähr 20 Tage bei täglich 20 Ah oder 0,28 KWh.

Brennstoffzellen können mit einer maximalen Leistung von rund 160 W (12 A bei 14 V) eine wertvolle zusätzliche Stromquelle bilden.

Ist die Installation erst abgeschlossen, liefern Brennstoffzellen wertvolle elektrische Energie auf Knopfdruck (links).

Im Inneren der Brennstoffzelle werden Wasserstoff und Sauerstoff zusammengebracht. Bei verschiedenen Ausführungen besteht der einzige Unterschied darin, in welcher Form Wasserstoff eingebracht wird (Mitte).

Tipp

Zumindest für kleine Boote sind die Betriebskosten einer Brennstoffzelle im Vergleich zu einem Dieselgenerator etwas geringer. Ein zusätzlicher Vorteil sind der nahezu lautlose Betrieb, der geringe Wartungsaufwand und die Emissionsfreiheit.

- Ein 10-l-Gebinde hat eine Gewicht von 8,4 kg und misst 230 x 190 x 320 mm.
- Eine Wasserstoff-Gasflasche liefert 7 KWh und hält bei gleichem Beispiel 25 Tage. Die Gasflaschen sind mit einem Gewicht von 16 kg schwerer und haben einen Durchmesser von 320 mm sowie eine Höhe von 520 mm.

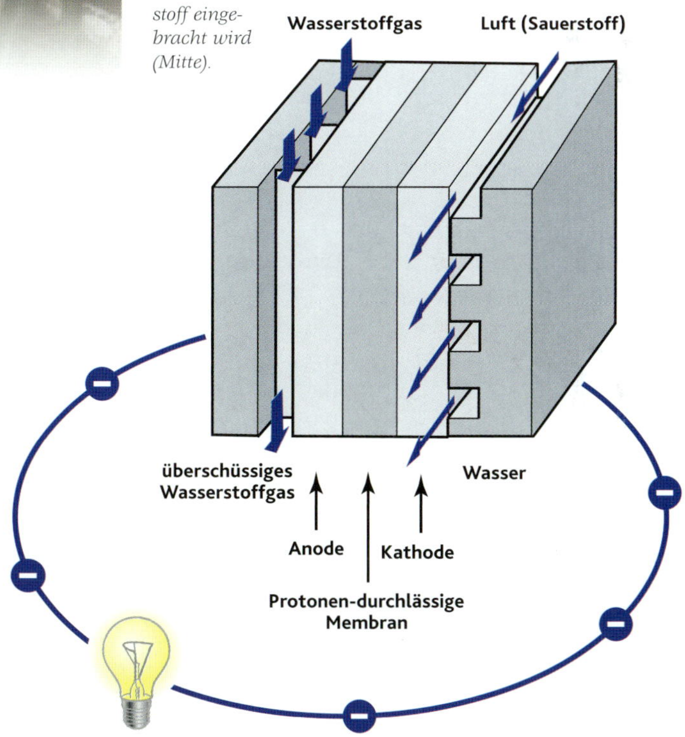

Betrieb und Einschränkungen

Dank intelligenter Steuerungselektronik bieten Brennstoffzellen vierstufige Batterieladung und können im manuellen Betrieb bis zu 14 A liefern. Einschränkungen bestehen in der Neigungstoleranz, die dauerhaft 35° und für eine kurze Zeit von zehn Minuten 45° nicht übersteigen darf. Wird die Brennstoffzelle darüber hinaus auf die Seite gekippt, schaltet sie sich selbsttätig ab, bis sie sich wieder innerhalb der Neigungstoleranz befindet.

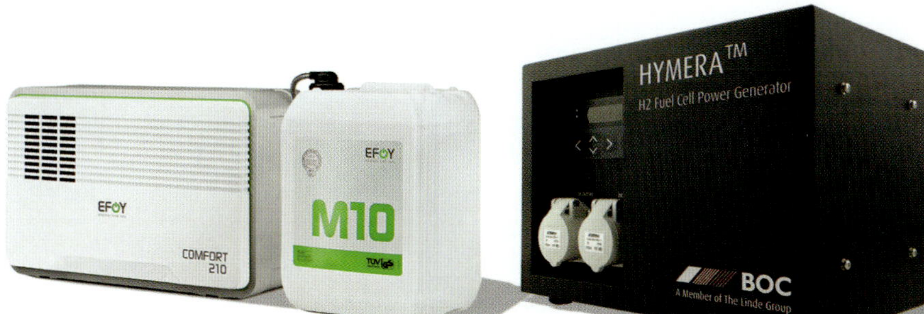

Mit 10 l Methanol lassen sich ungefähr 10 KWh Strom erzeugen (rechts).

Diese Brennstoffzelle kann über die Schalttafel an der Vorderseite oder über eine Fernbedienungseinheit gesteuert werden, die an der seriellen Schnittstelle angeschlossen wird (ganz rechts).

Gleichspannungswandler

Gleichspannungswandler transformieren Gleichspannung auf einen gewünschten Wert und sind oft die einfachste Lösung, um Geräte anzuschließen, die eine andere Betriebsspannung als das Bordnetz haben. Solche Wandler arbeiten sehr effizient, haben einen eingebauten Überlastungsschutz und sind einfach zu installieren. Sofern Geräte mit anderer Betriebsspannung aus eigenen Batterien versorgt werden, können diese mit einem Gleichstromwandler als Ladegerät aufgeladen werden.

Abwärtswandler

Diese Spannungswandler reduzieren die Eingangsspannung auf einen geringeren Wert, z. B. 24 V auf 12 V, und arbeiten mit einem hohen Wirkungsgrad von über 90 %. Auf einer Yacht mit einem 24-V-Bordnetz und einigen wenigen Geräten, die mit 12 V arbeiten, ist ein solcher Wandler vorteilhaft, da er ein separates 12-V-Bordnetz mit eigenen Batterien und Ladegeräten überflüssig macht. Es gibt Wandler mit voreingestellten Ausgangsspannungen oder mit frei wählbarer Ausgangsspannung.

Aufwärtswandler

Diese Spannungswandler erhöhen die Eingangsspannung auf einen größeren Wert und haben eine Leistung von wenigen Watt bis hin zu 700 W. Am häufigsten werden sie für den Betrieb von Laptopcomputern verwendet, die meist eine Betriebsspannung von 16–19 V haben. Es ist einfacher und effizienter, diese Spannung mit einem Wandler aus dem 12-V-Bordnetz zu beziehen, als über einen Gleichrichter (Inverter) und das Landstrom-Ladegerät.

Isoliert oder nicht-isoliert

Isolierte Wandler sind teurer, haben einen etwas geringeren Wirkungsgrad, bieten aber maximale Sicherheit. Tritt ein Fehler an der Ausgangsleitung des Geräts auf, ist die Einspeisung nicht betroffen.

Diese Absicherung, zusammen mit den integrierten Überwachungsschaltkreisen, die das Gerät bei Überlastung oder Überhitzung abschalten, machen den Wandler so sicher wie möglich. Nicht isolierte Modelle sind nur durch Sicherungen und Kontrollschaltungen geschützt, arbeiten aber auch ohne die doppelte Absicherung durch Isolation sehr zuverlässig.

Batterie-zu-Batterie-Ladegeräte

Das sind Gleichspannungswandler, die eine eingebaute vierstufige Ladekontrolle haben. Sie arbeiten, während gleichzeitig der Motor läuft und werden über die Lichtmaschine mitversorgt, wobei die Eingangsspannung sowohl erhöht als auch reduziert werden kann.

- Eine Yacht hat beispielsweise eine 12-V-Starterbatterie und eine 12-V-Batteriebank für die Verbraucher sowie eine Lichtmaschine mit intelligentem Laderegler für vierstufige Batterieladung. Ferner sind ein Bugstrahlruder und eine elektrische Ankerwinsch installiert, die von einer separaten 12-V-Batterie am Bug gespeist werden.
- Die Lichtmaschine liefert den Hauptladestrom, der vorrangig die Starterbatterie und die Verbraucherbatterien lädt.
- Sobald diese Batterien aufgeladen sind, zweigt das Batterie-zu-Batterie-Ladegerät Strom ab, um die zusätzliche Batterie am Bug zu laden. Dabei erhöht das Gerät die Eingangsspannung auf den benötigten Wert für die vierstufige Ladung der weit entfernten Batterie.

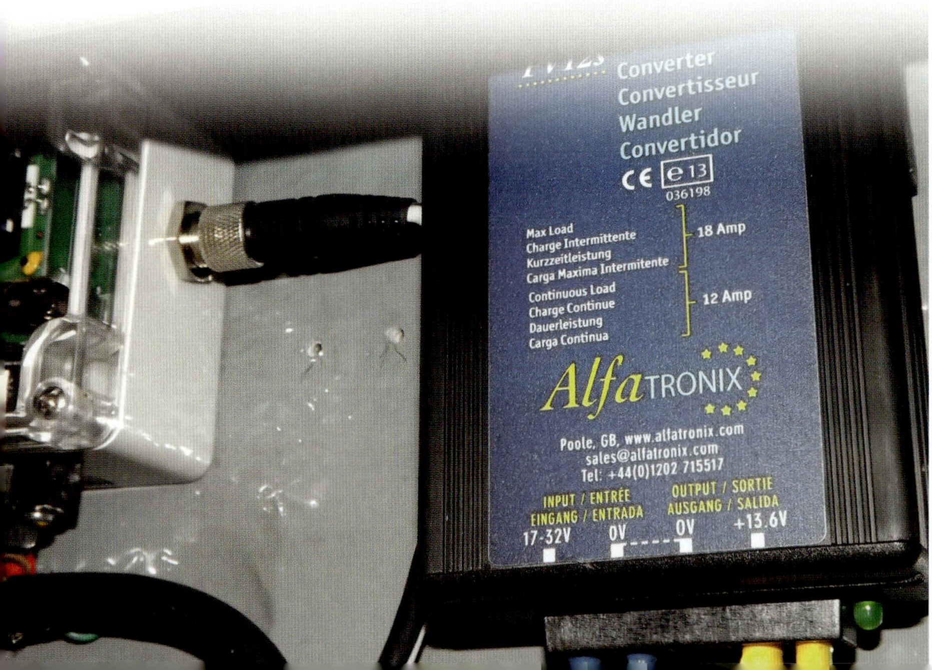

Bei einem 24-V-Bordnetz ist es einfacher, die wenigen Geräte, die nur mit 12 V funktionieren, über einen Gleichspannungswandler zu betreiben, als separate 12-V-Batterien und Ladegeräte einzubauen.

Gleichspannungswandler gibt es mit unterschiedlicher Leistung.

Eine weitere typische Anwendung tritt bei einem 24-V-Bordnetz auf.

- Geräte mit hohem Stromverbrauch wie Bugstrahlruder, elektrische Winschen, Autopiloten und Wassermacher werden über die 24-V-Hauptbatteriebank betrieben. Daneben ist ein 12-V-Netz mit Batterien installiert, das die Beleuchtung, Radios und ähnliche Geräte versorgt.
- Der Gleichspannungswandler würde in diesem Fall 24 V in 12 V transformieren, um die vierstufige Ladung der 12-V-Batterien aus der 24-V-Batteriebank zu speisen.
- Bei dieser Anordnung ist nur eine 24-V-Lichtmaschine nötig, die die 24-V-Batteriebänke für Motorstart und Hauptverbraucher versorgt.

Noch ein Vorteil besteht darin, dass nur ein Landstrom-Ladegerät für die 24-V-Batteriebänke benötigt wird, während der Gleichspannungswandler die Ladung der 12-V-Batterien übernimmt.

Gleichspannungswandler können eine Batteriebank über eine andere laden und machen ein zusätzliches Ladegerät bei unterschiedlichen Bordspannungen überflüssig. Auch das Umschalten von der Ladung einer zu einer anderen Batteriebank kann automatisch erfolgen.

Die Anschlüsse sind unmissverständlich gekennzeichnet.

Tipp

Im Standby-Modus verbraucht ein Gleichspannungswandler, wie jedes andere Gerät auch, eine geringe Menge Strom von typischerweise 0,3–0,5 A. Auf einem kleinen Boot kann dieser Verbrauch beträchtlich hoch sein, wenn das Gerät durchgehend eingeschaltet bleibt. Ermitteln Sie deshalb den Stromverbrauch im Standby-Modus durch Messung oder anhand der technischen Spezifikationen, und entscheiden Sie selbst, ob das Gerät bei Nichtgebrauch besser ausgeschaltet werden sollte.

Regler für mehrere Stromquellen

Maximale Leistungsausbeute der Batterien bei gleichzeitigem Schutz vor Überladung – das sind die Aufgaben eines Ladereglers. Vorstehend wurden die verschiedenen Stromquellen bereits näher beschrieben, doch dieser Strom muss nun kontrolliert an die Batterien weitergeleitet werden. Da jeder Hersteller eigene Regler empfiehlt, bleibt die Frage, wie die unterschiedlichen Stromquellen vereint werden können.

Um die Arbeitsweise eines Ladereglers zu veranschaulichen, kann man ihn sehr gut mit der Ventilsteuerung der Toilettenspülung im Haushalt vergleichen. Mit dem ansteigenden Wasserstand im Spülkasten steigt der Schwimmer immer höher und schließt zunehmend die Wasserzufuhr. Im Prinzip überwacht und steuert der Schwimmer die Menge des einströmenden Wassers. Nach einer großen Wasserentnahme (Spülung) sinkt der Schwimmer ab und öffnet das Ventil komplett, damit der Spülkasten wieder aufgefüllt werden kann.

Jetzt stelle man sich vor, dass der Spülkasten aus fünf verschiedenen Wasserleitungen befüllt wird, die alle über ein Ventil mit Schwimmer gesteuert werden. Die Schwimmer können nicht so eingestellt werden, dass sie alle bei exakt gleichem Wasserstand abriegeln. Es wird nach und nach erfolgen, bis der fünfte Schwimmer die Wasserzufuhr ganz beendet. Spielt es nun eine Rolle, welcher Schwimmer zuletzt abriegelt? Nein, denn Wasser ist Wasser, egal aus welcher Leitung es kommt.

Ähnlich verhält es sich bei elektronischen Reglern, ob es der des Ladegeräts, der Lichtmaschine, eines Windgenerators oder einer Solarzelle ist. Sie alle überwachen die Batteriespannung und regeln die Stromzufuhr aus der angeschlossenen Quelle entsprechend. Bei einem voreingestellten Spannungswert schalten sie sich ab. Dieser Wert kann variieren, aber das macht nichts, Strom ist Strom, egal aus welcher Quelle. Selbst wenn alle Regler eine vierstufige Ladekennlinie haben – was der Idealfall wäre –, bliebe das Ergebnis das gleiche.

Kombination unterschiedlicher Batterietypen

Innerhalb einer Batteriebank ist es wesentlich besser, Batterien eines einheitlichen Typs zu verwenden. Werden unterschiedliche Typen gezwungenermaßen kombiniert, müssen alle Laderegler auf die niedrigere Absorptions- und Erhaltungsspannung der beiden Batterietypen eingestellt werden. Die eine Batterieart wird dadurch zwar nicht vollständig geladen, dafür wird die andere Batterieart nicht überladen, was ihre Lebensdauer erheblich verkürzen würde.

In unterschiedlichen Batteriebänken können dagegen auch unterschiedliche Batterietypen eingesetzt werden, solange sie über unabhängige und korrekt eingestellte Ladegeräte aufgeladen werden. Dabei wäre ein entsprechend eingestellter Gleichspannungswandler als Ladegerät vorteilhaft, der die Spannung zur Ladung einer der Batteriebänke erhöhen kann.

Schutz des Ladereglers

Viele Regler sind durch eine Diode an der Ausgangsleitung vor Fehlerströmen geschützt. Wenn ein Laderegler lädt, während ein anderer bereits abgeschaltet hat, verhindert die Diode, dass Strom zurück in den abgeschalteten Regler fließen kann.

Solarpaneele brauchen ebenfalls eine Diode, auch wenn ihre Leistung so schwach ist, dass kein Laderegler benötigt wird, damit bei Abschattung kein Strom aus der Batterie zurück in die Solarzellen fließen kann. Verwenden Sie niemals einen Solarregler für einen Windgenerator, da dieser wesentlich höhere Spannung produziert und den Regler beschädigen würde.

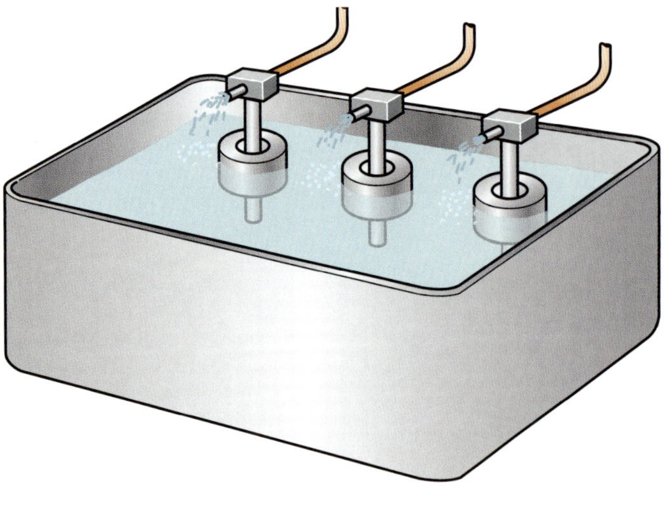

Der Wasserstand wird von den Schwimmern gemessen, die ihrerseits das Abschaltventil steuern. Bei niedrigem Wasserstand öffnen sie die Ventile vollständig. Nähert sich der Wasserstand der Füllgrenze, schalten die Ventile die Zufuhr ab, um ein Überlaufen zu verhindern.

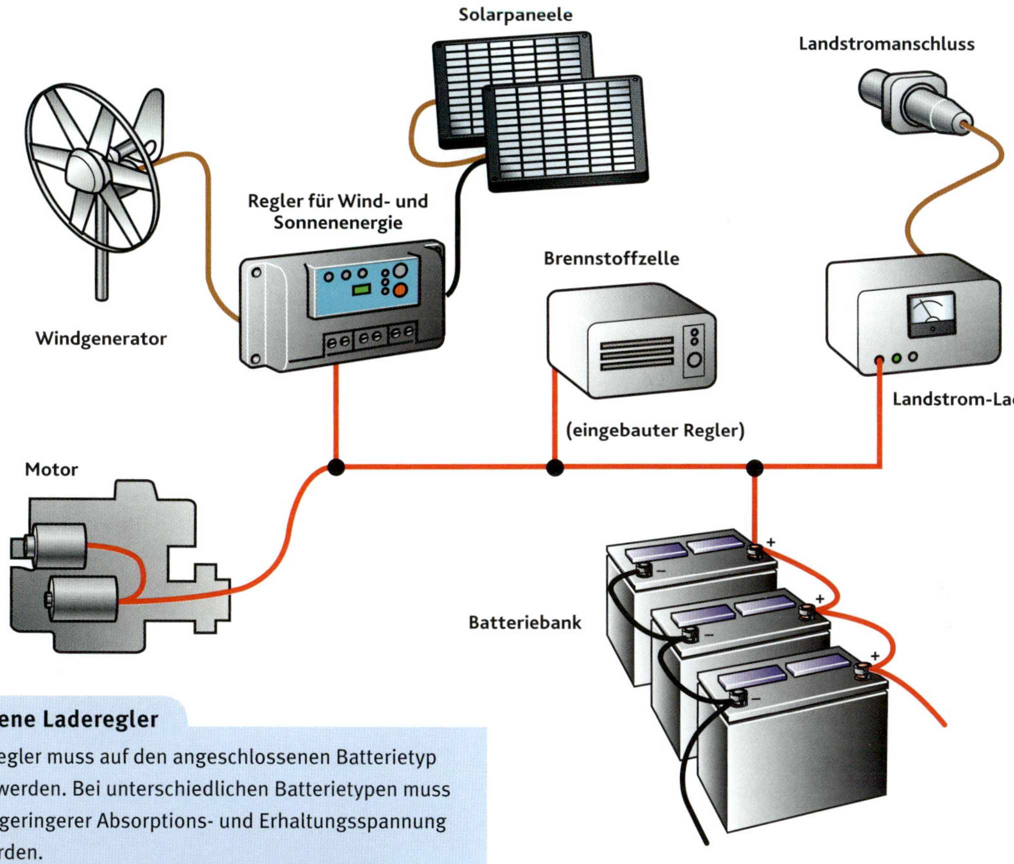

Jeder der Regler misst die Batteriespannung und steuert den Ladestrom entsprechend. Bei stark entladenen Batterien liefert jeder Regler den maximalen Ladestrom aus seiner Quelle an die Batterien (oben).

Verschiedene Laderegler

Jeder Laderegler muss auf den angeschlossenen Batterietyp eingestellt werden. Bei unterschiedlichen Batterietypen muss der Typ mit geringerer Absorptions- und Erhaltungsspannung gewählt werden.

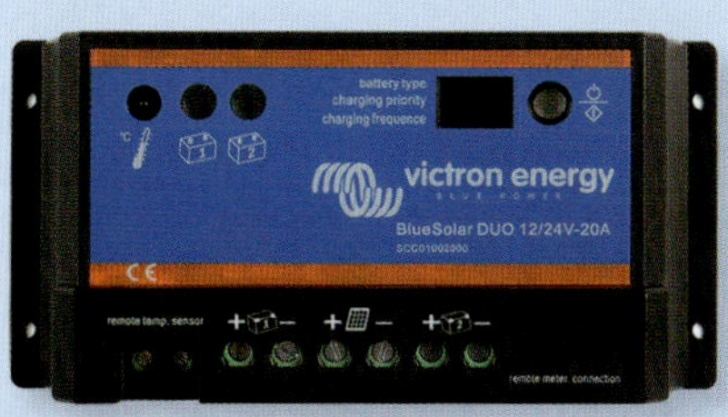

Regler für Solarpaneele

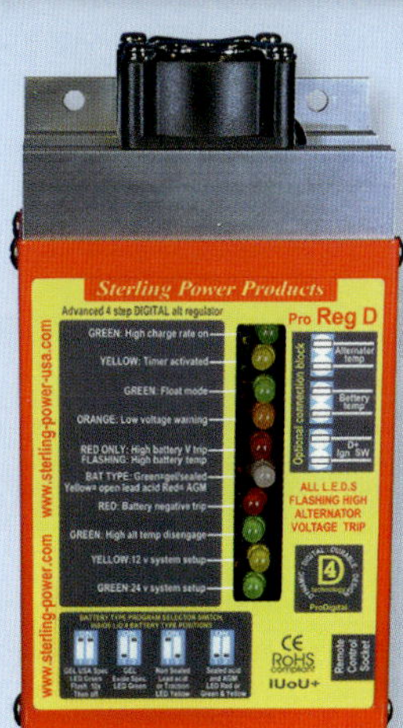

Intelligenter externer Regler für die Lichtmaschine

Die Diode verhindert, dass Strom aus einer anderen Quelle zurück in das Ladegerät fließen und die Elektronik beschädigen kann (unten).

Batterie- und Ladestrom überwachen

Es ist gut zu wissen, welche Stromstärken durch das Bordnetz fließen, besonders wie viel Strom die Lichtmaschine und andere Stromquellen erzeugen, wie viel davon in die Batterien geladen und wie viel Strom den Batterien entnommen wird. Da diese Stromstärken viel zu stark sind, um sie mit einem Multimeter zu messen, müssen andere Messtechniken angewendet werden.

Eine der wichtigsten Überlegungen bei Messungen jeglicher Art ist, welche Auswirkungen die Messgeräte auf das gesamte System haben. Jede der Möglichkeiten hat Vor- und Nachteile:

- **Amperemeter** müssen in die Stromleitung eingesetzt werden. Dazu müssen die Batteriekabel unter Umständen verlängert werden, was einen zusätzlichen Spannungsabfall bedeutet, je weiter das Amperemeter von den Batterien entfernt ist. Der Einbau ist einfach, doch sind diese Geräte aufgrund der dicken Kabel der Batterien und der Lichtmaschine zur Messung starker Ströme nicht empfehlenswert. Sie eignen sich besser für die Überwachung der geringeren Stromstärken von Ladegeräten, Solarpaneelen und Windgeneratoren.
- **Shunt** ist die Bezeichnung für einen Messwiderstand, der in die Stromleitung eingesetzt wird. Der sehr schwache, aber äußerst präzise Widerstand erzeugt, laut Ohmschen Gesetz, je nach Stromstärke einen sehr geringen Span-

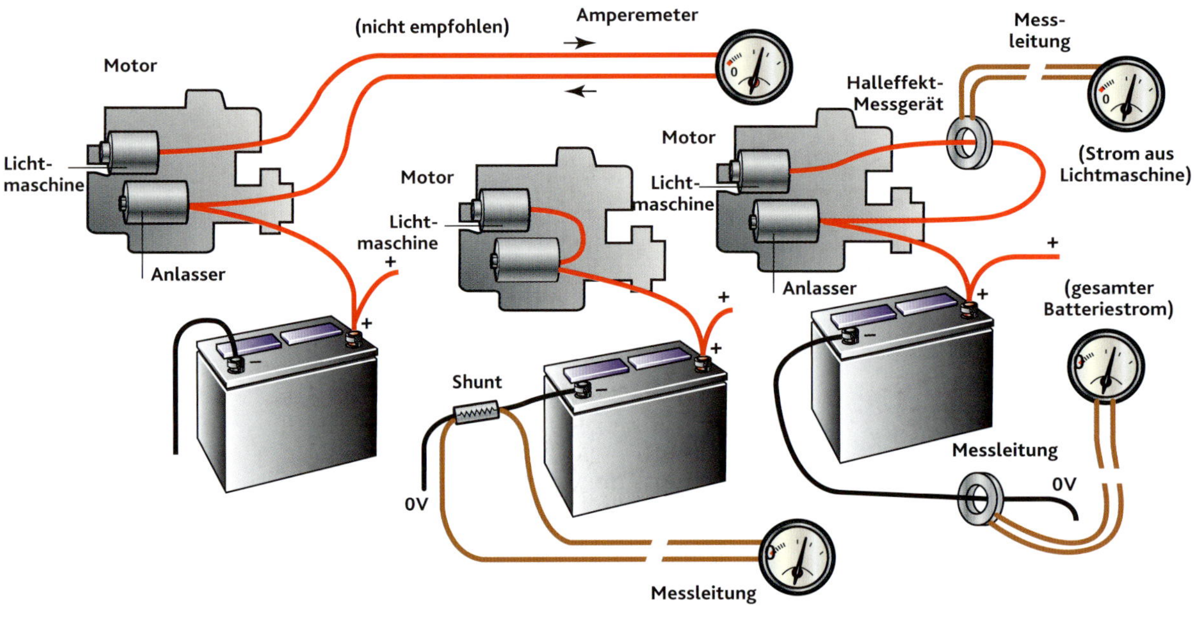

Die stromführenden Kabel müssen bis zum Einbauort des Amperemeters verlängert werden. Nur bei den geringeren Stromstärken von Solarpaneelen oder Windgeneratoren ist das ohne größere Auswirkungen möglich.

Ein Shunt ist ein Messwiderstand, der nahe der Batterie in die Minusleitung eingesetzt wird. Je nach Stromstärke erzeugt er einen sehr geringfügigen, aber messbaren Spannungsabfall. Laut Ohmschen Gesetz gilt: $U = I \times R$, wobei R der Widerstand des Shunts ist.

Ein Halleffekt-Messgerät erzeugt im Gegensatz zu einem Shunt keinen Spannungsabfall und ist die beste Methode, um den Strom der Lichtmaschine zu messen, da die Plusleitung lediglich durch den ringförmigen Sensor geführt werden muss.

nungsabfall von 50–100 mV, der von einem kalibrierten Voltmeter gemessen werden kann. Dabei entsteht eine geringfügige Wärmeentwicklung.

- **Halleffekt-Messgeräte** messen das Magnetfeld rund um das Kabel, dessen Stärke direkt proportional zur Stromstärke im Kabel ist. Das Kabel wird durch die Mitte des ringförmigen Sensors geführt und erzeugt dort eine geringe Spannung in Abhängigkeit zur Stromstärke. Das Anzeigegerät besteht aus einem kalibrierten Voltmeter, das den abgeleiteten Wert der Stromstärke in seinem Display anzeigt. Der Sensor benötigt eine 12-V-Stromversorgung, die über das Anzeigegerät zugeführt wird.

Bemessung des Shunt-Widerstands

Es gibt Shunts mit 50 mV und mit 100 mV Spannungsabfall bei voller Stromstärke. Die maximale Stromstärke eines Shunts kann üblicherweise 100–500 A betragen. Die 100-mV-Ausführung bietet höhere Messgenauigkeit, da sie bei gleicher Stromstärke einen doppelt so hohen Spannungsabfall aufweist.

Beim Wert der maximal auftretenden Stromstärke müssen alle Eventualitäten bedacht werden. Beispielsweise könnten die Verbraucherbatterien für einen Notstart der Maschine mittels einer Überbrückung herangezogen werden. Der Shunt muss daher den Anlasserstrom ebenso wie den Strom aller üblichen Verbraucher aushalten können. Der innere Widerstand des Shunts entwickelt stets etwas Wärme, aber bei Überlastung könnte er schmelzen wie bei einer Sicherung.

Messung der Stromstärke

Dieser Messwiderstand, oder Shunt, misst die Stromstärke der Verbraucher-Batteriebank. Er ist in die Minusleitung eingesetzt, die dazu durchtrennt und mit den passenden Kabelschuhen für die Anschlüsse am Shunt versehen werden musste. Die zwei dünnen Kabel, grün und gelb, bilden die Messleitung, die zum Anzeigegerät führt.

Beim Halleffekt-Sensor muss das Kabel nicht durchtrennt werden. Es wird lediglich auf einer Seite gelöst, durch den ringförmigen Sensor geführt und wieder festgemacht. Der Sensor kann an der Plus- oder Minusleitung angebracht werden. Es ist nur auf die richtige Polarität am Anzeigegerät zu achten.

Einbau

Der Shunt wird üblicherweise in die Minusleitung eingesetzt, da die Messung dort einfacher ist und es nicht so leicht zu Interferenzen kommt. Wird der Shunt in die Plusleitung eingesetzt, muss das Anzeigegerät dafür vorgesehen sein. Ein Beispiel für die Messung in der Plusleitung ist der Strom der Lichtmaschine, denn die Minusleitung führt über den Motorblock und beinhaltet neben anderen Strömen auch den Strom des Anlassers.

Das stromführende Kabel muss durchtrennt und mit den beiden Anschlüssen am Shunt verbunden werden. Dort befinden sich auch zwei kleinere Anschlüsse für die Messleitung zum Anzeigegerät. Diese kann beliebig lang sein, da sie lediglich den Spannungsabfall am Shunt in Batterienähe weiterleitet.

Das Anzeigegerät für den Shunt, ebenso wie für den Halleffekt-Sensor, ist im Grunde ein Voltmeter, das einen Spannungsabfall misst. Es ist so kalibriert, dass es den entsprechenden Wert der Stromstärke in Ampere anzeigt.

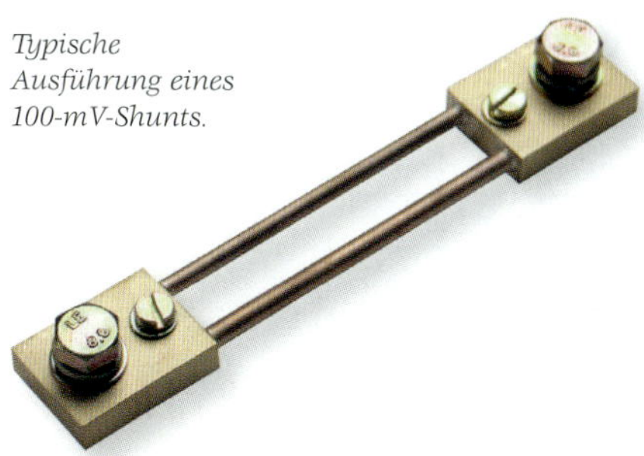

Typische Ausführung eines 100-mV-Shunts.

Batterieanzeige und -überwachung

Wie voll sind die Batterien? Die Frage erscheint einfach, doch eine dauerhaft verlässliche Aussage über den wahren Ladungszustand einer Batterie ist so kompliziert zu treffen, dass sich zahlreiche Hersteller von Messgeräten damit beschäftigen. Theoretisch genügt es, den entnommenen Strom sowie den in die Batterie eingespeisten Strom und die jeweilige Zeitdauer zu messen. Die Differenz zeigt an, wie voll die Batterie ist. Wo also liegt das Problem?

Lösung durch Strommessung

Die Mehrzahl der angebotenen Messgeräte zur Batterieüberwachung basiert auf Messung der Stromstärke über Shunts. Am Anzeigegerät, dem Rechenzentrum, können folgende Informationen abgelesen werden:

- **Amperestunden** werden über die Stromstärkemessung des Shunts, zum Beispiel an den Verbraucherbatterien, und anhand der Zeit errechnet. Die entnommenen Amperestunden werden abgezogen und die eingespeisten dazugezählt. Ist das Ergebnis positiv, so ist mehr Strom in als aus der Batterie geflossen, und der Ladungszustand hat sich erhöht.
- **Stromstärke an anderen Positionen** kann zusammen mit der Spannung überall dort angezeigt werden, wo ein zusätzlicher Shunt eingebaut ist.
- **Kontrolle der Batterieschalter** kann bei manchen Geräten von der Schalttafel aus erfolgen, wo alle Informationen zusammenlaufen.

Geräte zur Batterieüberwachung zählen in der Regel die Amperestunden in und aus einer Batteriebank. Die anderen Shunts geben lediglich den Stromfluss an ausgewählten Positionen wieder, sie gehören aber nicht zur Batterieüberwachung. Ist die Batteriebank vollständig aufgeladen, kann das Gerät synchronisiert und der Ladezustand auf 100 % gestellt werden (unten).

- **Alarmfunktionen** können für alle möglichen Eventualitäten am Anzeigegerät programmiert werden.

Grundsätzliche Überlegungen

Batterieanzeigegeräte sind allgemein sehr hilfreich, aber die Anzeige muss mit etwas Sachverstand interpretiert werden.

- Der Amperestundenzähler errechnet den Ladezustand aus der Strommenge, die in und aus der Batterie geflossen ist und vergleicht ihn mit einem bekannten Wert aus der Vergangenheit. Für ein realistisches Ergebnis sollte sich das Gerät bei diesem früheren Wert auf die letzte Vollladung der Batterien beziehen.
- Manche Geräte machen bei Vollladung einen automatischen Reset und stellen den Amperestundenzähler bei Vollladung auf null bzw. den Ladezustand auf 100 %. Andere Geräte müssen manuell synchronisiert werden.

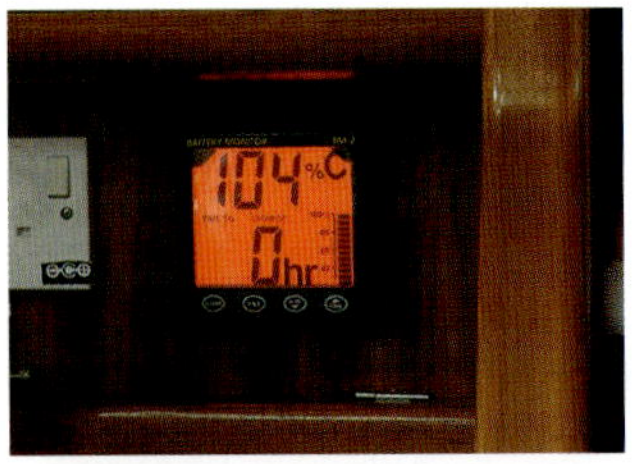

Die Anzeige kann den errechneten Ladezustand der Batterie darstellen oder auf die momentan zu messende Batteriespannung und den Stromfluss eingestellt werden.

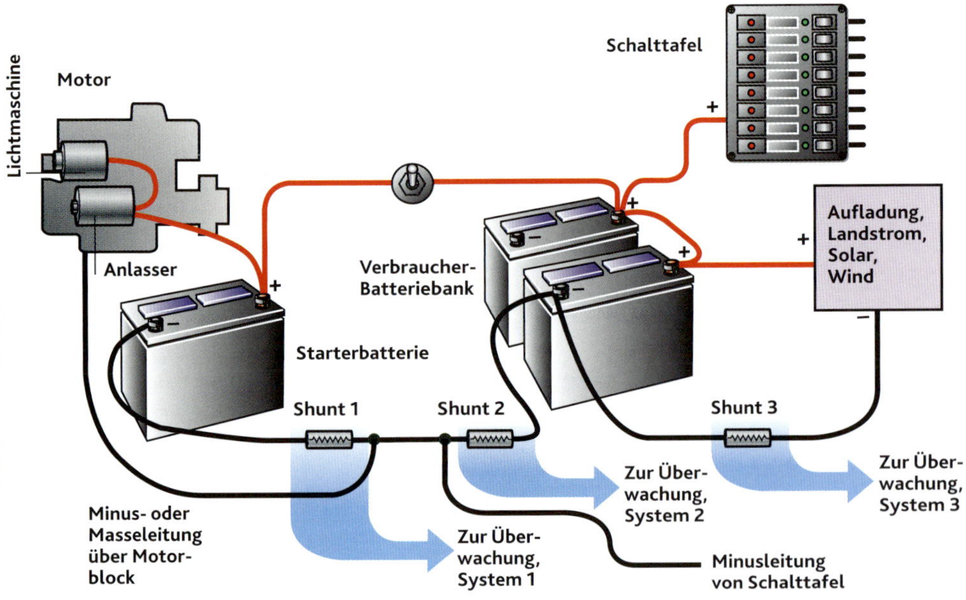

- Die unvermeidliche Messungenauigkeit addiert sich mit der Zeit. Ohne Synchronisation entstehen nach mehreren Wochen beträchtliche Abweichungen.
- Bei einem langen Törn erreicht der Ladezustand der Batterien unter Umständen nie den Wert, damit sich die Batterieüberwachung automatisch synchronisiert, sodass die angezeigten Werte irreführend sein können.

Einbau der Shunts

Den Einbauvorschriften der Hersteller ist unbedingt Folge zu leisten, denn es gibt Unterschiede.

- In der Regel wird ein Shunt in die Minusleitung der Batteriekabel eingebaut. Alle rückführenden Minusleitungen müssen auf einer großen Sammelschiene zusammengeführt werden. Ein weiteres Kabel führt von der Sammelschiene zum Shunt, und auf der anderen Seite des Shunts führt ein Kabel zum Minuspol der Batterie. Keine der Minusleitungen darf direkt zum Minuspol führen, da sie den Shunt ansonsten umgehen würde.
- Manche Hersteller erlauben den Einbau in die Plusleitung, was den Vorteil hat, dass der Strom der Lichtmaschine direkt gemessen werden kann.
- Bei der Größe der Shunts sollte man sich an die jeweiligen Empfehlungen halten. Um Batterieströme zu messen, benötigt man selbst auf einem kleinen Boot mindestens einen 200-A-Shunt.
- Die zwei Messkabel führen von je einer Seite des Shunts zum Anzeigegerät und müssen dort unbedingt richtig gepolt angeschlossen werden, da die Richtung des Stromflusses entscheidend ist.

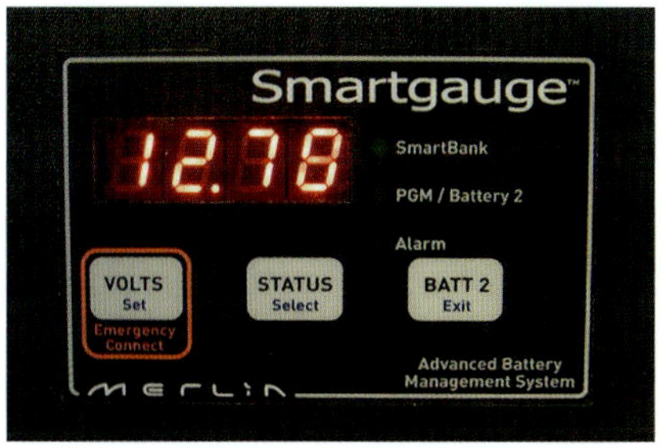

Der Batteriewächter »Smartgauge« überwacht detailliert eine Batteriebank, ohne dass die Stromstärke gemessen werden muss.

Andere Lösungen

Es gibt auch Batterieanzeigen, die nur die Spannung messen und daraus den Ladezustand berechnen. Sie sind sehr einfach einzubauen, da sie nur zwei Messkabel zu den Batteriepolen und eine Stromversorgung benötigen. Die Software lernt mit komplizierten Algorithmen, wie sich die Batterien verhalten und passt sich immer besser an. So kann der Ladezustand der Batterien in Prozent angegeben werden. Ein Vorteil dieses Systems ist, dass es nicht synchronisiert werden muss.

Messung eines Shunts

Der Widerstand des Shunts muss am Anzeigegerät einprogrammiert werden. Er ist zu gering, um ihn exakt mit dem Multimeter zu messen. Hier kann das Ohmsche Gesetz angewendet werden, indem Strom durch den Shunt geschickt wird und die Spannung auf beiden Seiten des Shunts gemessen wird. R (in Ohm) = U / I

Der Spannungsabfall am Shunt beträgt nur wenige Millivolt (mV). Das Multimeter kann auf den 200-mV-Messbereich gestellt werden. 10,94 A fließen durch den Shunt und 2,7 mV (0,00027 V) zeigt das Multimeter. Laut Ohmschen Gesetz rechnet man 0,0027 V geteilt durch 10,94 A, was 0,000247 Ω oder 247 Mikroohm ergibt. Die Hochrechnung auf den angegebenen maximalen Strom von 200 A ergibt gerundet 50 mV (200 A x 0,000247 Ω). Somit handelt es sich um einen 50-mV-Shunt.

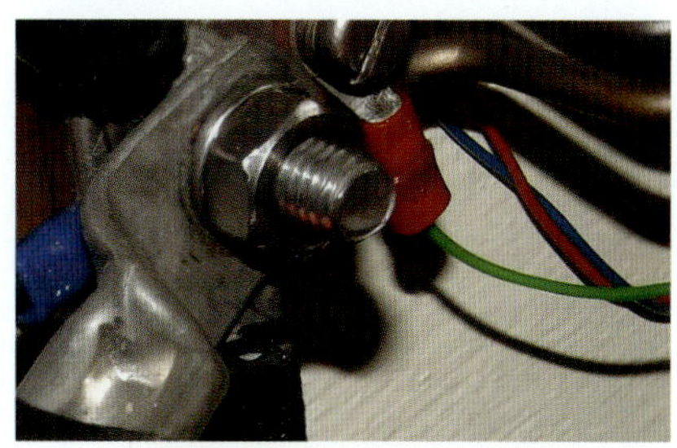

Alle Minusleitungen (Massekabel des Motors, Minusleitung der Schalttafel, des Generators, etc.) müssen an einer Seite des Shunts zusammengeführt werden. Von der anderen Seite führt ein einziges Kabel zum Minuspol der Batterie (rechts).

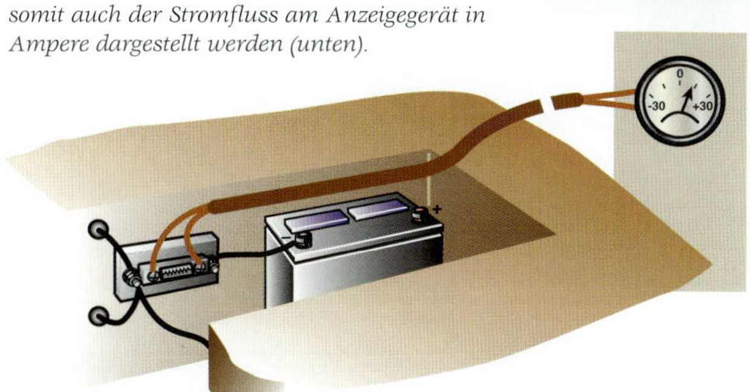

Anzeige an der Schalttafel

Die Spannung zwischen den Anschlüssen des Shunts ist direkt proportional zur Stromstärke, die durch den Shunt von oder zur Batterie fließt. Über die gemessene Spannung kann somit auch der Stromfluss am Anzeigegerät in Ampere dargestellt werden (unten).

Stromverbrauch reduzieren

Ein ausgeglichener Energiehaushalt an Bord kann nicht nur durch verbesserte Stromproduktion, sondern auch durch Energieeinsparung erreicht werden. Bei Leuchtmitteln hat sich viel getan, aber auch bei anderen Geräten kann Strom gespart werden, wodurch der Verbrauch gerade bei längeren Törns stark reduziert wird – ohne Lebensqualität an Bord einbüßen zu müssen.

Beim Energiesparen gibt es zwei Ansatzpunkte: Welche Geräte man verwendet und wie man sie einsetzt.

- **Die Beleuchtung** ist das beste Beispiel. Am meisten Leuchtkraft pro Watt liefern Neonröhren, aber ihr Licht ist wenig ansprechend. An zweiter Stelle liegen LED-Lampen, dann Halogenbirnen und auf dem letzten Platz rangieren Glühlampen.
- **Navigationslichter** in LED-Ausführung reduzieren den Verbrauch erheblich.
- **Kühlschränke** haben einen hohen Stromverbrauch. Die Frage ist, ob man sie kontinuierlich laufen lässt oder nur zwischendurch einschaltet. Die bestmögliche thermische Isolation macht ebenfalls einen großen Unterschied.
- **Kartenplotter** der neuesten Generation verbrauchen 30–40 % weniger Strom als ältere Modelle. An Bord bleiben sie oft den ganzen Tag lang eingeschaltet, ob sie gebraucht werden oder nicht.
- **Navigationsinstrumente** sind heutzutage ebenfalls sparsamer, aber ihr Verbrauch ist grundsätzlich nicht groß, sodass es sich nicht lohnt, sie bei Nichtgebrauch auf See auszuschalten.
- **Autopiloten** können auf unterschiedliche Reaktionsgeschwindigkeit gestellt werden, um den Kurs möglichst genau zu halten. Wählen Sie die niedrigste Stufe, bei der Sie das Kursverhalten als angenehm empfinden.

Bei der großen Auswahl an LED-Leuchtmitteln kann der Stromverbrauch deutlich reduziert werden.

- **Radaranlagen** lassen sich, sofern es die Sichtverhältnisse erlauben, auf eine Überwachungsautomatik stellen, bei der das Gerät in wählbaren Intervallen, zum Beispiel alle fünf Minuten, aus dem Standby hochfährt und nur kurz eingeschaltet bleibt.
- **Radio und Fernseher** haben selbst bei geringer Lautstärke einen hohen Strombedarf und bleiben oft lange eingeschaltet.
- **Standby und »OFF«** bedeuten bei Kartenplottern und anderen Bordinstrumenten nicht unbedingt, dass sie keinen Strom mehr verbrauchen, besonders dann, wenn sie zu einem Netzwerk verbunden sind. Schaltet man ein Gerät aus, erlischt lediglich das Display, die Elektronik im Inneren muss aber weiter Daten an die anderen Geräte liefern. Überprüfen Sie die Betriebsanleitung, ob der Hersteller klare Angaben macht.

Diese LED-Sockellampe passt in die gleiche Fassung wie eine Glühlampe, verbraucht aber nur ein Achtel an Energie und leuchtet dabei sogar etwas heller.

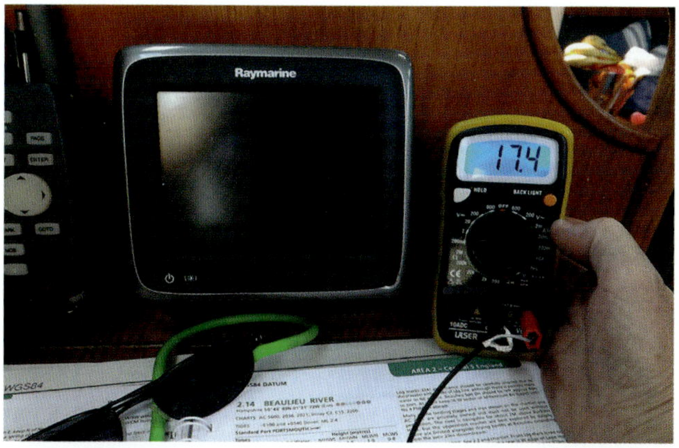

Moderne Kartenplotter verbrauchen heutzutage viel weniger Strom und haben oft einen Energiesparmodus oder eine Standby-Funktion, die zusätzlich Strom einspart. Dieser Kartenplotter verbraucht im Energiesparmodus 174 mA und 250 mA im regulären Betrieb.

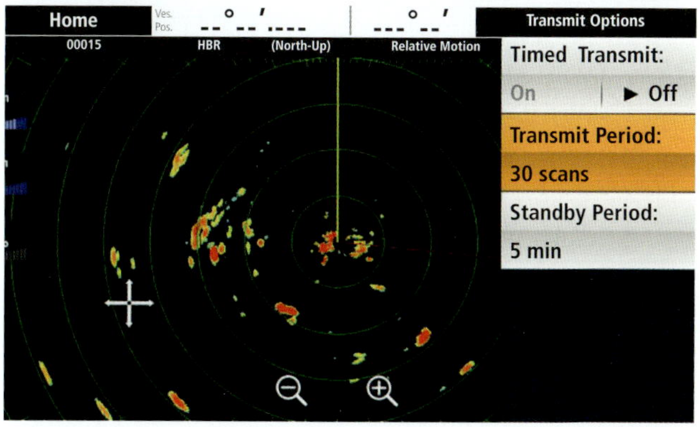

Mit der Timed-Transmit-Funktion kann der Stromverbrauch bei einem Radargerät um ungefähr 30 % reduziert werden, das heißt von 60 W auf 40 W. Beachten Sie aber die Auswirkungen dieser Funktion auf das Tracking (ARPA) und die automatische Erkennung von Kollisionsgefahr durch andere Schiffe.

Stromverbrauch senken

Bei Beleuchtung und Kühlschränken kann besonders einfach Energie eingespart werden. LED-Leuchtmittel sparen bis zu 75 % an Strom. Manche Kühlschränke haben eine Ablauföffnung, die Wasser über einen Schlauch in die Bilge abführt. Man kann den Stromverbrauch des Kühlschranks deutlich senken, wenn man diesen Ablauf verschließt.

Ein Ablauf mag zwar ganz vernünftig erscheinen, in Wirklichkeit fließt jedoch mehr kalte Luft als Wasser hindurch.

LED-Lampen

Die LED-Technik (Light Emitting Diode) ist mittlerweile so fortgeschritten, dass sie sowohl bei der Innenbeleuchtung als auch bei Navigationslichtern eingesetzt wird. Die Hersteller haben erkannt, wie wichtig es ist, die LEDs in einer Lampe zu schützen. Die lichtabstrahlenden Dioden sind sehr klein und die Hitze, die sie entwickeln, muss abgeführt werden, da sich sonst die Lebensdauer stark verkürzt. LEDs sind sehr empfindlich bei zu hoher Spannung. Um Schäden zu vermeiden, muss eine elektronische Regelung in den Lampen eingebaut sein. Auf folgende drei Punkte sollte beim Kauf geachtet werden:

- Ein möglichst großer Bereich bei der Betriebsspannung, der garantiert, dass die Lampe über eine eigene Regelelektronik verfügt.
- Eine Angabe, wie hitzebeständig die Lampe ist.
- Garantierte Lebensdauer von mindestens 50 000 Stunden.

An diesen Anforderungen lässt sich bereits erkennen, warum LEDs teuer sind. Die Energieeinsparung beträgt bei den meisten Anwendungen jedoch 60–80 %. Eine herkömmliche 10-W-Glühbirne in einer Kabinenleuchte verbraucht rund 1 A, eine LED-Lampe mit gleicher Leuchtkraft dagegen nur 150–200 mA.

Die ringförmig angeordneten LEDs verbrauchen 120 mA und leuchten sogar etwas heller als die Halogenlampe mit einem Verbrauch von 800 mA.

Das Gleichstrom Bordnetz

GROUPE EAU
WATER PRESSURE
POMPE DE CALE
BILGE PUMP
POMPES DE DOUCHE
SHOWER PUMPS
FEUX DE NAVIGATION
NAVIGATION LIGHTS
FEU DE MOUILLAGE
MOORING LIGHT
FEU DE HUNE
STEAMING LIGHT
REFRIGERATEUR
FRIDGE UNIT
VENTILATEURS
FANS
ECL. COCKPIT
COCKPIT LIGHT
FEU DE PONT
DECK LIGHT
ECL. INTERIEUR
CABINS LIGHTS
CONFORT / PC 12V DC
COMFORT / 12V DC OUT
VOLT
TANK
VOLT
WATER
TANK
FUEL
CHARG. BATTERIES
BATTERY CHARGER
CHAUFFE EAU
WATER HEATER
PRISES 110V AC
110V AC OUTLETS
AC POWER
110 Volts / 60Hz

6

Batterie-Hauptschalter

Batterieschalter müssen neben sehr großen Strommengen – eine Belastbarkeit bis zu 500 A Dauerstrom ist üblich – auch Tausende Schaltvorgänge über viele Jahre hinweg aushalten. Die Schalter bilden den Hauptteil des Batteriemanagements, sie können manuell oder ferngesteuert bedient werden.

Batterieschalter gibt es in vielen Ausführungen, die Auswahl richtet sich nach dem Typ, der die gewünschte Funktion am besten erfüllt.

Schaltertypen

Alle angebotenen Schaltertypen müssen sehr hohe Stromstärken aushalten können und sichere Anschlüsse für mehrere dicke Kabel bieten.

- **Mechanische Schalter** können als einfache Trennschalter mit ON- und OFF-Position und abziehbarem Schlüssel ausgeführt sein. Ebenso weit verbreitet ist der Batterie-Umschalter, mit dessen Drehknauf der Strom wahlweise zu einer von zwei Batteriebänken, zu beiden oder zu keiner geleitet werden kann. Oft warnt ein Hinweis davor, den Schalter auf »OFF« zu stellen, wenn der Motor läuft, da die Lichtmaschine beschädigt werden könnte.
- **Batterie-Trenndioden oder Ladestromverteiler** lassen Strom nur in eine Richtung passieren und dienen zur Verteilung des Ladestroms auf mehrere Batteriebänke. Erfolgt keine Ladung durch die Lichtmaschine, werden die Batterien elektrisch getrennt, und eine gegenseitige Beeinflussung wird verhindert.
- **Schaltrelais oder Spannungsrelais** sind mechanische Schalter, die über eine dünne Steuerleitung fernbedient werden. Die Steuerung der Schalter kann mit Spannungsrelais, die bei Erreichen bestimmter Spannungswerte selbsttätig schalten, automatisiert werden.
- **Halbleiterrelais** arbeiten wie ein Schaltrelais, aber dank spezieller Transistoren, sogenannter MOSFETs (Metal Oxide Semiconductor Field Effect Transistor), ohne bewegte Teile und können, elektronisch gesteuert, hohe Stromstärken schalten. Halbleiterrelais sind teuer und werden meist zusammen mit weiteren Steuerungselementen für automatische Batteriemanagement-Systemen eingesetzt.

Was ist zu empfehlen?

Als Erstes stellt sich die Frage, ob und zu welchem Grad die Batterieschaltung automatisiert werden soll. An zweiter Stelle sollte der Spannungsabfall oder -verlust durch den Schalter bedacht werden. Selbstverständlich soll möglichst die

Batterieschalter sollten immer gut zugänglich sein. Vergessen Sie beim Einweisen der Crew nicht, die Funktion der Schalter zu erklären (links).

Viele Boote haben mehrere Batterie-Trennschalter mit abziehbaren Schlüsseln.

gesamte Ladespannung an der Batterie ankommen, aber durch die Anordnung der Schalter können Verluste entstehen.

Bei jedem Lösungsansatz gilt es verschiedene Aspekte zu berücksichtigen:

- Mechanische Schalter erzeugen annähernd keinen Spannungsabfall. Ihr einziger Nachteil besteht darin, dass sie nur manuell bedient werden können. Man kann aber auch der Meinung sein, dass fehlende Elektronik von Vorteil ist. Denn was man nicht hat, kann auch nicht kaputtgehen.
- Herkömmliche Batterie-Trenndioden erzeugen einen Spannungsabfall von ungefähr 1 V – das ist ein signifikanter Verlust. Bei einem 12-V-Bordnetz liefert eine Standard-Lichtmaschine einen Ladestrom von 14,2 V. Nach der Trenndiode kommen nur noch 13,2 V an der Batterie an, was für eine vollständige Aufladung nicht ausreicht. Um dem entgegenzuwirken, muss die Lichtmaschine über einen speziellen internen Laderegler mit Batteriemessleitung verfügen oder es muss ein intelligenter Laderegler zusätzlich eingebaut werden.
- Schaltrelais haben den Vorteil, dass sie den Kontakt mechanisch herstellen, sodass es zu nahezu keinem Spannungsabfall kommt. Sie können dennoch ferngesteuert werden und sind daher auch für automatische Batteriemanagement-Systeme geeignet.

Tipp

Bei einem Bordnetz mit bis zu zwei Batteriebänken ist der Bedarf an »Batteriemanagement« überschaubar und kann problemlos von der Crew über mechanische Schalter vorgenommen werden. Erst mit Einbau einer dritten Batteriebank, beispielsweise für ein Bugstrahlruder, lohnt es sich, über eine Automatisierung durch Schaltrelais nachzudenken.

Dieser Ladestromverteiler arbeitet, dank moderner MOSFET-Halbleiterrelais, vollautomatisch, ohne bewegte Teile und nahezu verlustfrei.

Schaltrelais bilden einen guten Kompromiss, denn die Spannungsverluste sind vernachlässigbar gering. Sie sind leicht zu bedienen und eignen sich für automatische Systeme (unten).

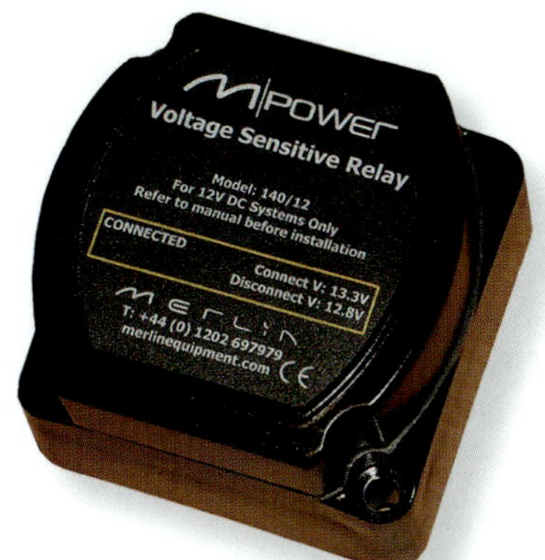

Ein Hinweis erinnert daran, dass erst der Motor ausgeschaltet werden muss, bevor man den Schalter auf »OFF« stellt. Das Gleiche gilt beim Starten des Motors: Der Schalter darf nicht auf »OFF« gestellt sein.

An der Rückseite des Schalters sind die Anschlüsse deutlich gekennzeichnet.

Dieser nahezu verlustfreie Ladestromverteiler mit Trenndioden macht manuelles Eingreifen überflüssig.

Batterieschaltungen

Mit den Batterieschaltern wird der Ladestrom an die Batterien geleitet. Bei einer einzigen Batteriebank ist das ein simpler Vorgang, aber bereits bei zwei Batteriebänken kann die Reihenfolge der Aufladung eine wichtige Rolle spielen. Die zweite Aufgabe der Batterieschalter ist es, eine versehentliche Entladung der Starterbatterie zu verhindern.

Die einfachste Batterieschaltung besteht darin, zwei oder drei Batterien parallel zu schalten und mit einem Batterie-Hauptschalter mit nur einer ON- und OFF-Position vom Stromnetz zu trennen, wenn man nicht an Bord ist. Da alle Verbraucher von dieser einen Batteriebank versorgt werden, muss man aufpassen, sie nicht mehr als 40 % zu entladen, da auch der Motor von diesen Batterien gestartet werden muss.

Die Lichtmaschine, das Ladegerät und der Strom aus Solarzellen oder Windgeneratoren führt zu den Pluspolen der Batterien. Bei einem über die Stromstärke gesteuerten Batteriemanagement kann der Shunt in die Minusleitung eingesetzt werden.

Sobald man eine Batterie nur für den Motorstart verwendet (Batterie 1) und sie deshalb von den Verbraucherbatterien (Batterie 2) trennt, benötigt man eine Batterieschaltung, die zwei Aufgaben erfüllen muss:

- Der Ladestrom der Lichtmaschine muss zur Starterbatterie geleitet werden. Nach 10–15 Minuten können die Verbraucherbatterien dazugeschaltet werden, um ebenfalls aufgeladen zu werden. Die stärker entladene Batterie bekommt dabei den Großteil des Ladestroms der Lichtmaschine ab.
- Wird der Motor gestoppt, müssen die zwei Batteriebänke erneut getrennt werden. Dadurch wird sichergestellt, dass die Verbraucher nur von der Verbraucherbatterie (Batterie 2) versorgt werden. Die Starterbatterie bleibt für den Motorstart auf voller Kapazität.

Diese Batterieschaltung kann auf drei unterschiedliche Arten ausgeführt werden:

- Mit einem manuellen Schalter, der die Positionen »OFF«, »Batterie 1«, »Batterie 2« und »BOTH« hat. Der gebräuchlichste Typ ist der bekannte Batterie-Umschalter mit dem Drehknauf. Wählen Sie »Batterie 1«, um den Motor zu starten, und »Batterie 2«, wenn der Motor nicht läuft. Die gleiche Funktionalität kann aber auch mit zwei Batterie-Trennschaltern mit nur ON- und OFF-Positionen erreicht werden.
- Mit zwei Batterie-Trenndioden oder einem Ladestromverteiler, der den Ladestrom automatisch an beide Batteriebänke leitet und einen rückläufigen Stromfluss ausschließt, der zur Entladung der Starterbatterie führen würde, wenn der Motor nicht läuft. Diese Lösung ist nicht ideal, da die Starterbatterie nicht vorrangig geladen wird, gilt aber allgemein als akzeptabel und hat den Vorteil, völlig automatisch zu arbeiten. Bei herkömmlichen Trenndioden muss der Spannungsabfall berücksichtigt werden, entweder durch einen in die Lichtmaschine eingebauten Laderegler mit Spannungssensor oder durch einen externen Hochleistungs- oder intelligenten Regler, der ebenfalls die Spannung überwacht.
- Mit einem einzigen Spannungsrelais, das die Trenndioden ersetzt. Spannungsrelais haben nahezu keinen Spannungsabfall, sodass der Laderegler der Lichtmaschine nicht geändert werden muss. Die Spannung der Starterbatterie wird überwacht und erst wenn 13,3 V erreicht sind, werden die Verbraucherbatterien zum Ladestrom zugeschaltet. Oft sind Spannungsrelais mit einem manuellen Schalter ausgestattet, der es erlaubt, den Motor bei Bedarf über die Verbraucherbatterien oder über beide Batteriebänke zu starten.

Es gibt keine ideale Batterieschaltung. Die beste Lösung für Ihr Boot ist eine Schaltung, die zuverlässig arbeitet.

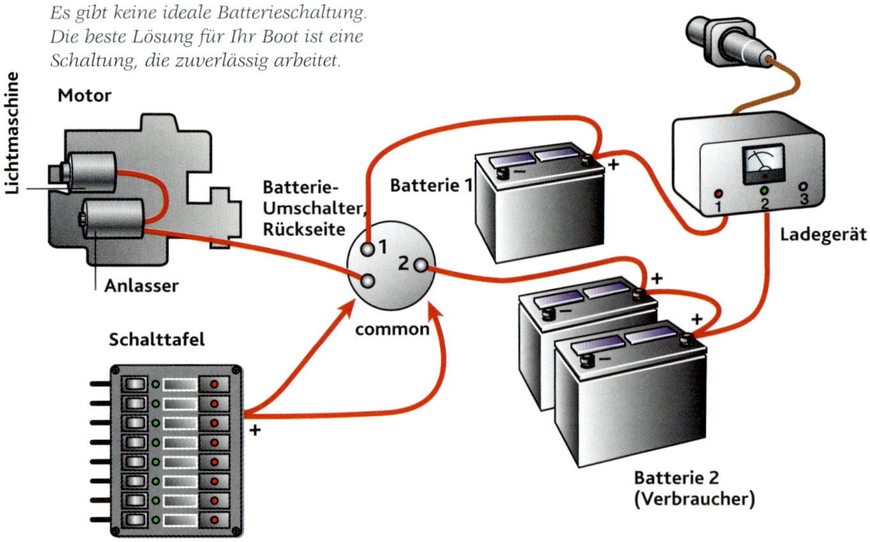

Mit Einbau einer dritten Batteriebank muss die Schaltung erweitert werden. Das Funktionsprinzip bleibt jedoch gleich. Die gebräuchlichste Anordnung ist:

- Batteriebank 1 besteht aus einer einzelnen Batterie zum Starten des Motors (und eines Dieselgenerators).
- Batteriebank 2 besteht aus zwei oder drei Batterien und versorgt alle üblichen Verbraucher über die Schalttafel.
- Batteriebank 3 besteht aus einer oder zwei Batterien für spezielle Verbraucher, wie Bugstrahlruder oder elektrische Ankerwinsch, mit sehr hohem Stromverbrauch. Diese Verbraucher arbeiten wegen des hohen Strombedarfs üblicherweise, aber nicht nur, wenn der Motor läuft.

Ein 24-V-Bordnetz besteht aus doppelt so vielen Batterien, da jede 24-V-Batteriebank aus zwei in Reihe geschalteten 12-V-Batterien besteht.

Eine separate Starterbatterie hat Vorteile, aber die Batterieschaltung muss gesteuert werden, was hier manuell erfolgt.

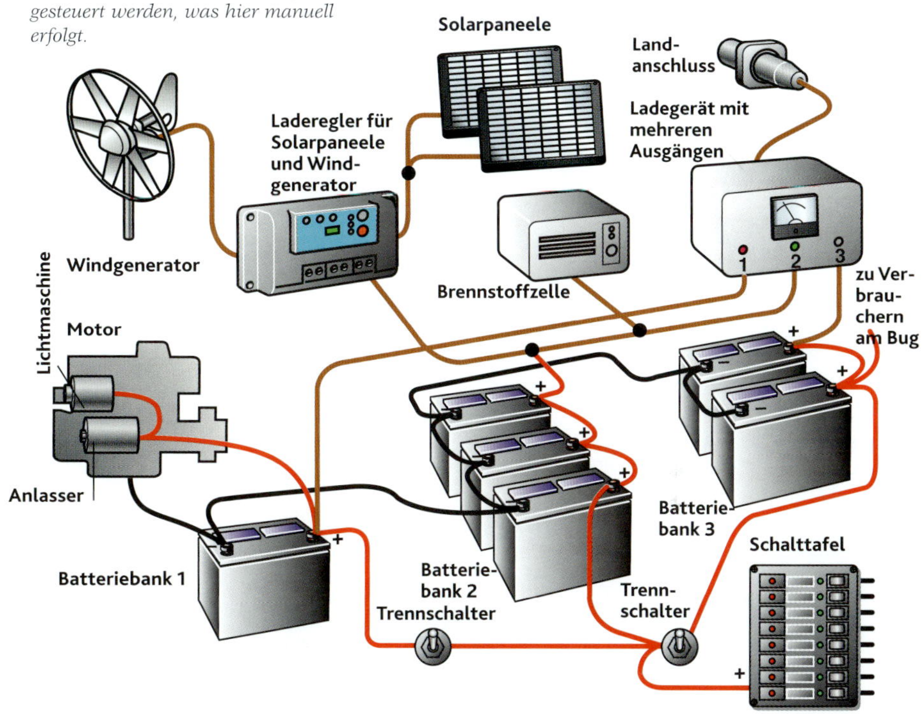

Hier wird davon ausgegangen, dass die Starterbatterie nur mit dem Standard-Ladestrom der Lichtmaschine geladen wird. Die Verbraucherbatterien profitieren dagegen von einer vierstufigen Ladung durch das Batterie-zu-Batterie-Ladegerät, das seinen Strombedarf über die Starterbatterie und die Lichtmaschine bezieht (unten).

Bei herkömmlichen Trenndioden entfällt das Umschalten. Die Lichtmaschine muss aber über einen Laderegler mit Spannungssensor verfügen, der den Spannungsabfall durch die Dioden und durch Kabelwiderstände ausgleicht und die korrekte Ladespannung an die Batterien leitet (rechts).

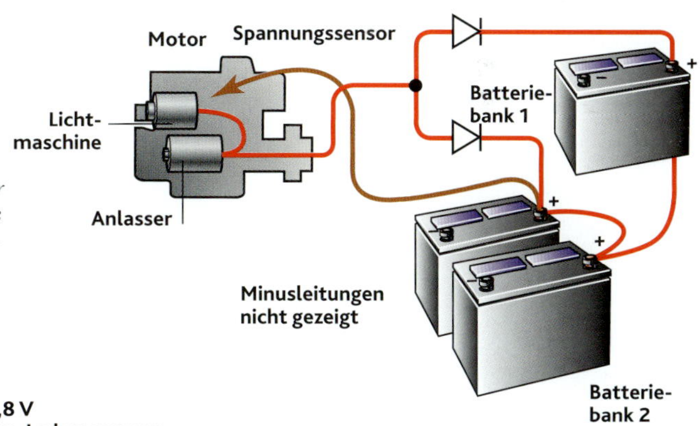

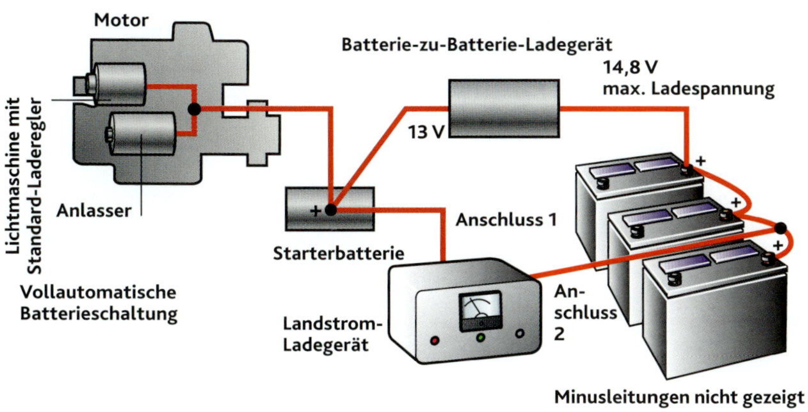

Vollautomatische Batterieschaltung

Einbau eines Spannungsrelais

Ein automatisierter Ladungsprozess entlastet den Skipper und verhindert Probleme, die entstehen, wenn manuelle Batterieschalter nicht betätigt werden. Ein Spannungsrelais übernimmt das Umschalten beim Start, während des Betriebs und beim Abstellen des Motors. Es kann enorme Stromstärken aufnehmen und erzeugt dabei praktisch keinen Spannungsverlust.

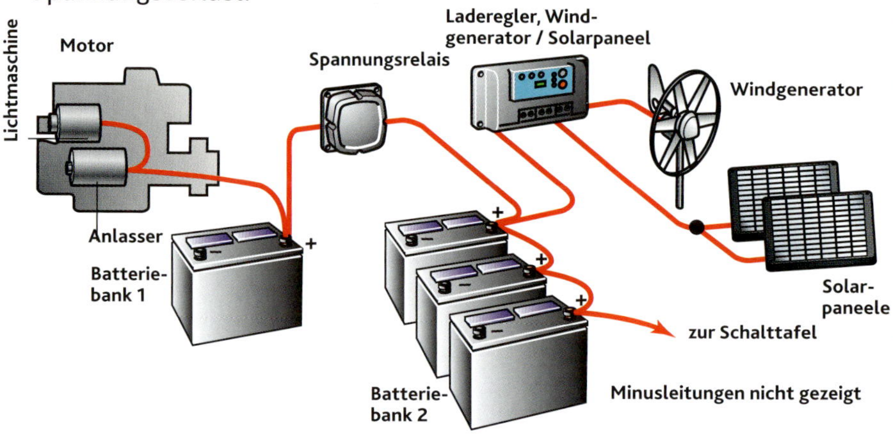

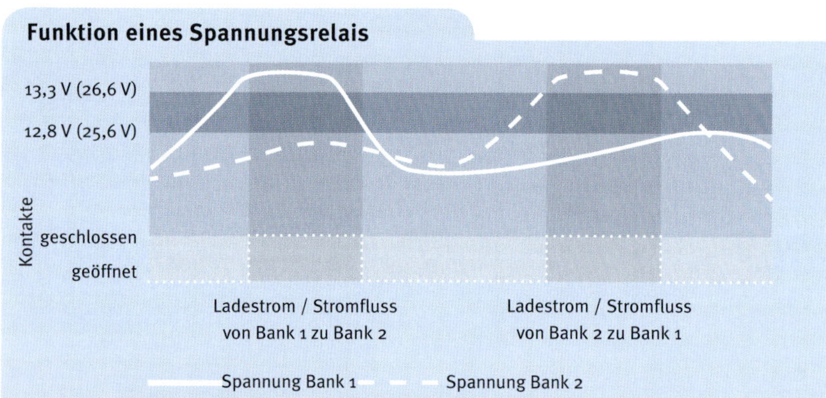

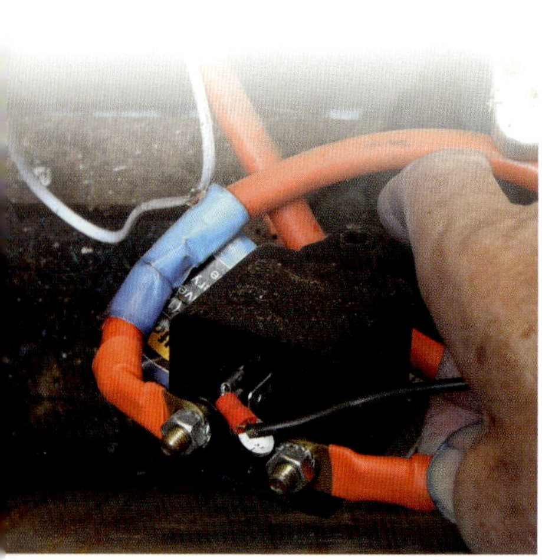

Steigt die Spannung in Batteriebank 1 durch die Aufladung der Lichtmaschine höher als in Batteriebank 2, schließt das Spannungsrelais die Kontakte, und der Ladestrom fließt von Bank 1 zu Bank 2. Ist die Spannung in Bank 2 höher, fließt der Ladestrom bei geschlossenen Kontakten von Bank 2 zu Bank 1 (oben).

Ein Spannungsrelais benötigt nur drei Anschlüsse – zwei für den hohen Batteriestrom, der durch das Spannungsrelais fließt, und einen Steckkontakt für die Minus- oder Masseleitung für die interne Elektronik (links).

Die Schaltspannungen sind auf dem Spannungsrelais angegeben. Die geringe Differenz zwischen den Schaltspannungen ist für die Stabilität in der jeweiligen Schaltstellung nötig (rechts).

Das Spannungsrelais (oder VSR für Voltage Sensing Relay) wird zwischen zwei Batteriebänken eingesetzt und ist eine intelligente Alternative zu herkömmlichen Trenndioden oder manuellen Batterieschaltern, wie sie bei mehr als einer Batteriebank nötig sind. Ihre wichtigsten Merkmale sind:

- Ein interner Schaltkreis überwacht Spannung sowie Zeitdauer und steuert ebenfalls die Magnetschalter für den Schaltvorgang. Manche Modelle können auch über ein externes Signal eines Batteriemanagement-Systems aktiviert werden.
- Normalerweise schließen die Kontakte, wenn die gemessene Batteriespannung 13,3 V erreicht, und lassen den Ladestrom zur zweiten Batteriebank durch. Fällt die Spannung unter 12,8 V, öffnen die Kontakte und trennen die beiden Batteriebänke.
- Ein manueller Notschalter erlaubt das Starten des Motors über die Verbraucherbatterien.
- Manche Modelle können mit dem Zündschloss verbunden werden, sodass das Spannungsrelais nur bei laufendem Motor aktiv ist.
- Mit einer weiteren Einstellungsoption können die Kontakte beim Motorstart geöffnet werden, sodass der Anlasserstrom nicht

über die Kontakte fließen kann, die unter Umständen nicht für so hohe Stromstärken ausgelegt sind.

- Wie bei allen mechanischen Schaltern erzeugt auch ein Spannungsrelais keinen Spannungsverlust, sodass eine Standard-Lichtmaschine verwendet werden kann.

Spannungsrelais (typische Daten)

Betriebsspannung	12 V	24 V
Belastbarkeit Dauerstrom	140 A	100 A
Belastbarkeit kurzzeitig	170 A	140 A
Einschaltspannung	13,3 V	26,6 V (Kontakte geschlossen)
Ausschaltspannung	12,8 V	25,6 V (Kontakte geöffnet)

Uni- oder bidirektionale Spannungsaktivierung

Je nachdem, wie die Priorität beim Aufladen der Batterien verteilt werden soll, können unterschiedliche Ausführungen gewählt werden.

- Unidirektionale Spannungsaktivierung bedeutet, dass die Spannung an nur einem Anschluss des Relais überwacht wird. Dort ist die Batterie angeschlossen, die vorrangig geladen werden soll. Meist ist das die Starterbatterie. Sobald der Motor läuft, beginnt die Lichtmaschine die Starterbatterie aufzuladen, bis diese 13,3 V erreicht. Dann schließt der Magnetschalter des Relais den Kontakt zur Verbraucherbatterie, und der Ladestrom wird zwischen beiden Batteriebänken aufgeteilt.
- Bidirektionale Spannungsrelais überwachen die Spannung an beiden Anschlussseiten, sodass sie von beiden Batteriebänken aktiviert werden können. Diese Ausführung kann verwendet werden, wenn die Verbraucherbatterien von zusätzlichen Stromquellen, wie Windgeneratoren oder Solarpaneelen, geladen werden. Steigt dadurch die Spannung der Verbraucherbatterie über 13,3 V , schaltet das Relais, um diesen Ladestrom mit der Starterbatterie zu teilen.

Nachteile von Spannungsrelais

Spannungsrelais bieten eine nahezu perfekte Lösung, es gibt nur wenige Punkte zu beachten. Dazu zählt das Hin- und Herschalten des Relais bei Batteriebänken mit stark unterschiedlicher Kapazität. Erreicht die Starterbatterie 13,3 V, schließt das Relais den Kontakt zur wesentlich größeren Verbraucher-Batteriebank. Dadurch kann die Spannung der Starterbatterie auf die Spannung der Verbraucherbatterie »heruntergezogen« werden. Liegt diese Spannung unter 12,8 V, schaltet das Relais erneut und trennt den Kontakt.

Dieser Kreislauf kann dazu führen, dass der Magnetschalter hin- und herschlägt. Deshalb haben Spannungsrelais oft eine Ansprechverzögerung, die die Kontakte für mindestens vier Minuten geschlossen hält. In dieser Zeit steigt die Spannung der Verbraucherbatterien durch die Aufladung nach und nach an, und das Hin- und Herschalten endet.

Der zweite Punkt ist, dass ein Spannungsrelais Strom benötigt, um die Kontakte geschlossen zu halten. Der Magnetschalter verbraucht dabei kontinuierlich bis zu 250 mA, die von einer der Batteriebänke geliefert werden müssen. Das wiederum nimmt einen Teil des Ladestroms der Solarzellen oder des Windgenerators in Anspruch.

Manche Hersteller bieten auch sogenannte bistabile Spannungsrelais an, die weder in offener noch geschlossener Position Strom verbrauchen.

Manche Modelle bieten erweiterte Funktionen. Beispielsweise können bidirektionale Spannungsrelais so eingestellt werden, dass sie bei starkem Stromfluss, der die Batteriespannung absinken lässt, wie er beispielsweise beim Anlassen des Motors auftritt, die Kontakte nicht schließen. Da diese Funktion aber die Überwachungselektronik irritieren kann, ist es besser, sie ganz zu überbrücken.

Tipp

Zur doppelten Absicherung kann man einen manuellen Batterieschalter parallel zum Spannungsrelais einbauen. Im unwahrscheinlichen Fall, dass das Spannungsrelais versagt, kann es mit dem Schalter überbrückt werden.

Schalttafel oder Stromkreisverteiler

Die Schalttafel bringt alle elektrischen Niedervolt-Systeme und Gleichstrom-Schaltkreise zusammen. Hier wird die 12- oder 24-V-Plusleitung geschaltet, abgesichert und überwacht. Sie wird vom Pluspol der Batterie über den Batterie-Hauptschalter mit Strom versorgt und teilt diesen in einzelne Stromkreise auf, die wiederum jeder einen Schalter, eine Sicherung und meist auch eine Kontrolllampe haben.

Schaltgruppen

Die einzelnen Schaltkreise sind meist für maximal 10–15 A ausgelegt. Diese Begrenzung wird durch die Belastbarkeit der einzelnen Schalter bestimmt. Daher ist es üblich, die Innenbeleuchtung in zwei Gruppen aufzuteilen, Steuerbord und Backbord beispielsweise, da der Stromverbrauch aller Leuchten bei einer mittelgroßen Yacht bereits 20 A erreichen kann.

Sicherungen

Direkt neben den Schaltern, oder in den Schaltern integriert, befinden sich die Sicherungen. Es gibt verschiedene Arten von Sicherungen, aber alle haben die Aufgabe, den Schaltkreis bei Überlastung oder bei einem Kurzschluss in einem Gerät oder in den Kabeln zu schützen. Damit Sicherungen unter normalen Umständen den Strom durchlassen und den Kontakt nur bei Überlastung unterbrechen, sind sie nach unterschiedlichem Nennstrom eingeteilt. Wird der angegebene Nennstrom deutlich überschritten, löst die Sicherung aus. Die Sicherung sollte so bemessen sein, dass sie bei 150 % der maximal zu erwartenden Stromstärke auslöst.

Dank einer gut durchdachten Anordnung sämtlicher Anzeigen liegen alle Kontrollinstrumente in nächster Reichweite.

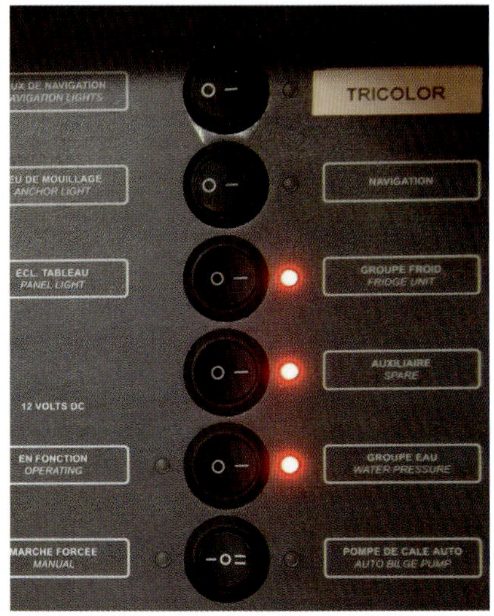

LED-Kontrolllampen sind ideal. Sie haben den geringsten Verbrauch und die höchste Lebensdauer.

Anzeige des Schaltzustands

Man möchte sofort erkennen können, ob ein Stromkreis ein- oder ausgeschaltet ist. Das kann an der Schalterstellung oder an Bezeichnungen wie »Ein« oder »Aus« abgelesen werden. Oft gibt es aber auch eine aktive Anzeige des Schaltzustands in Form einer Kontrolllampe, die nur aufleuchtet, wenn der Schalter eingeschaltet ist. Preisgünstige Schalttafeln haben herkömmliche Glühlampen, die einen nicht unwesentlichen Verbrauch haben, während die teureren Ausführungen LEDs verwenden, die jeweils nur 10–15 mA verbrauchen und daher die bessere Wahl sind.

Messanzeigen und Überwachung

Natürlich möchte man an oder nahe der Schalttafel auch noch weitere Informationen aus dem Bordnetz ablesen können. Ein eingebautes Voltmeter, das sich auf die gewünschte Batteriebank umstellen lässt, ist hilfreich. Sehr interessant ist auch eine Anzeige, wie viel Ampere an strategisch ausgewählten Positionen im Bordnetz fließen. So kann man den Ladestrom aus Solarpaneelen oder dem Windgenerator überprüfen oder den gesamten Stromfluss aus oder in die Verbraucherbatterien ablesen. Die Füllstandsanzeigen der Wasser- und Dieseltanks sowie weitere Daten können ebenfalls eingespeist werden.

Direkte Stromversorgung

Manche Geräte sollten nicht über die Schalttafel, sondern direkt von der Batterie mit Strom versorgt werden. An der Schalttafel kann eine Kontrolllampe anzeigen, ob diese Geräte eingeschaltet sind.

- Zu den Geräten, die immer eingeschaltet sind, wenn man an Bord ist, zählen UKW-Funk sowie NAVTEX-Empfänger. Sie werden direkt vom Batterie-Hauptschalter aus mit Strom versorgt und sind nur dann ausgeschaltet, wenn auch der Batterieschalter ausgeschaltet ist. Diese Geräte sind mit einer Sicherung in der Plusleitung ausgestattet. Eine Betriebskontrolle an der Schalttafel ist nicht nötig.
- Andere Ausrüstungsgegenstände mit eigener Sicherung, wie eine automatische Bilgepumpe, bleiben immer eingeschaltet und sind deshalb direkt an der Batterie angeschlossen. Sie funktionieren unabhängig von der Schalttafel und den Batterieschaltern.

Weitere Schalttafeln

Beim Einbau zusätzlicher Geräte kann es bei der Verkabelung praktischer sein, eine eigene, kleine Schalttafel in der Nähe des neuen Geräts anzubringen, auch wenn man die Stromzufuhr direkt vom Batterieschalter aus verlegen muss. Im Prinzip spricht nichts dagegen, wenn Schalter und Sicherungen an einem entfernteren Ort sind.

Das Bordnetz kleinerer Yachten ist weniger komplex, eine etwas unübersichtliche Kabelführung mag deshalb noch akzeptabel sein (oben).

Irreführende Daten

Bei allen Geräten muss man wissen, ob die angezeigten Daten korrekt sind. Dieses Voltmeter zeigt schon seit zwei Wochen durchgehend einen Wert von 13,4 V an. Da es sich auch auf die Füllstandsanzeige der Wasser- und Dieseltanks umstellen lässt, kann man diesen Daten ebenso wenig trauen.

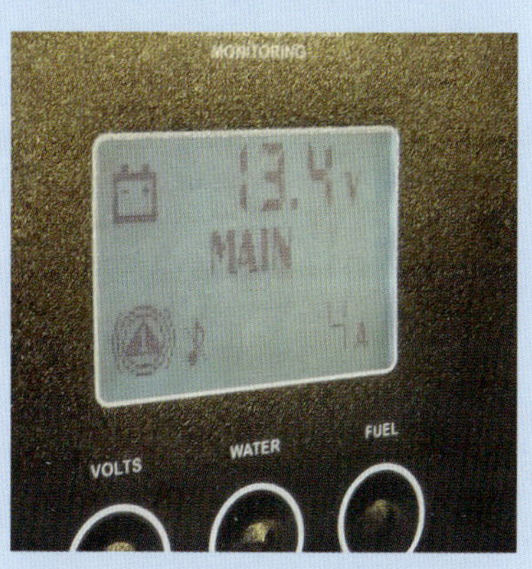

Auf einer modernen Serienyacht ist wenig Platz zum Einbau zusätzlicher Geräte (links).

Je komplexer das Bordnetz, umso wichtiger sind die ordentliche Verlegung und Beschriftung der Kabel (rechts).

Sicherungen

Die Sicherungen sind fester Bestandteil der Stromkreise und des gesamten Bordnetzes. Es kann sein, dass sie nie auslösen müssen. Wenn sie aber auslösen, dann um einen größeren Schaden abzuwenden oder um auf ein möglicherweise ernstes Problem aufmerksam zu machen. Die Anordnung der Sicherungen hängt von den angeschlossenen Geräten ab. Ihre Funktion ist aber immer, das Bordnetz zu schützen.

Die Absicherung der Stromkreise

Bei Sicherungen gibt es viele unterschiedliche Typen, manche sind hochspezialisiert, andere sehr simpel aufgebaut.

- Eine elektrische Sicherung, oder genauer Überstromschutzeinrichtung, ist wie das schwächste Glied, das absichtlich in die Plusleitung eines Stromkreises eingesetzt wird. Bei normal auftretenden Stromstärken löst die Sicherung nicht aus, erst wenn die Stromstärke aus irgendeinem Grund über einen festgelegten Wert ansteigt, »brennt« die Sicherung durch und unterbricht den Stromkreis.
- Bei jeder Sicherung ist der Nennstrom angegeben, bei dem die Sicherung garantiert nicht auslöst. Ebenso sind Sicherungen nach ihrer Betriebsspannung eingeteilt, die der Bordspannung entsprechen muss.
- Bei Sicherungen für hohe Stromstärken, wie bei der Batterie-Hauptsicherung (falls vorhanden), ist neben dem Nennstrom auch das Schaltvermögen wichtig. Das ist der maximale Kurzschlussstrom, den die Sicherung unterbrechen kann, ohne dass ein Lichtbogen stehenbleibt und die Sicherung Feuer fängt oder zerplatzt. Das Schaltvermögen beträgt jedoch mehrere Tausend Ampere und ist damit mehr als ausreichend hoch.

Auswahl nach Nennstrom

Eine Sicherung schützt nicht nur die elektrischen Geräte, sondern auch die gesamte Verkabelung. Bei der Auswahl der Sicherung sind folgende Größen zu beachten:

- **Nennstrom-Obergrenze:** Unabhängig vom angeschlossenen Gerät, hängt der maximal auftretende Kurzschlussstrom vom Kabelwiderstand ab. Der Nennstrom oder Bemessungsstrom der Sicherung sollte unter der Hälfte dieses Werts liegen. Im zuvor genannten Beispiel zur Bestimmung des Kabelquerschnitts für einen Kühlschrank (siehe Seite 53) betrug der Widerstand bei einer Kabellänge von 15 Metern 0,108 Ω. Mit dem Ohmschen Gesetz lässt sich der maximale Kurzschlussstrom bei einer vollgeladenen Batterie wie folgt bestimmen: 12,7 V / 0,108 Ω =

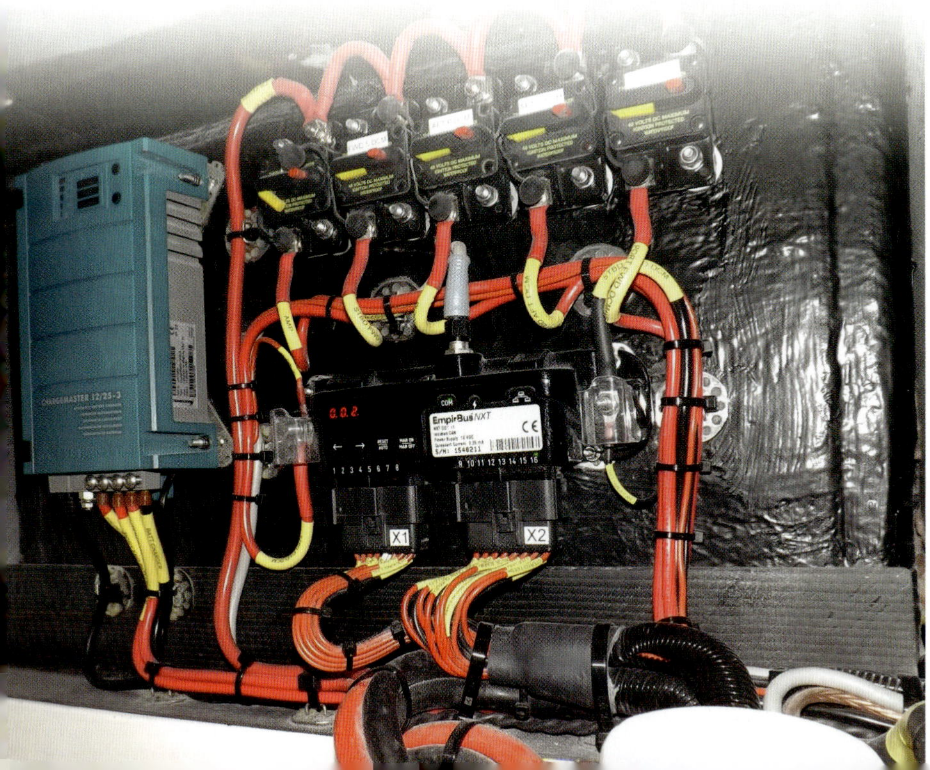

Bei den Hauptsicherungen sind Sicherungsautomaten, genauer Leitungsschutzschalter genannt, empfehlenswert, da sie nach dem Auslösen nicht wie eine Schmelzsicherung ausgewechselt werden müssen, sondern einfach wieder angeschaltet werden können (links).

Bei der Fehlersuche sollte man daran denken, dass viele Geräte eine eigene eingebaute Sicherung haben (unten).

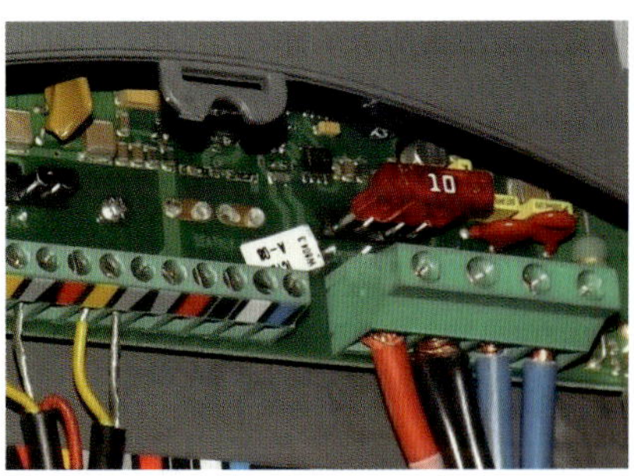

Auslösecharakteristik einer 5-A-Sicherung

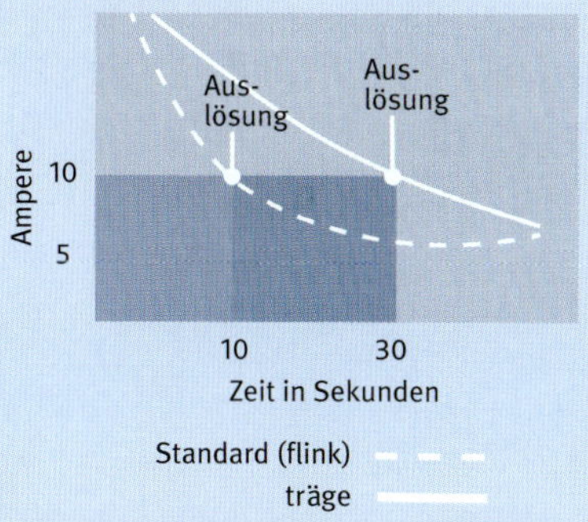

An diesem Zeit-Strom-Diagramm kann man ablesen, wie lang eine Sicherung eine bestimmte Stromstärke toleriert, bevor sie auslöst. Eine flinke 5-A-Sicherung toleriert 10 A ungefähr 10 Sekunden lang, bei 100 A löst sie bereits nach 0,001 Sekunden aus. Eine träge Ausführung toleriert 10 A ungefähr 30 Sekunden lang. Beide Ausführungen sind mit 5 A Nennstrom bemessen.

117 A. Eine 50-A-Sicherung wäre für dieses Kabel somit die sichere Obergrenze.

- **Nennstrom-Untergrenze:** Da der Kühlschrank einen Stromverbrauch von nur 3,7 A hat, sind 50 A viel zu hoch bemessen. Um jedoch unerwünschtes Auslösen zu verhindern, sollte die Untergrenze des zu wählenden Nennstroms der Sicherung 150 % des üblichen Strombedarfs des Verbrauchers betragen. Das gleicht höhere Einschaltströme und Stromschwankungen aufgrund von Temperaturunterschieden aus. Im Fall des Kühlschranks wären das 5,55 A. Somit sollte man die nächststärkere Sicherung einbauen, die standardmäßig einen Nennstrom von 8 A hat.

Charakteristik

Wie schnell eine Sicherung auslöst, wird neben anderen Parametern als Charakteristik bezeichnet und reicht von superflink, über flink, mittelträge, träge bis superträge. Die richtige Wahl hängt vom angeschlossenen Gerät ab.

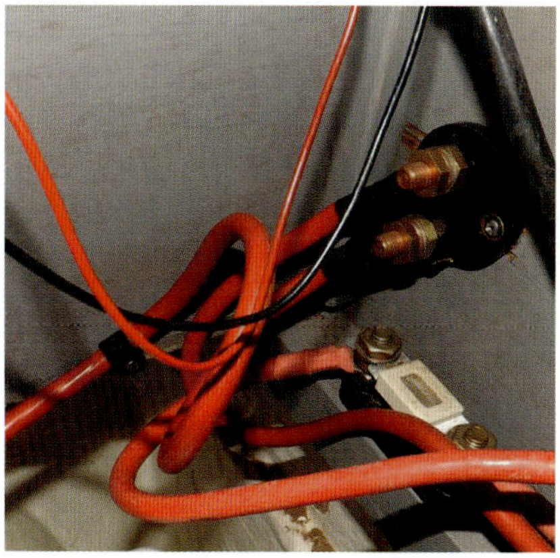

Es macht Sinn, eine Sicherung im Hauptbatteriekabel einzubauen. Ein Fehlerstrom, der diese Sicherung auslösen lässt, würde andernfalls höchstwahrscheinlich zu einem Brand führen.

- **Flinke Sicherungen** sind Standard und für Beleuchtung, elektronische Geräte, kleine Pumpen, Radios und ähnliche Geräte geeignet.
- **Träge Sicherungen** werden für Geräte mit hohem Einschaltstrom verwendet. Sie tolerieren kurzzeitig höheren Strom, schützen den Stromkreis bei länger anhaltender Überschreitung des Nennstroms aber genauso. Träge Sicherungen sind erforderlich bei starken Glühlampen, deren Einschaltstrom das bis zu Zehnfache des Betriebsstroms betragen kann sowie bei Motoren für leistungsstarke Pumpen, Bugstrahlruder, elektrische Winschen, etc.

Oft ist die korrekte Spezifikation der Sicherung in der Betriebsanleitung eines Geräts angegeben, sodass man die Wahl nicht selbst treffen muss.

Bauarten von Sicherungen

Überstromschutzeinrichtungen gibt es in vielen Bauarten. Bei den rückstellbaren Leitungsschutzschaltern kann die Sicherung nach dem Auslösen auf Knopfdruck wieder eingeschaltet werden. Manche Ausführungen lassen sich zugleich als Schalter verwenden, andere benötigen zusätzlich einen Schalter. Löst eine Sicherung aus, genügt es nicht, sie lediglich wieder einzuschalten – um das Problem zu lösen, muss man die Ursache ausfindig machen.

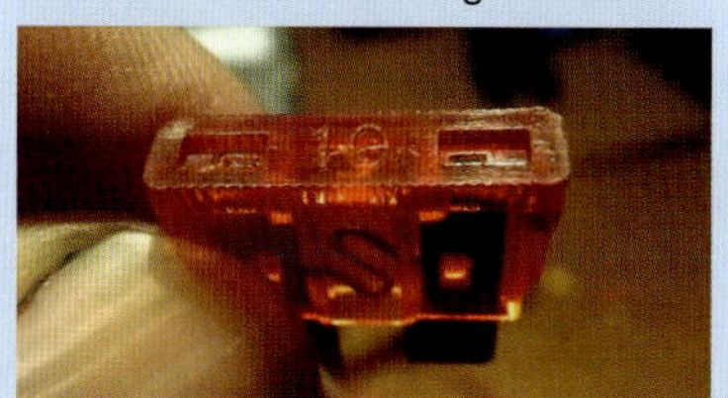

In Kraftfahrzeugen übliche Flachstecksicherungen

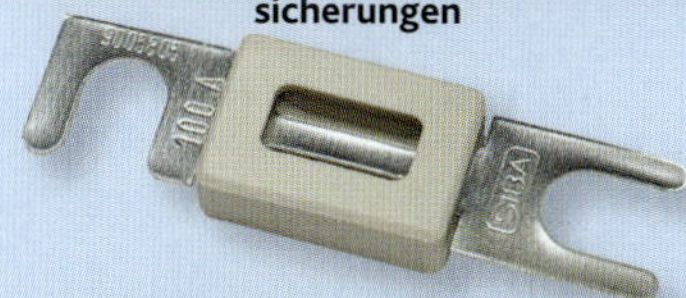

Streifensicherung für hohen Batteriestrom

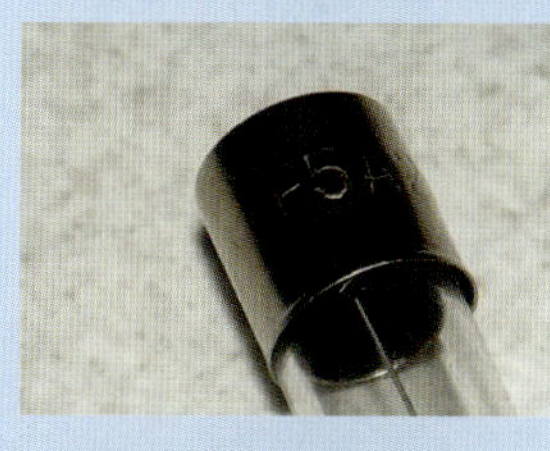

Feinsicherung mit Glasgehäuse, Nennstrom aufgeprägt

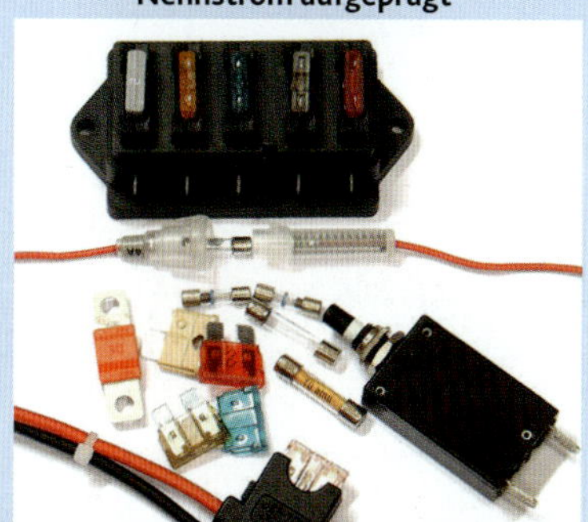

Verschiedene Bauarten von Sicherungen

Das Bordnetz erweitern

Beim Einbau zusätzlicher elektrischer Geräte müssen die Kabelführung, die nötigen Sicherungen und die Schalter bedacht werden. Manchmal ist an der Schalttafel noch ein ungenutzter Anschluss mit Schalter und Sicherung frei oder die Schalttafel kann um einen Anschluss erweitert werden. Andernfalls muss eine zusätzliche, kleine Schalttafel installiert werden.

Als Erstes muss festgestellt werden, was genau benötigt wird. Dann kann ein Schaltplan gezeichnet werden. Sind alle Anschlüsse an der Hauptschalttafel belegt, kann es die einfachste Lösung sein, eine kleine, zusätzliche Schalttafel an einem beliebigen Ort einzubauen. Neben geringerem Arbeitsaufwand können so die Kabellängen möglichst kurz gehalten werden. Mit einer neuen Schalttafel schafft man gleich mehrere Anschlüsse, sodass für zukünftige, weitere Geräte vorgesorgt ist.

Beim Einbau einer neuen Schalttafel benötigt man eine 12-V-Stromversorgung vom Batterieschalter zur Plus-Sammelschiene. Zunächst muss jedoch überprüft werden, ob das Kabel von der Batterie zum Batterieschalter für den zusätzlichen Strom ausreichend dimensioniert ist.

Die Minusleitungen können ebenfalls an einem Sammelstützpunkt oder einer Sammelschiene zusammengefasst werden. Von dort führt ein einziges Kabel zum Minuspol der Batterie zurück. Von den Sammelschienen werden die einzelnen Kabel zu den Geräten verlegt. Dabei führen die Plusleitungen zuerst über die Schalter und Sicherungen der neuen Schalttafel.

Installationsplanung

	Stromstärke (A)	Kabellänge in Meter	Kabelstärke nach AWG (3%)	Kabelquerschnitt in mm² (3%)	Sicherung (A)
Autopilot	5	6	12*	1,4	10*
Kühlschrank	4	8	14	1,5	8
Cockpitbeleuchtung	0,6	2	18	0,1	3
Ankerlicht	0,8	20	16	1,0	3
Reserveanschluss	5 (max.)				8
12-V-Stromzufuhr	15,4	3	12	2,9	
Minusleitung	15,4	11	12	2,9	

* laut Betriebsanleitung empfohlen

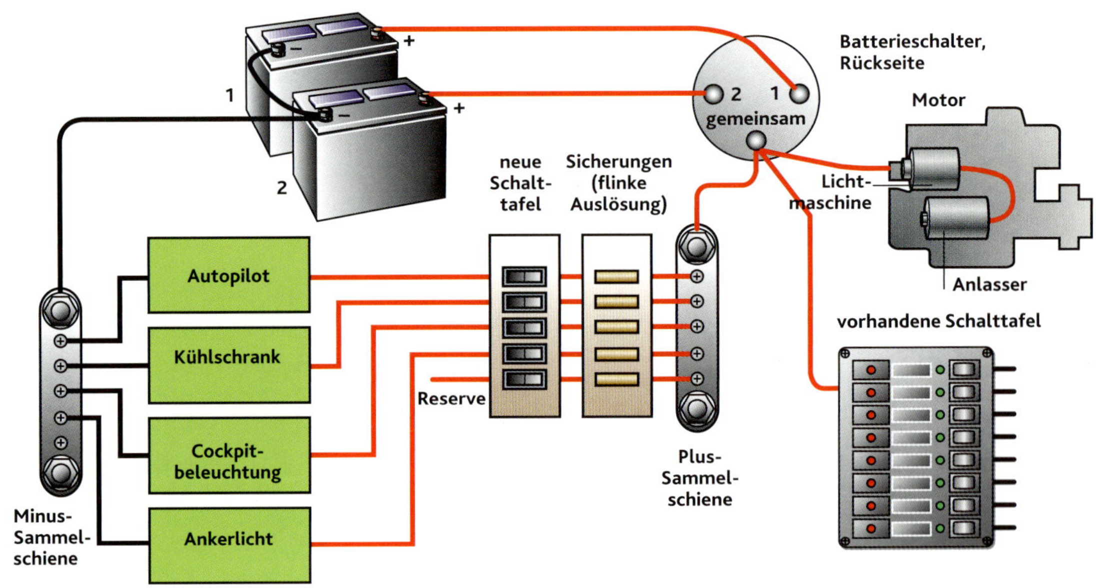

Eine Schaltskizze hilft bei der Planung. Da in diesem Fall die Verkabelung der Schalttafel im Motorraum liegt, wo mit hohen Temperaturen zu rechnen ist, wurden die Kabelquerschnitte und Sicherungen eine Nummer größer gewählt.

Kabelquerschnitte wählen

Als Beispiel sollen installiert werden: ein Autopilot, dessen Motoreinheit bis zu 5 A verbraucht und dessen separate Bedieneinheit 0,5 A benötigt, ein Kühlschrank mit 4 A, Cockpitbeleuchtung mit 1 A Betriebsstrom sowie zwei Reserveanschlüsse für bis zu 5 A für zukünftige Erweiterungen der neuen Schalttafel.

- Für eine Stromstärke von 20 A bei einer Kabellänge von 3 m vom Batterieschalter zur Schalttafel zeigt die Tabelle im Anhang auf Seite 173, dass bei 3 % Spannungsabfall ein Kabelquerschnitt von 3,1–4,6 mm² (10 AWG) gewählt werden muss.
- Sollte die Minusleitung zurück zum Minuspol der Batterie, die die gleichen Stromstärken aufnehmen muss, mit einer Länge von 1 m wesentlich kürzer sein, genügt dort ein Kabelquerschnitt von 2,9 mm² (12 AWG).
- Für den Autopilot, der insgesamt bis zu 5,5 A verbraucht und eine Kabellänge von hin und zurück 6 m aufweist, empfiehlt die Betriebsanleitung einen Kabelquerschnitt von 2,5 mm² (14–12 AWG).
- Beim Kühlschrank sind bei 6 m Kabellänge und 4 A Betriebsstrom 1,7 mm² (14 AWG) nötig.
- Abschließend ergeben sich für die Cockpitbeleuchtung bei einer Gesamtlänge der Kabel von ebenfalls 6 m, aber nur 1 A Strom ein Querschnitt von 0,8 mm² (18 AWG).

Schaltung, Kontrolle, Sicherung

Bei der Schaltung muss man sich entscheiden, ob es automatische Sicherungen mit Schaltfunktion sein sollen oder ob man herkömmliche Kippschalter und Flachsteck-Schmelzsicherungen verwenden möchte. In allen drei Stromkreisen sollten Sicherungen mit standardmäßig flinker Auslösecharakteristik eingesetzt werden. Der Nennstrom sollte wie folgt bemessen sein:

- 10 A für den Autopilot entsprechend der Empfehlung aus der Betriebsanleitung. Der Autopilot hat auch eine interne 10-A-Sicherung, aber die Sicherung in der Schalttafel schützt die Verkabelung.
- 8 A oder 10 A ist für den Kühlschrank ausreichend.
- 3 A oder 5 A für die Cockpitbeleuchtung.
- Maximal 10 A für die beiden Reserveanschlüsse, die für je 5 A Betriebsstrom ausgelegt sind.

Die Kontrolle des Schaltzustands erfolgt bei herkömmlichen Kippschaltern durch Bezeichnung der ON- und OFF-Positionen an der Schalttafel. Bei manchen Sicherungsautomaten kann man sehr schnell an den vorstehenden Schaltknöpfen erkennen, welche Schalter ausgeschaltet sind.

Viele Schalter sind aber auch mit eingebauten LED-Kontrolllampen erhältlich.

Mit einer zusätzlichen Sammelschiene kann die zukünftige Erweiterung des Bordnetzes eingeplant werden (unten).

Einzelne Kabel werden zur Rückseite der neuen Schalttafel gelegt, die für jede Funktion einen eigenen Schalter und eine eigene Sicherung hat (rechts).

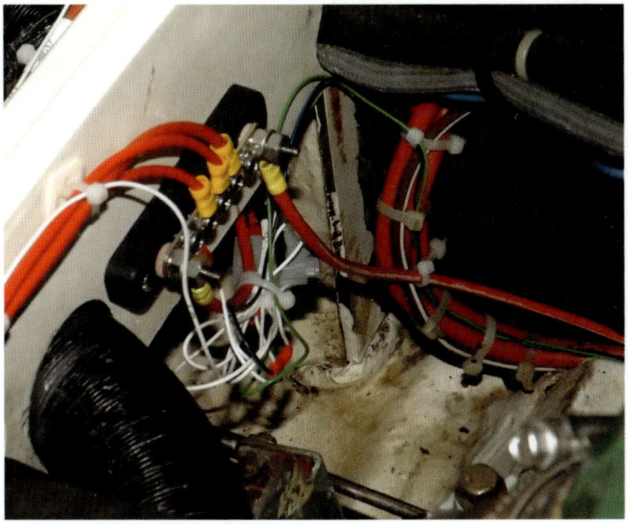

Fest installierte Volt- und Amperemeter

Die Anzeige von Spannung und Stromstärke an der Schalttafel erlaubt es, mit einem Blick zu erkennen, ob das Bordnetz einwandfrei arbeitet. Ein genauer Spannungswert gibt Aufschluss über den Ladezustand der Batteriebänke und zeigt an, welche Bank momentan aufgeladen wird. Gleichermaßen kann der Stromfluss an strategisch auswählten Positionen im Bordnetz mit einem Amperemeter angezeigt werden.

Voltmeter

Voltmeter gibt es mit analoger oder digitaler Anzeige. Dabei ist Folgendes zu beachten:

- Analoge Voltmeter für Bordstromnetze haben eine gespreizte Anzeige von 8–16 V (18–32 V für 24-V-Bordspannung), die es ermöglicht, die Spannung auf ein Zehntel genau abzulesen. Werte unterhalb von 8 V sind irrelevant, aber der genaue Spannungswert zwischen 12,1 und 12,7 V zeigt bei einer ruhenden Batterie einen Ladezustand von 50–100 % an (siehe Seiten 42/43).
- Digitale Voltmeter zeigen die Spannung durchgehend von 0–32 V an. Auch hier genügt ein Zehntel Genauigkeit. Manche digitalen Voltmeter benötigen eine eigene Stromversorgung für die Anzeige und die Hintergrundbeleuchtung.
- Die Wahl hängt letztendlich davon ab, welcher Gerätestil besser zum Boot passt.

Einbau

Der Plus-Anschluss des Voltmeters muss mit dem Pluspol der Batterie verbunden werden. Nahe der Batterie sollte eine 1-A-Sicherung eingesetzt werden. Der Minus-Anschluss des Voltmeters muss mit dem Minuspol der Batterie verbunden werden. Die Kabel können einen geringen Querschnitt haben, und das Voltmeter kann an beliebiger Stelle im Boot platziert werden.

Bei mehreren Batteriebänken sollte jede Plusleitung über eine eigene Sicherung nahe der Batterien verfügen. Am anderen Ende der Plusleitung kann die Spannung der gewünschten Batteriebank über einen Wählschalter neben dem Voltmeter ausgewählt und angezeigt werden.

Das Voltmeter kann zwischen den Batteriebänken umgeschaltet werden.

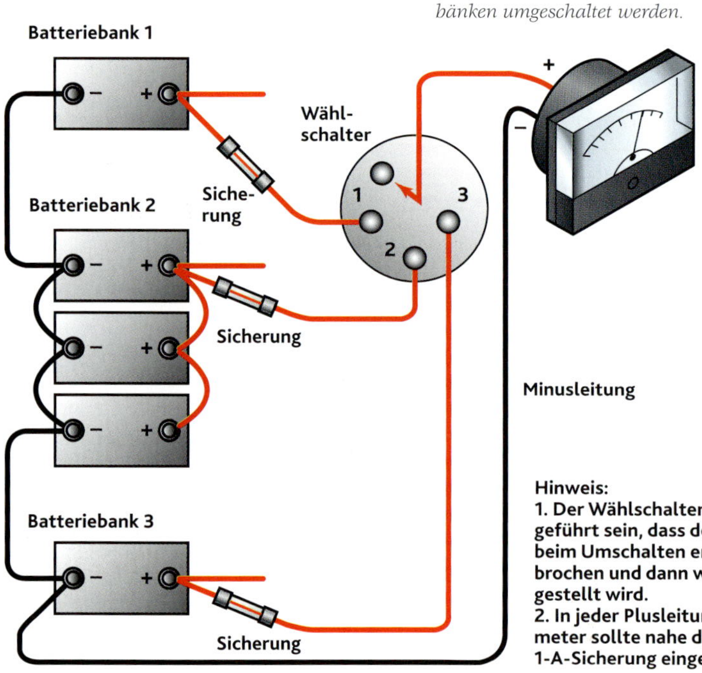

Hinweis:
1. Der Wählschalter muss so ausgeführt sein, dass der Kontakt beim Umschalten erst unterbrochen und dann wiederhergestellt wird.
2. In jeder Plusleitung zum Voltmeter sollte nahe der Batterie eine 1-A-Sicherung eingesetzt sein.

Amperemeter

Auch Amperemeter gibt es mit analoger oder digitaler Anzeige, wichtiger aber ist die Art des Sensors. Die Stromstärke kann auf drei verschiedene Arten gemessen werden (siehe Seiten 90–92):

- **Mit einem Amperemeter in der Stromleitung**, wobei die Kabellänge und der Kabelquerschnitt diese Methode nur bis maximal 30 A realistisch erscheinen lassen. Der Ladestrom aus Solarzellen, dem Windgenerator und allenfalls dem Landstrom-Ladegerät können mit einem Amperemeter direkt gemessen werden.
- **Mit einem Shunt**, der in die Minusleitung nahe der Batterie eingesetzt wird. Am Shunt kann der minimale Spannungsabfall in Volt gemessen und am Anzeigegerät als Stromstärke in Ampere angezeigt werden. Ampereanzeigen gibt es reichlich zur Auswahl. Zusammen mit dem passenden Shunt können sie Stromstärken

von +/– 150 A darstellen und an jeder beliebigen Stelle im Boot eingebaut werden. Genau wie bei einem Voltmeter ist es möglich, zwischen mehreren Shunts umzuschalten. Die größte Einschränkung besteht darin, dass die meisten Shunts nur in die Minusleitung eingesetzt werden können. Der Stromfluss in der Plusleitung der Lichtmaschine kann somit nicht angezeigt werden.

- **Mit einem Halleffekt-Sensor** kann der Strom in jedem Kabel gemessen werden, das durch den ringförmigen Sensor geführt wird. Der Sensor muss an die Stromversorgung angeschlossen werden, er ist meist für Spannungen von 10–32 V geeignet. Zwei dünne Messkabel führen vom Sensor zum Anzeigegerät, das wiederum zwischen mehreren Sensoren umgeschaltet werden kann. Der Vorteil dieser Messmethode ist, dass an den Kabeln nichts verändert werden muss.

Wie bei anderen Instrumenten lässt sich mithilfe von Volt- und Ampereanzeigen sofort erkennen, ob die Bordelektrik einwandfrei arbeitet.

Tipp

Anzeigegerät und Sensor müssen zusammenpassen und im gleichen Verhältnis von Spannung zu Stromstärke eingestellt sein. Das könnte zum Beispiel ein Millivolt pro Ampere sein. Liefert der Sensor bei 60 A eine Spannung von 60 mV, zeigt auch die Anzeige den korrekten Wert an, nämlich 60 A.

Amperemeter und Sensoren

Der Stil des Anzeigegeräts sollte passend zum Boot gewählt werden. Ein digitales Amperemeter kann auf einem traditionellen Boot fehlplatziert wirken.

Der Sensor liefert ein Spannungssignal an das Anzeigegerät, das die Richtung des Stroms – in die oder aus der Batterie – anzeigen kann.

Halleffekt-Sensor und Shunt sind gleichermaßen zur Strommessung geeignet.

Datenaufzeichnung

Durch einfache Überwachung und Aufzeichnung der wichtigsten Spannungswerte und Stromstärken erhält man ein besseres Verständnis, wie die Batterien über einen längeren Zeitraum hinweg arbeiten, ohne auf ein umfangreiches Batteriemanagement-System zurückgreifen zu müssen. Mit einem Datenlogger kann man regelmäßige Aufzeichnungen machen und die Werte speichern.

Spannungs-Datenlogger

In ihrer einfachsten Ausführung sind Datenlogger von einer eingebauten Batterie gespeiste Messgeräte, die autark arbeiten, sobald sie mit einer Spannungsquelle verbunden sind. Die Messwerte werden in einstellbaren Intervallen gespeichert. Später kann der Datenlogger am USB-Port eines Computers angeschlossen werden, und die Daten können überspielt sowie grafisch als Spanungsdiagramm dargestellt werden.

Die Zeit der Aufzeichnung hängt von den Messintervallen und dem gesamten Speichervolumen ab. Günstige Datenlogger können 130 000 Messwerte aufzeichnen, was bei Messintervallen von einer Sekunde bis zwölf Stunden eine Laufzeit von neun Stunden bis zu über zwei Jahren ergibt.

Sie haben einen Messbereich von 0–30 V bei einer Auflösung von 50 mV. Die aufgezeichneten Daten können mit der beiliegenden Messsoftware ausgelesen und weiterverarbeitet werden.

Strom-Datenlogger

Diese funktionieren prinzipiell wie Spannungs-Datenlogger, nur mit

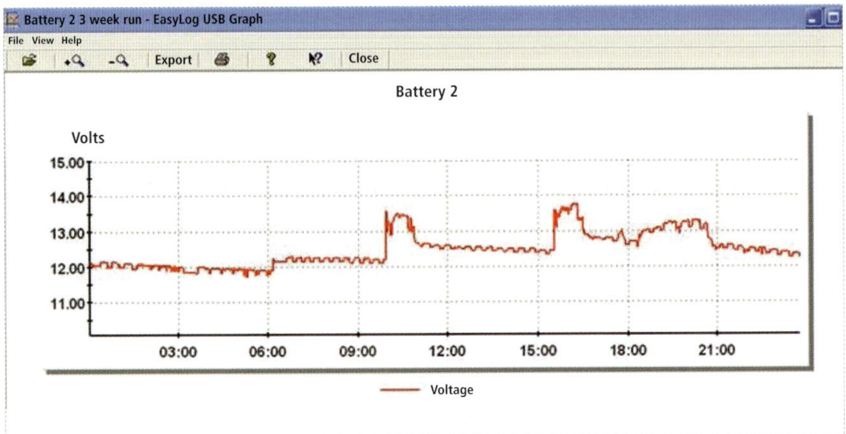

Die Aufzeichnung kann über einen langen Zeitraum erfolgen, sodass täglich wiederkehrende Abläufe erkennbar werden. Die kleinen Stufen der Spannungskurve kommen durch das automatische Ein- und Ausschalten des Kühlschranks zustande (oben).

Sobald der Datenlogger mithilfe der Software am Computer konfiguriert ist, kann er an den Batteriepolen angeschlossen werden (rechts und unten).

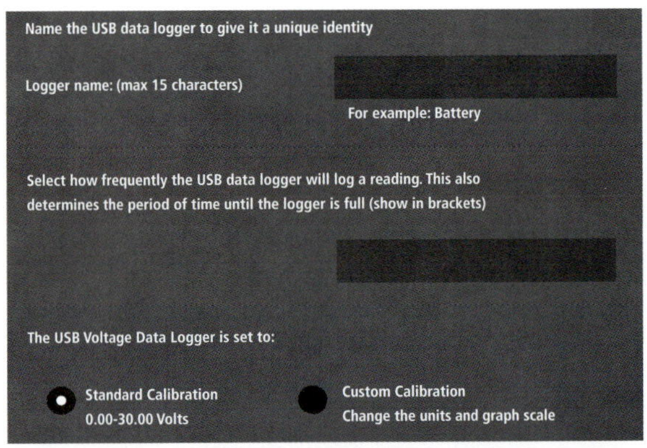

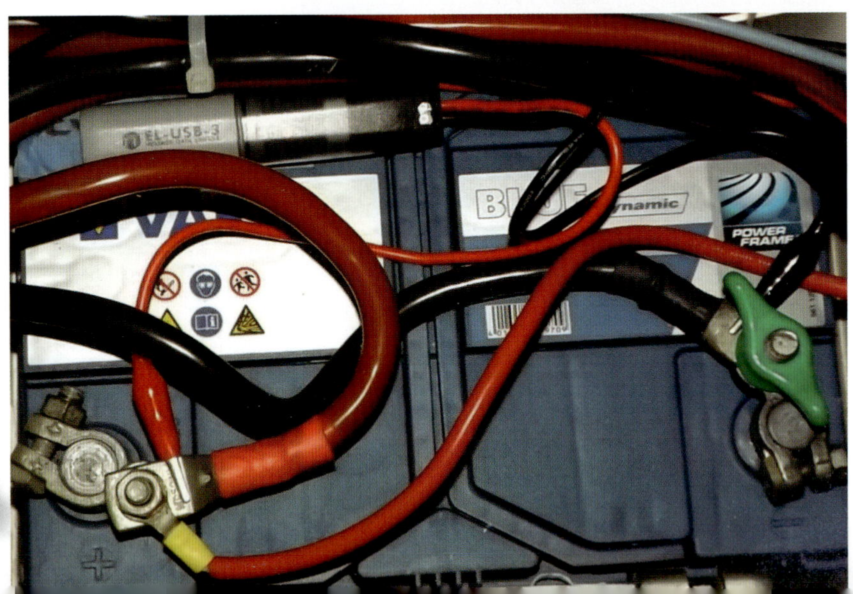

einem wesentlich kleineren Bereich der Eingangsspannung.

Sie sind für den Gebrauch mit einem Shunt oder einem Halleffekt-Sensor gedacht und haben den Vorteil, auch die Richtung des Stromflusses aufzuzeichnen. Meist sind sie mit einem Millivolt pro Ampere kalibriert und können mit dem passenden Shunt oder Sensor Stromstärken bis zu 1000 Ampere messen, aber auch das ist oft durch den Anwender einstellbar.

Was sind die Vorteile?

Für jeden Tagesverlauf von 24 Stunden sieht man, welche Spannung die Batterien zu Anfang und am Ende haben sowie jede weitere Veränderung.

- Man kann genau erkennen, wie sich die tägliche Motorlaufzeit zum Laden der Batterien auswirkt. Wer dabei bisher einem festen Zeitplan gefolgt ist, sieht nun, wie lange der Motor wirklich laufen muss. Auch bei einem Generator zur Batterieladung kann die täglich nötige Laufzeit anhand von Fakten genau bestimmt werden. Oft betreibt man ein vierstufiges Ladegerät über den Generator. Nun wird auch der Vorteil einer längeren Erhaltungsladung sichtbar, mit der man den Ladezustand der Batterien näher an 100 % bringen kann.
- Bei einem Kühlschrank kann man beurteilen, ob es besser ist, ihn durchgehend über die Thermostatsteuerung laufen zu lassen oder ihn nur für eine bestimmte Zeit jeden Tag einzuschalten. Man könnte sogar einen Temperatur-Datenlogger im Kühlschrank platzieren, um die Auswirkungen der zuvor genannten Betriebsarten abzulesen.
- Die Leistung von Solarpaneelen und Windgeneratoren kann sehr leicht überwacht werden. Da nur geringere Stromstärken auftreten, genügen 30-A- oder 60-A-Shunts.
- Insgesamt erhält man einen genauen Einblick, wie sich die Nutzung des Bootes auf die Batterien auswirkt, sodass man, falls nötig, Veränderungen vornehmen kann, um die Leistung zu steigern.

Der Strom-Datenlogger misst den Spannungsabfall am Shunt oder wird, wie in der Abbildung, über einen externen Halleffekt-Sensor mit der Messspannung versorgt. Der Datenlogger muss in beiden Fällen mit der mitgelieferten Setup-Software kalibriert werden (unten).

Gelegentlich oder unregelmäßig auftretenden Fehlern kann man mit der Langzeitbeobachtung durch einen Datenlogger auf die Spur kommen. Hier verursachte eine Spannungsspitze im Laderegler der Lichtmaschine eine zeitweilige Überladung. Durch die Zoom-Funktion wurde deutlich, dass diese Überladung länger als eine Stunde anhielt. Es wurde auch festgestellt, dass der Laderegler 14,5 V abgibt, was etwas zu hoch ist und die Batterien ebenfalls überladen kann (rechts).

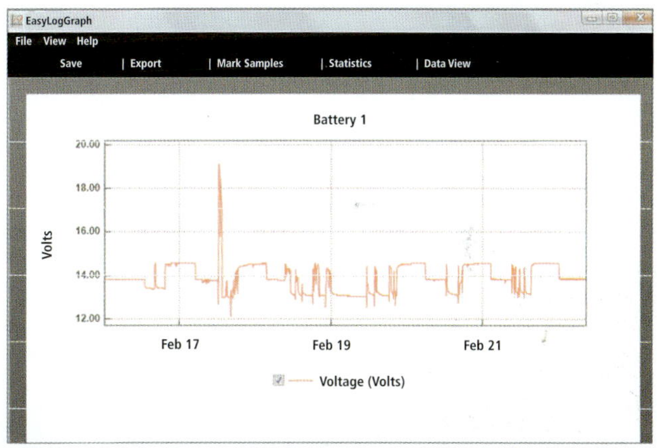

Motorelektrik

Die meisten kleineren Boote haben einfache Dieselmotoren mit mechanischer Kraftstoff-Förderpumpe und einer Einspritzung, die ohne Elektrik funktioniert. Doch der Komfort beginnt mit einem elektrischen Anlasser anstelle einer Handkurbel, Temperatur- und Öldruckanzeigen machen ebenfalls Sinn, und zum Schluss wird aus der Motorelektrik eines der wichtigsten Teile des Bordnetzes.

Die Motorelektrik, wie sie zum Anlassen und Betrieb der meisten Motoren benötigt wird, setzt sich aus folgenden Bestandteilen zusammen:

- **Die Glühkerze** findet nur bei neueren und leistungsstärkeren Motoren mit indirekter Einspritzung in einer Vorkammer Anwendung. Um den Startvorgang zu erleichtern, erwärmt dort ein starkes Heizelement den zerstäubten Kraftstoff. Der Glühvorgang wird mit dem Zündschloss gestartet, das dazu oft nach links gegen eine Rückstellfeder gedreht und in dieser Stellung 10–15 Sekunden gehalten werden muss.
- **Der Magnetschalter** ist am Anlasser angebaut und wird ebenfalls über das Zündschloss geschaltet, wenn man den Schlüssel im Uhrzeigersinn über die »OFF«-Position und die »ON«-Position hinaus, wieder gegen eine Rückstellfeder, bis auf »Start« dreht. Dabei verbindet der Magnetschalter zwei große Kontakte der Plusleitung von der Starterbatterie zum Anlasser. Bei manchen Motoren schaltet der Strom vom Zündschloss erst ein weiteres Relais, das wiederum den Magnetschalter aktiviert. Dadurch kann der Strom am Zündschloss oder am Startknopf geringer sein. Sobald der Motor anspringt, lässt man den Schlüssel los, der sich durch die Rückstellfeder auf die »ON«-Position stellt, wobei der Magnetschalter ausgeschaltet wird, aber alle Instrumente und Lichter eingeschaltet bleiben.
- **Der Anlasser** ist ein sehr starker Elektromotor, der selbst bei kleineren Dieselmotoren einen hohen Stromverbrauch von bis zu 100 A hat. Seine Aufgabe ist es, den Motor zu drehen, bis er anspringt. Ein dickes Kabel, das den Anlasserstrom aufnehmen kann, führt direkt vom Pluspol der Starterbatterie zum Magnetschalter. Die Verbindung vom Magnetschalter zum Anlasser liegt im Inneren verborgen und ist daher von außen nicht sichtbar.
- **Die Masseleitung** führt auf den meisten Booten über den Motorblock zurück zur Batterie – mit Ausnahme von Booten mit metallischen oder anderen, elektrisch leitenden Rumpfmaterialien. Deshalb sieht man zwischen Anlasser und Lichtmaschine nur ein einziges rotes Kabel. Von einer Stelle am Motorblock führt eine Leitung zurück zum Minuspol der Batterie und schließt den Stromkreis.
- **Die Lichtmaschine** liefert Strom, sobald der Motor läuft. Ein rotes Kabel führt von der Lichtmaschine zum gleichen Anschluss am Magnetschalter, der auch mit der Starterbatterie verbunden ist. Auf diese Art fließt jetzt der Ladestrom zur Batterie.

Bei größeren Motoren wird auch die Bordelektrik zunehmend komplexer.

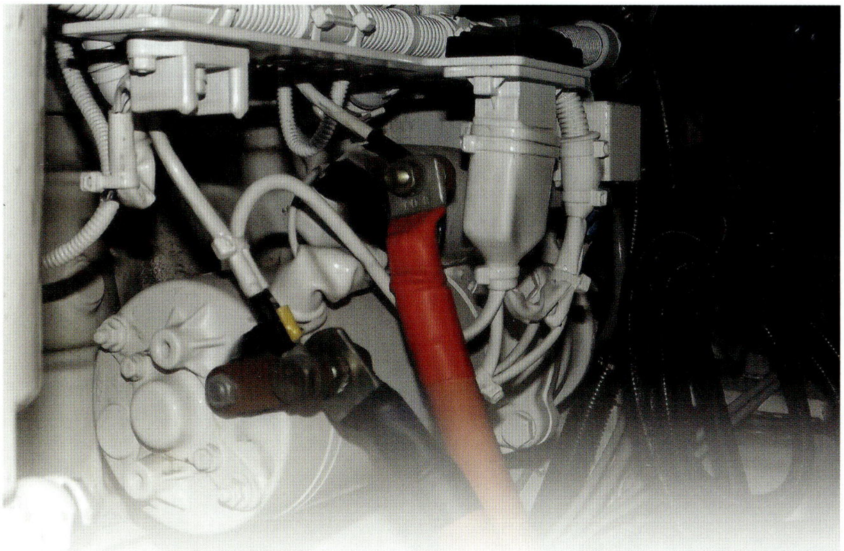

Der Querschitt des Anlasserkabels muss unbedingt ausreichend bemessen sein. Hier fließen die größten Stromstärken an Bord, und der Anlasser benötigt die volle Batteriespannung. Spannungsverluste müssen minimiert werden (oben).

Um einen Dieselmotor abzustellen, muss die Kraftstoffzufuhr unterbrochen werden. Das macht man über einen Hebel an der Einspritzanlage, der entweder mechanisch per Bowdenzug oder elektrisch per Magnetschalter bedient wird.

Motorüberwachung

Der zweite Teil der Motorelektrik besteht aus Sensoren, Alarmen, Kontrollleuchten und Messanzeigen. Die Ausstattung reicht dabei von wenigen Kontrollleuchten und einem Alarmton bis hin zu einem Instrumentenpult wie in einem Flugzeugcockpit. Ausgangspunkt aller Anzeigen sind die Sensoren, die man in zwei Gruppen unterscheiden kann:

- **Alarmgeber** sind An-Aus-Schalter, die bei einem bestimmten Messwert auslösen. Sie sind in den Motorblock eingeschraubt und verbinden bei ihrer Auslösung das an einem Steckkontakt angeschlossene Kabel von der Instrumententafel über den Motorblock mit Masse. Alarmgeber für die Kühlwassertemperatur und für den Öldruck gehören zum Standard jeden Motors. Bei zu geringem Öldruck beziehungsweise zu hoher Kühlwassertemperatur schließt der Schalter den Kontakt, wodurch die entsprechende Kontrolllampe an der Instrumententafel aufleuchtet und ein Alarm ertönt.
- **Druck- und Temperaturfühler** sind ebenfalls in den Motorblock eingeschraubte Sensoren, deren elektrischer Widerstand sich in Abhängigkeit des Öldrucks oder der Wassertemperatur ändert, sodass ein aktueller Messwert an der Instrumententafel angezeigt werden kann. Sie beinhalten in der Regel auch eine Alarmfunktion, sodass ein akustisches Warnsignal ab einem kritischen Wert ertönt.
- **Drehzahlmesser** erhalten ihr Signal normalerweise von der Lichtmaschine. Der Anschluss ist meist mit »W« bezeichnet.

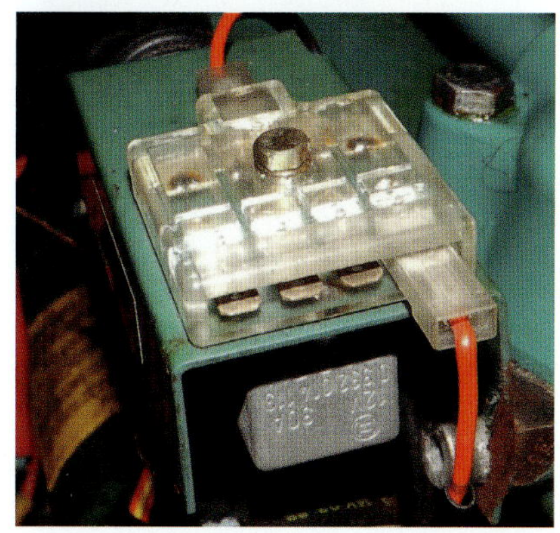

Zum Motorstart dreht man den Schlüssel erst einige Sekunden lang nach links zum Vorglühen, dann ganz nach rechts zum Starten (ganz oben).

Die Minusleitung ist genauso wichtig wie die Plusleitung. Dieses Kabel zurück zum Minuspol der Batterie muss die gleichen Stromstärken aufnehmen wie das Anlasserkabel (oben Mitte).

Bei manchen Motoren wird beim Start von der Instrumententafel ein Relais am Motor aktiviert, das die Stromversorgung zum Magnetschalter herstellt. Die Leitung von der Instrumententafel ist an der Oberseite des Relais an einer von vier Sicherungen angeschlossen. Die anderen drei Steckkontakte sind Reservesicherungen (oben).

Motorüberwachung

Auf vielen Booten können alle wichtigen Werte des Motors mit einem Blick auf die Instrumententafel abgelesen werden oder es sind zumindest Warnleuchten und ein akustischer Signalton vorhanden, die die Aufmerksamkeit des Skippers erregen, wenn ein Problem aufgetreten ist. Die Motordaten lassen sich auch auf neueren Multifunktionsdisplays und Kartenplottern anzeigen, aber dazu müssen sie erst in das NMEA-2000-Format umgewandelt werden.

Um die Kühlwassertemperatur, den Öldruck und viele weitere Motordaten auf einem Kartenplotter oder Multifunktionsdisplay anzuzeigen, müssen die drei folgenden Punkte erfüllt sein:

- Die Rohdaten müssen am Motor und an der Batterie entweder von Sensoren für Wassertemperatur und Öldruck oder durch direkten Anschluss, wie im Fall der Batteriespannung, oder durch einen zwischengeschalteten Verstärker, wie bei Stromstärke und anderen Temperaturmessungen, abgegriffen werden. Jede Art von Sensor liefert ein elektrisches Signal.
- Ein NMEA-Adapter muss die Rohdaten der Sensoren digitalisieren. Dabei wird jedem Messwert ein Zahlenwert zugeordnet. Der Adapter ordnet diese Werte dann im NMEA-2000-Standard einer Parameter-Gruppennummer (PGN) zu, mit der festgelegt ist, was der Wert repräsentiert. Sobald die Daten im Netzwerk zur Verfügung stehen, kann der Kartenplotter die PGN decodieren und den Messwert anzeigen.
- Aufgrund der unterschiedlichen Sensoren und der Vielzahl der Parameter darf der Adapter nicht markenspezifisch sein, sondern muss alle Arten von Signalen lesen und in einen Messwert konvertieren können.

Die üblicherweise verwendeten Parameter sind:

- Aktuelle Kühlwassertemperatur
- Kühlwasser-Überhitzungsalarm
- Aktueller Öldruck
- Alarm bei Öldruck-Verlust
- Motordrehzahl
- Spannung der Batteriebänke
- Temperatur der Batteriebänke
- Ladestrom der Lichtmaschine
- Stromverbrauch aus der Verbraucher-Batteriebank
- Füllstand des Dieseltanks
- Kraftstoffverbrauch zusammen mit Reichweite und anderen Berechnungen durch den Kartenplotter

System mit Motorinstrumenten

Bei einer vorhandenen Instrumententafel können die Leitungen zum NMEA-Adapter an den rückseitigen Anschlüssen der Instrumente befestigt werden. Für das nötige Setup müssen die Kalibrierungsdaten in den Adapter eingegeben werden, damit alle Daten im NMEA-Netzwerk zur Verfügung stehen.

System ohne Motorinstrumente

Einfache Systeme haben meist nur einen Drehzahlmesser und einen Alarm für Temperatur sowie Öldruck. Es gibt kombinierte Schalter/Sensoren, die gegen den vorhandenen Schalter ausgetauscht werden können, aber dazu sollte man sich die korrekte Teilenummer vom Motorhändler geben lassen. Das vorhandene Alarmsystem sollte in jedem Fall erhalten bleiben. Schließen Sie die Leitung zum Adapter einfach zusätzlich am Schalter an.

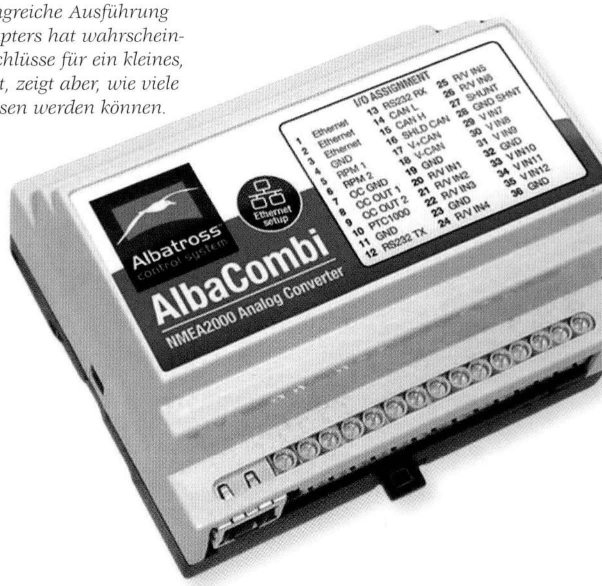

Diese sehr umfangreiche Ausführung eines NMEA-Adapters hat wahrscheinlich zu viele Anschlüsse für ein kleines, einmotoriges Boot, zeigt aber, wie viele Parameter gemessen werden können.

Bei vorhandenen Motorinstrumenten und den zugehörigen Sensoren können die gleichen Daten mit einem NMEA-Adapter auch an anderen Stellen im Boot, zum Beispiel am Kartentisch, angezeigt werden.

Die Leitungen für die analogen Daten zum Adapter können am besten an der Rückseite der Instrumente angeschlossen werden (unten links).

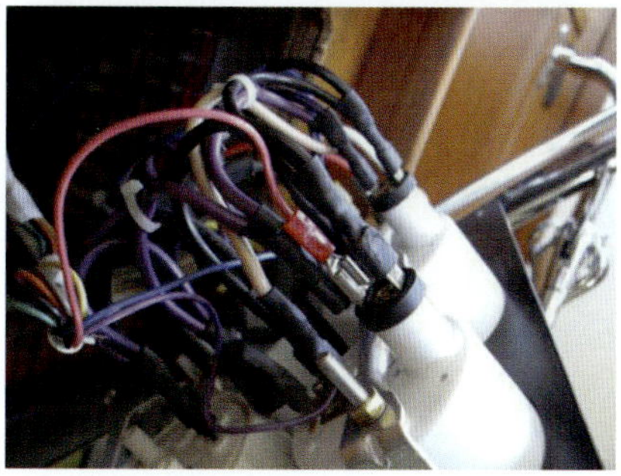

Die Motordrehzahl kann an der Rückseite der Lichtmaschine abgegriffen werden. Der Anschluss ist meist mit »W« bezeichnet.

NMEA-Adapter

NMEA-Adapter haben drei Arten von Anschlüssen für die analogen Daten:

- Anschlüsse für Spannungsmessung für Sensoren wie Kühlwassertemperatur, Füllstände und Öldruck.
- Anschlüsse für Alarmfunktionen von Schaltern für Überhitzung und Öldruck-Verlust.
- Anschlüsse für Impulszähler wie Drehzahlmesser oder Durchflussmesser wie zur Verbrauchsberechnung des Kraftstoffs.

Um die Kalibrierung der Sensordaten und anderer Messwerte zu vereinfachen, liegt den NMEA-Adaptern eine Software bei, mit der jeder Eingang und Ausgang der korrekten Parameter-Gruppennummer (PGN) zugeordnet werden kann, sodass die Daten decodiert und am Kartenplotter angezeigt werden können.

Ein kombinierter Schalter/Sensor für den Öldruck. Mit dem Gewinde wird er in den Motorblock geschraubt. Durch eine kleine Bohrung kann das Öl unter Druck durch den Sensor strömen.

Das ist ein kombinierter Schalter/Sensor für die Kühlwassertemperatur. Mit der Spitze ragt er in den Kühlwasserstrom im Inneren des Motors und kann so die Temperatur messen.

Überwachung der Motordaten – Setup und Kalibrierung

Die Motordaten können mit einem mehrkanaligen NMEA-Adapter auf einem Multifunktionsdisplay angezeigt werden. An jedem Eingangskanal des Adapters ist ein Sensor oder eine Signalquelle angeschlossen, die kalibriert werden muss. Bei einem Temperatursensor muss eingestellt werden, wie viele Millivolt einem Grad Celsius oder bei einem Drehzahlmesser wie viele Impulse einer Umdrehung entsprechen.

Man kann mehrere Sensoren und Signalquellen für die Motorüberwachung einsetzen, muss aber immer die Funktionsweise und das Setup bedenken.

Messung von Temperatur, Druck und Füllstand

Die meisten Sensoren sind so aufgebaut, dass sich ihr elektrischer Widerstand in Abhängigkeit zum Messwert ändert. Der Widerstand eines Temperaturfühlers kann von 700 Ω für den untersten Wert von beispielsweise 40 °C bis 22 Ω für den Höchstwert von 120 °C reichen. Sensoren für Öldruck und Füllstandsanzeigen von Tanks funktionieren nach dem gleichen Prinzip.

Damit ein Sensor einen Spannungswert abgibt, muss er über den Anschluss des Eingangskanals am NMEA-Adapter konstant mit Strom versorgt werden. Laut Ohmschen Gesetz ist die Spannung am Sensor gleich dem Produkt aus Stromstärke und Widerstand. Angenommen, bei einer Kühlwassertemperatur von 90 °C beträgt der Widerstand des Sensors 275 Ω, so ergibt sich bei einer konstanten Stromstärke von 10 mA eine Spannung am Sensor von 2,75 V. Gleichermaßen würde die Spannung bei 40 °C und einem Widerstand von 700 Ω 7 V betragen. Diese Spannungswerte des Sensors werden vom NMEA-Adapter verarbeitet.

Alarmschalter

Löst ein Alarmschalter beispielsweise bei zu geringem Öldruck aus, stellt er einen Kontakt zwischen seiner Stromversorgung und dem Motorblock und damit zur Minusleitung her. Der Stromkreis der Instrumententafel wird dadurch geschlossen, die Warnlampe leuchtet auf, und der Alarmton ertönt. Doch nicht jeder NMEA-Adapter hat spezielle Eingangskanäle für Alarmschalter.

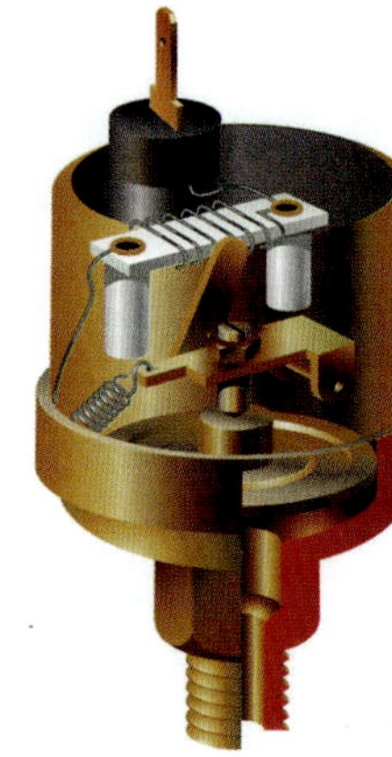

Sensoren haben ein Widerstandselement im Inneren, dessen elektrischer Widerstand sich in Abhängigkeit zum Messwert ändert.

Drehzahl- und Durchflussmesser

Diese Sensoren senden eine Reihe von Impulsen abhängig von der Geschwindigkeit der Umdrehung beziehungsweise des Durchflusses. Sie können in der Regel direkt an die RPM/Flow-Kanäle des NMEA-Adapters angeschlossen werden.

Batteriespannung

Diese Messleitung führt man direkt von den Batteriepolen zu einem der Spannungskanäle am Adapter.

Temperaturmessung mit einem Thermoelement

Mit Thermoelementen kann man die Temperatur an anderen Stellen im Boot messen, beispielsweise die Batterietemperatur. Thermoelemente benötigen einen separaten Verstärker, damit das Signal vom Adapter verwertet werden kann.

Stromstärkemessung mit einem Shunt oder Halleffekt-Sensor

Der Spannungsabfall an einem Shunt oder einem Halleffekt-Sensor

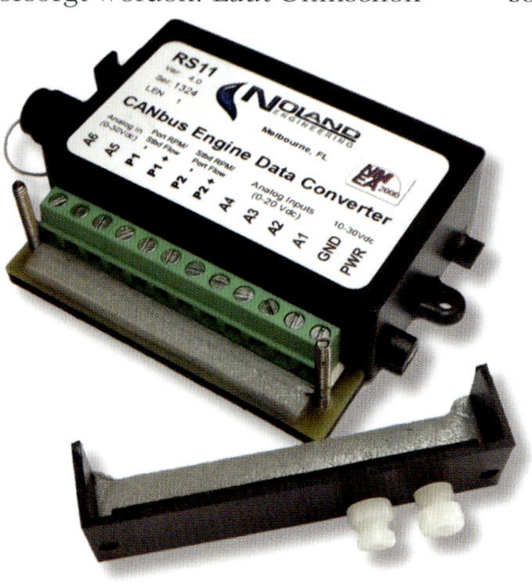

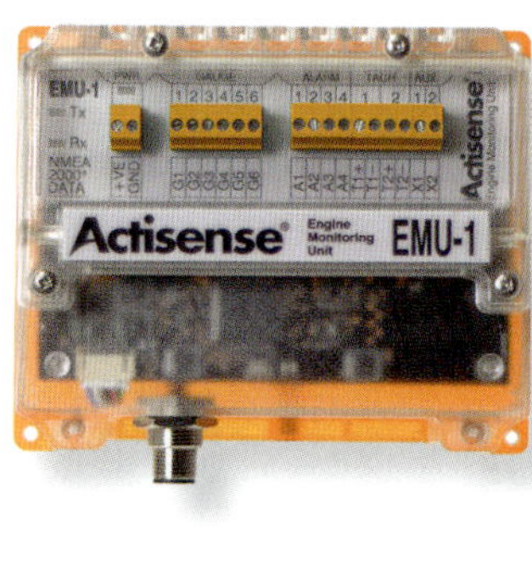

Die NMEA-2000-Adapter von Noland und Actisense sind ähnlich aufgebaut, haben aber etwas unterschiedliche Funktionen (links und oben).

Differenzverstärker für Thermoelemente erhält man im Elektronikfachhandel. Sie müssen unter Umständen mit einem Isolier- oder Schutzlack vor eindringender Feuchtigkeit geschützt werden (ganz links).

Diese Differenzverstärker sind für den Einsatz auf Booten geeignet (links).

ist so gering, dass ein Differenzverstärker vorgeschaltet werden muss, bevor man die Leitung an einem Spannungskanal des Adapters anschließt. Ein 1-mV-Shunt liefert bei einer Stromstärke von 10 A eine Spannung von lediglich 10 mV. Das ist ein zu geringer Wert für den Adapter und muss deshalb verstärkt werden. Der NMEA-Adapter von AlbaCombi hat dafür einen speziellen Eingangskanal mit integriertem Verstärker.

Differenzverstärker

Diese kleinen Boxen verstärken nur die Differenz der Spannungen an ihren zwei Eingängen. In der Abbildung ist ersichtlich, dass der Shunt bei einem Strom von 15 A die Spannung von 12,715 V auf 12,700 V abfallen lässt. Der Spannungsunterschied beträgt somit nur 0,015 V. Dieser Wert wird 50-fach verstärkt, sodass sich für eine Stromstärke von 15 A 0,75 V ergeben. Nach gleicher Rechnung ergeben sich bei 50 A 2,5 V am Ausgang des Verstärkers.

Eingangskanäle von NMEA-2000-Adaptern

Bei den Eingangskanälen gibt es drei verschiedene Arten, sodass jeder Sensortyp angeschlossen werden kann.

- An den Spannungskanälen können Sensorleitungen von meist 0–30 V angeschlossen werden. In der Regel können diese Kanäle auch so eingerichtet werden, dass sie bei konstanter Stromstärke auf wechselnden Widerstand reagieren.
- Kanäle für Alarmschalter müssen speziell für diesen Schaltertyp vorgesehen sein.

Der Differenzverstärker vergrößert den Unterschied der Spannungen an den beiden Seiten des Shunts, sodass er vom Adapter verwertet werden kann.

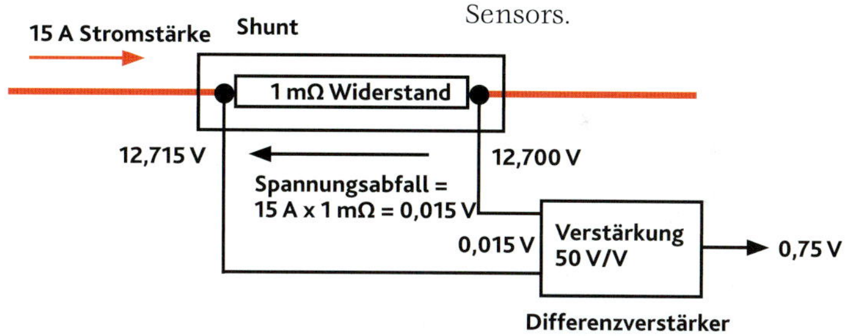

- RPM/Flow-Kanäle verarbeiten die Impulsreihen von Lichtmaschinen und Durchflussmessern.

Kalibrierung und Konfiguration

Die einzelnen Eingangssignale der Sensoren können mit der dem NMEA-Adapter beiliegenden Software eingerichtet und kalibriert werden. Dazu können mehrere Messwerte aufgezeichnet werden, und der Adapter erstellt praktischerweise die Kalibrierungskurve des Sensors.

Vergleich von drei NMEA-Adaptern

	Actisense EMU-1	Noland RS11	Albatross Alba-Combi
Spannungsversorgung	9–35 V	10–30 V	10–32 V
Eingangskanäle:			
Anzahl	6	6	12
mit Konstantstrom	6	6	6
Eingangsspannung	0–35 V	0–20 & 0–30 V	0–32 V
RPM / Durchfluss	2	2	2
Alarmeingänge	4		
Thermoelemente			1
Ausgänge für Relais			2

Anlasser

Der Start des Motors gehört zu den wichtigsten Funktionen an Bord, weshalb sich der Fokus ganz auf den Anlasser richtet. Der Anlassermotor arbeitet an sich sehr zuverlässig, ganz selten kann er aber Probleme bereiten. Meist liegt es dann an den Anschlüssen oder der Stromversorgung.

Der Anlasser hat einen enorm hohen Strombedarf. Er muss den Motor drehen, bis er anspringt. Wer jemals versucht hat, den Motor von Hand zu drehen, weiß, wie viel Kraft dazu vonnöten ist.

Um diesen starken Strom an der Instrumententafel anzuschalten, wird ein Zwischenschalter benötigt. Das ist eine der Aufgaben des Magnetschalters, der direkt am Anlasser angebaut ist. Die zweite Aufgabe des Magnetschalters besteht darin, das Anlasserritzel in den Zahnkranz der Kurbelwelle einzurücken.

Der Schaltkreis

Da bei Problemen mit dem Anlasser meist die Elektrik schuld ist, hilft es, den Schaltkreis des Anlassers genau zu verstehen.

- Die Batterie muss ausreichend geladen sein, egal, ob es sich um eine reine Starterbatterie handelt oder um ein Bordnetz mit nur einer einzigen Batteriebank.
- Die Plusleitung des Stromkreises führt von der Batterie – eventuell über eine Hauptsicherung – zum Batterieschalter und von dort weiter zu einem der Anschlüsse am Magnetschalter.
- Vom anderen Anschluss des Magnetschalters führt ein Kabel, meist mit einer Flechtlitze, zum Anlassermotor. Über dieses Kabel wird der Anlasser mit Strom versorgt.
- Am Magnetschalter ist noch ein weiteres, wesentlich dünneres Kabel angeschlossen, das den viel schwächeren Schaltstrom für den Magnetschalter liefert und zum Zündschloss oder Startknopf führt.
- Ist das Zündschloss vom Magnetschalter weit entfernt, wird ein zweites Relais verwendet, das den Schaltstrom für den Magnetschalter liefert, der bei größeren Motoren bis zu 30 A betragen kann.

All diese Kabelverbindungen müssen überprüft werden, ob sie lose oder korrodiert sind. Wird der Anlasser mit zu wenig Spannung versorgt, hört man nur ein typisches Klacken, wenn der Magnetschalter zwar schließt, aber der Motor nicht gedreht wird.

Die Minusleitung zurück zur Batterie erfolgt über den Motorblock, mit dem der Anlasser fest verbunden ist. Am Motorblock wiederum ist ein dickes Kabel befestigt, das weiter zum Minuspol der Batterie führt, und alle über Masse zurückgeführten Ströme aufnimmt. An der Minusleitung des Stromkreises ist seltener mit Fehlern zu rechnen.

Die Mechanik

Der Anlasser kann zusammen mit dem Magnetschalter als eine Einheit abmontiert werden. Er ist mit nur

Der Anlasser (rechter Kreis) und der Magnetschalter (linker Kreis) liegen hinter der Lichtmaschine. Auch bei einem nagelneuen Motor ist der Zugang zum Ausbau der Bolzen schwierig.

zwei oder drei Bolzen befestigt, die aber nicht immer leicht zu erreichen sind. An der gesamten Einheit gibt es nur zwei Stellen, die überprüft und gewartet werden können:

- Die Kohlebürsten liegen hinter einer kleinen Abdeckplatte an der Rückseite. Durch die Abnutzung werden sie kürzer, sodass sie von den Federn weniger stark gegen den Rotor gedrückt werden. Das kann dazu führen, dass sie die hohen Stromstärken nicht mehr übertragen können oder dass es durch schlechten Kontakt zu großen Spannungsverlusten kommt.
- Das Ritzel kann auf der Welle festsitzen, sodass es nicht in den Zahnkranz einrücken kann. Die Aufgabe des Magnetschalters ist es, neben dem Kontaktschluss, das Ritzel über den Einrückhebel auf der Welle zu verschieben. Da dieser Bereich nicht vollständig versiegelt ist, können sich mit der Zeit Schmutz- und Fettablagerungen bilden. Entfernt man die vordere Abdeckung, erhält man Zugang zu Ritzel und Welle.

Das Kabel führt von der Starterbatterie über den Batterieschalter direkt zum Magnetschalter und von dort weiter zur Lichtmaschine (links).

Oft wird empfohlen, eine Hauptsicherung in die Batteriekabel einzusetzen. Das dient zwar der Sicherheit, schafft aber zusätzliche Verbindungsstellen (unten).

Der Anlasserstrom übersteigt selbst bei kleineren Motoren 120 A. Jeglicher Widerstand in den Kabelverbindungen führt zu einem beträchtlichen Spannungsabfall, sodass der Anlasser den Motor unter Umständen nicht mehr kräftig genug drehen kann (ganz unten).

Aufbau von Anlassermotor und Magnetschalter (unten).

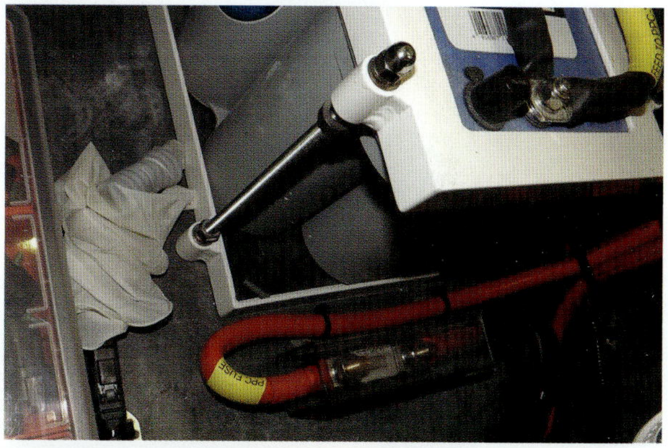

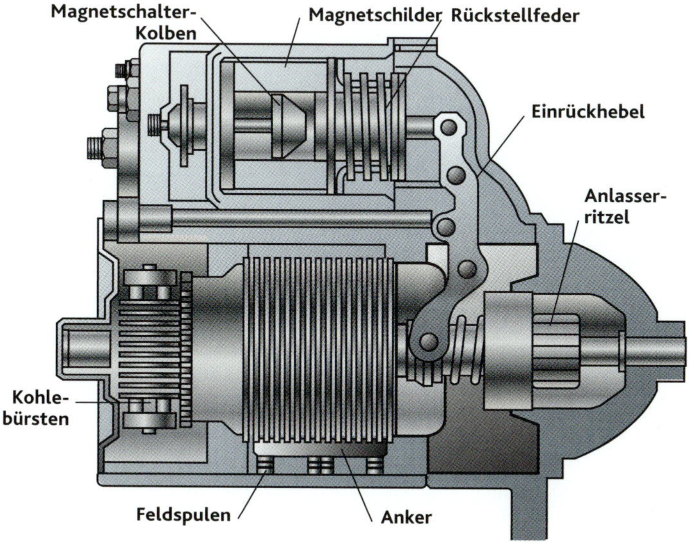

Elektronische Bordnetzsysteme (Bus)

Elektronische Schalter gibt es bereits seit vielen Jahren. Sie bieten eine unglaubliche Flexibilität, da das gesamte System ausschließlich elektronisch kontrolliert wird. An Bord einer Yacht können solche Systeme die Funktionalität einer Schalttafel imitieren und erweitern sowie viele weitere Aspekte der Steuerung übernehmen. Die Bedienung kann über den Kartenplotter, einen Touchscreen-Monitor oder sogar über eine App für Mobilgeräte erfolgen.

Der Output-Schalter

Die Stromversorgung der Instrumente wird mit einem leistungsstarken Transistor eingeschaltet. Dabei übernimmt ein Metall-Oxid-Halbleiter-Feldeffekttransistor, kurz MOSFET, die Funktion eines mechanischen Schalters an einer Schalttafel.

Genau wie bei einer Schalttafel werden diese Halbleiterschalter über die positive Sammelschiene mit Strom versorgt und sind über eine Rückleitung mit der negativen Sammelschiene verbunden. Bemerkenswert ist, dass die Steuerung des Schalters über ein Spannungssignal erfolgt. Meist bedeutet eine Spannung von 0 V, dass der Schalter ausgeschaltet ist, während bei 10–12 V der Schalter einschaltet. Dadurch stellt der Schalter eine vergleichsweise einfache Schnittstelle zwischen Analog- und Digitaltechnik dar.

Die Schalter im Detail

Digitale Schaltsysteme sind zwangsläufig in mehrere Kanäle aufgeteilt, von denen jeder einen eigenen Output-Schalter oder eine Input-Signalspannung hat, die den Schaltzustand bestimmt. Die enorme Flexibilität dieser Systeme beginnt mit der Konfiguration der Kanäle, denen jeweils ganz bestimmte Aufgaben zugewiesen werden. Einige der zahlreichen Möglichkeiten sind:

- Bei einem Kanal zur Stromversorgung kann gleichzeitig die Stromstärke gemessen werden, sodass er die Funktion einer Sicherung gegen Überströme oder Kurzschlussströme übernehmen kann.
- Auf gleiche Art können auch zu geringe Stromstärken festgestellt werden, wenn ein Verbraucher nicht richtig funktioniert. Ist zum Beispiel die Glühlampe eines Navigationslichts ausgebrannt, zeigt das System den Fehler sofort an, wenn das Licht eingeschaltet wird.
- Der Output der Kanäle wird überwacht und kann angezeigt werden.
- Über die als Input konfigurierten Kanäle lassen sich die Spannung, Stromstärke und weitere Informationen wie Füllstände der Wasser- und Dieseltanks sowie die Höhe des Bilgenwassers am Display anzeigen. Dazu können Grenzwerte eingegeben werden, bei deren Erreichen andere Geräte, wie beispielsweise eine Pumpe, automatisch über einen anderen Kanal eingeschaltet werden.
- Kanäle für LED- oder Halogen-Beleuchtungen können weitere Funktionen wie Dimmer oder Farb- und Stimmungseffekte kontrollieren.

Die digitale Kontrolleinheit (DCU) wird mit einer Zuleitung über den Batterieschalter mit Strom versorgt. Eine Rückleitung führt zum Minuspol der Batteriebank. Die Stromversorgung der einzelnen Verbraucher wird von der DCU über eine NMEA-Schnittstelle kontrolliert und geschaltet (siehe Seite 144).

- Zwei Kanäle können so kombiniert werden, dass sie bidirektional arbeiten, wie es zur Kontrolle der Geschwindigkeit bei Scheibenwischermotoren nötig ist.

Eine Einschränkung besteht in der maximalen Stromstärke, die pro Kanal aufgenommen werden kann. Aufgrund der Art der verwendeten Halbleiter liegt dieser Wert bei ungefähr 20 A. Geräte mit höherem Stromverbrauch können jedoch über ein Relais geschaltet werden.

Ein gutes Beispiel ist das Spannungsrelais, das den Ladestrom an eine bestimmte Batteriebank leitet, denn das Spannungsrelais erhält sein Steuersignal vom elektronischen Schaltsystem.

Die Kontrolleinheit

Diese Einheit, die von den verschiedenen Herstellern unterschiedlich bezeichnet wird, beinhaltet den Mikroprozessor, das Herzstück der gesamten Anlage. Einige der vielen Funktionen dieser Einheit sind:

- Anschluss zur Verbindung mit einem Computer, um mithilfe einer Software die Einstellung und Konfiguration vorzunehmen.
- Kommunikation zu und von den eigenen Modulen, um das System zu kontrollieren und Daten zu empfangen.
- An einer Stelle im digitalen Bordnetzsystem müssen Befehle eingegeben und Informationen abgelesen werden können. Das kann auf einem Boot am besten über das gemeinsame Netzwerk von Kartenplotter, Schalttafeln und Instrumenten erfolgen, mit dem das digitale Schaltsystem ebenfalls verbunden ist.

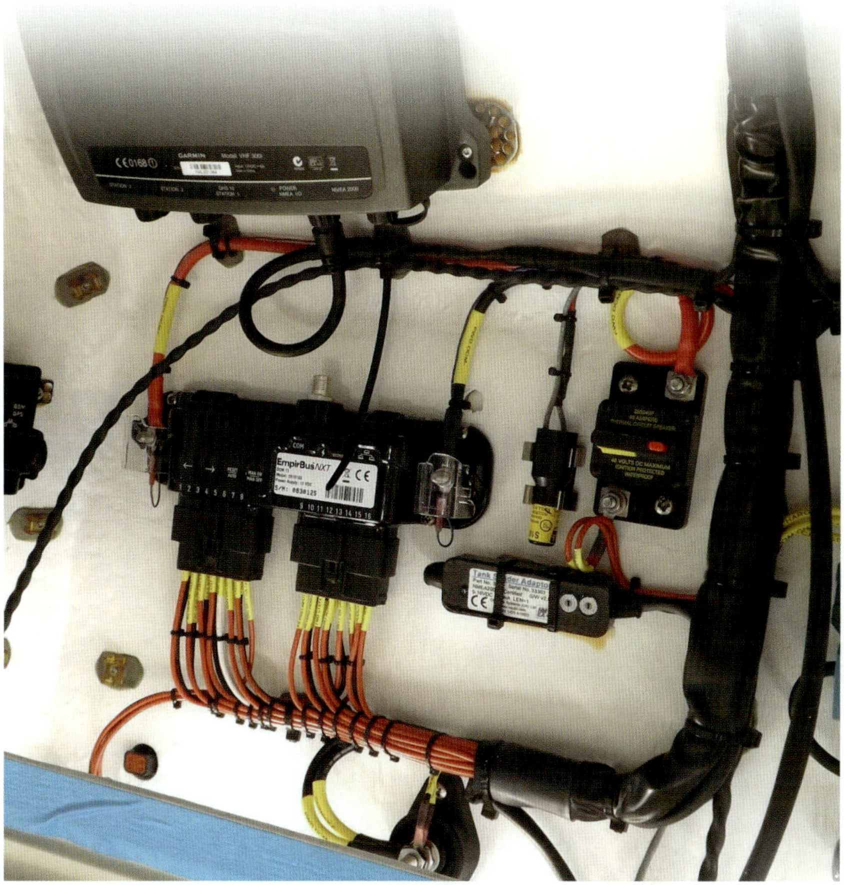

Die Schalter sind mit der Kontrolleinheit über Steuerleitungen verbunden, die das NMEA-2000-Format benutzen. Die Verkabelung wird dadurch stark vereinfacht, und es können mehrere Anzeige- und Steuergeräte im Boot verteilt werden (oben).

An diesem Multifunktionsdisplay können die Bordsysteme kontrolliert und überwacht werden (unten).

Wechselstrom an Bord

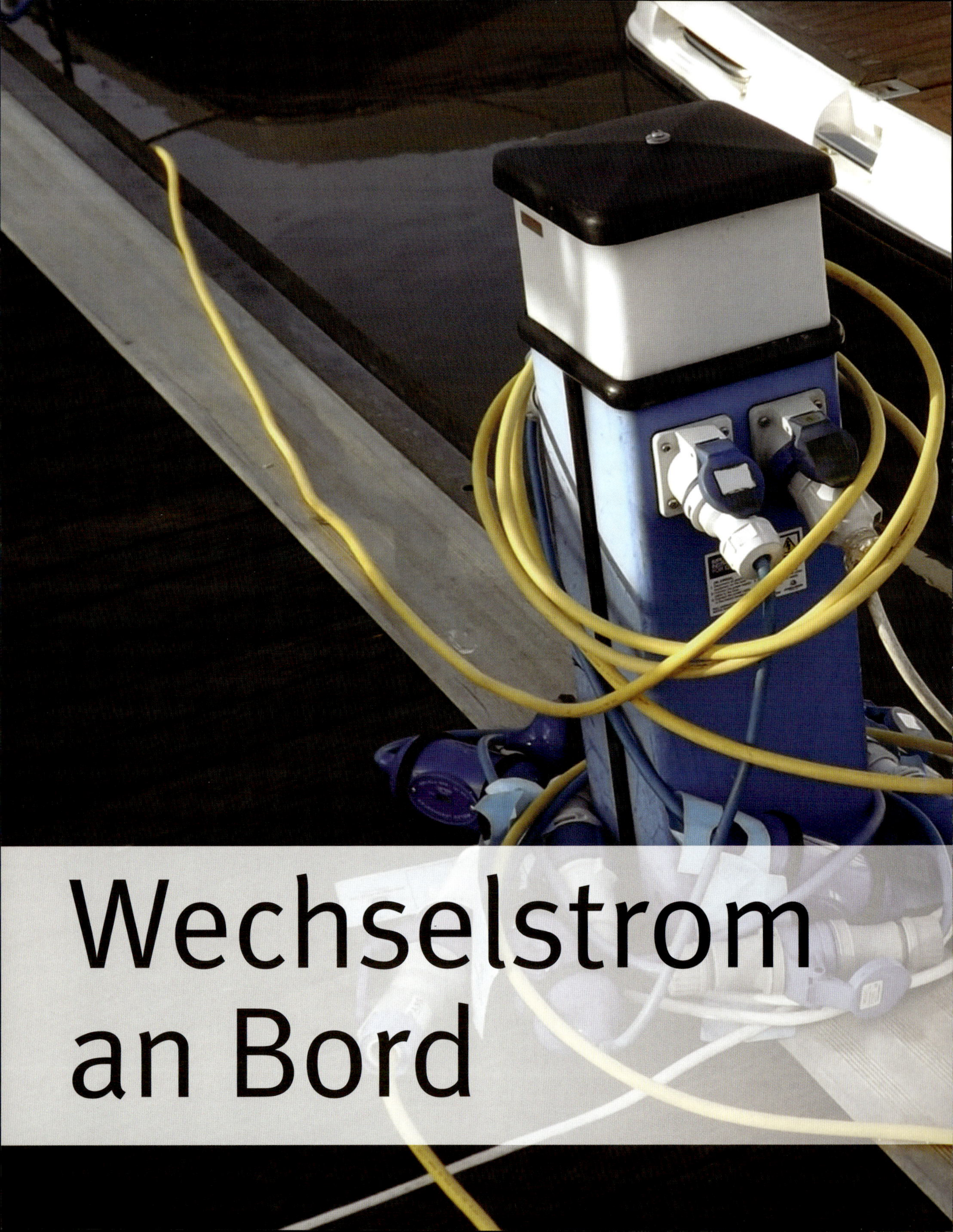

7

Landstrom

Mit einem Landstromanschluss eröffnen sich ganz neue Möglichkeiten für mehr Komfort an Bord. An den Liegeplätzen stehen meist 3 kW, manchmal sogar bis zu 12 kW, zur Verfügung. Auf einem Boot birgt 230-V-Wechselstrom jedoch besondere Gefahren, sodass die vorsorgliche Wartung des Systems und aller angeschlossenen Geräte mit erhöhter Aufmerksamkeit durchgeführt werden muss.

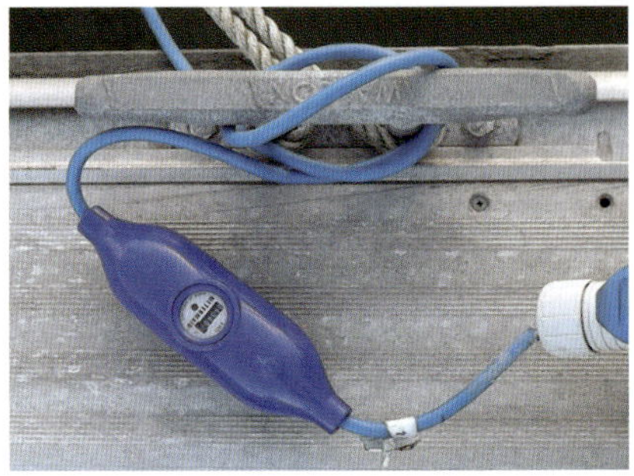

Verlängerungskabel können die Sicherheit beeinträchtigen – es lohnt sich, auf eine gute Qualität des Kabels zu achten.

Fachbegriffe

Bei Wechselstrom werden die einzelnen Leiter wie folgt bezeichnet:

- Die Erdung wird über den **Schutzleiter** hergestellt. In der Nähe des örtlichen Stromverteilers sowie bei der Marina sind Schutzerder im Erdreich verbaut.
- Die **Phase** oder der **Außenleiter** ist der spannungsführende Leiter mit einer Spannung von meist 220/240 V oder 110 V. Bei Wechselstrom sind alle Leiter gefährlich, aber besonders die Phase.
- Über den **Neutralleiter**, früher Nullleiter genannt, fließt der Strom zurück.

Der Schutzleiter ist für die Sicherheit von besonderer Bedeutung. Alle Geräte mit metallischen Oberflächen haben einen Schutzleiter. Bei einem Schaden kann sogenannter Fehlerstrom über den Schutzleiter abfließen, woraufhin der Schutzschalter die weitere Stromzufuhr unterbricht.

Schutzvorrichtungen

Zwei Arten von Schutzvorrichtungen gilt es zu unterscheiden:

- Schmelzsicherungen und automatische Sicherungen unterbrechen den Stromkreis an der Phase, wenn die Stromstärke den Nennstrom übersteigt. Die erste Stufe der Absicherung bildet die Wechselstrom-Schalttafel, wo automatische Sicherungen einen gesamten Stromkreis überwachen. Die zweite Stufe bilden die Schmelzsicherungen in den Geräten.
- Fehlerstrom-Schutzeinrichtungen (RCD) überwachen die Stromstärke in der Phase und im Neutralleiter. Fließen auch nur 30 mA Fehlerstrom über den Schutzleiter ab, unterbricht die RCD die Phase und den Neutralleiter.

Hier endet die Absicherung des Landstroms seitens der Marina mit einem Fehlerstrom-Schutzschalter und einer Sicherung gegen zu hohe Stromstärken (nicht gezeigt). Von diesem Punkt an hängt die Sicherheit vom Bordsystem des jeweiligen Bootes ab.

Die Stromleitung zum Boot

Vom Steg wird der Strom mit einem Verlängerungskabel an Bord gebracht. Das ist der verwundbarste Punkt des Systems, da das Kabel immer wieder gebogen und geknickt wird. Aus Sicherheitsgründen muss es sich in einwandfreiem Zustand befinden und mit wasserdichtem Stecker und Kupplung ausgestattet sein. Von größter Bedeutung ist dabei der Schutzleiter.

- Selbst wenn für den Gebrauch von Elektrowerkzeugen nur vorübergehend ein Verlängerungskabel an Bord geführt wird, sollte bordseits eine mobile RCD-Steckdose verwendet werden, um dort die Geräte anzustecken.
- Ein professionell installiertes Wechselstrom-Bordnetz beginnt mit dem Fehlerstrom-Schutzschalter (RCD). Von dort führt ein Kabel zu der Schalttafel mit den Sicherungen, wo sich das Bordnetz in die unterschiedlichen Stromkreise aufteilt.
- Normalerweise stehen am Steg 3 kW zur Verfügung. Wer mehr Strom benötigt, findet an manchen Liegeplätzen Anschlüsse mit bis zu 12 kW. Diese benötigen aufgrund der höheren Stromstärken jedoch größere Stecker sowie dickere Kabel.

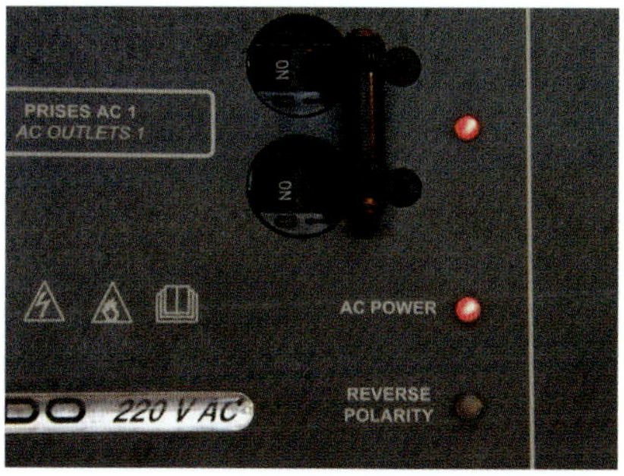

Die Wechselstrom-Schaltafeln an Bord haben häufig eine Anzeige für die korrekte Verpolung.

Verpolung

Bei der Belegung der Anschlüsse am Steg können Phase und Neutralleiter vertauscht sein. Oft unterscheidet sich die übliche Belegung europäischer Länder von der in Großbritannien. Deshalb ist es möglich, dass die Phase der Zuleitung einer Marina mit dem Neutralleiter des Bordnetzes und umgekehrt verbunden wird. Das hat zwar keine Auswirkungen auf die Funktion der angeschlossenen Geräte, unter Umständen aber auf die eigene Sicherheit.

- Bei einer Steckverbindung mit unterschiedlicher Belegung wird die Phase zum Neutralleiter und der Neutralleiter zur Phase. Jetzt steht am blau markierten Neutralleiter eine gefährlich hohe Spannung an.
- Viele Wechselstrom-Schalttafeln sind mit einer Phasenprüfung ausgestattet. Für Stromnetze mit festgelegter Belegung gibt es einfache Testgeräte, um die Belegung zu überprüfen.
- Wird bei der Stromzufuhr eine gegensätzliche Belegung von Phase und Neutralleiter festgestellt, kann diese mit einer falsch verpolten Verlängerung korrigiert werden – aus zweimal falsch wird wieder richtig.

Mit einem Phasenprüfer oder dem Multimeter kann die Verpolung überprüft werden.

FALSCHE VERPOLUNG

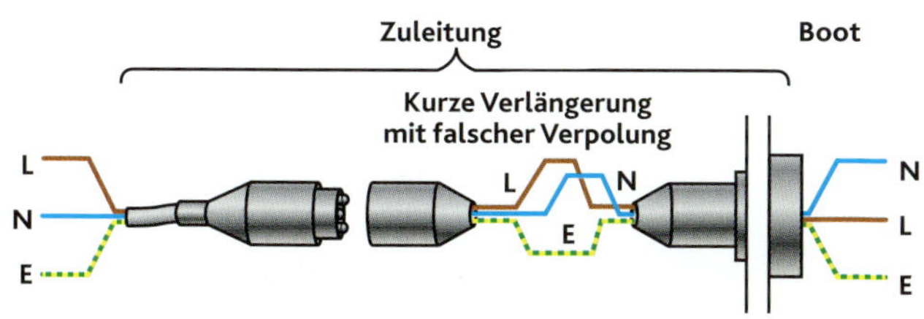

KORREKTE VERPOLUNG

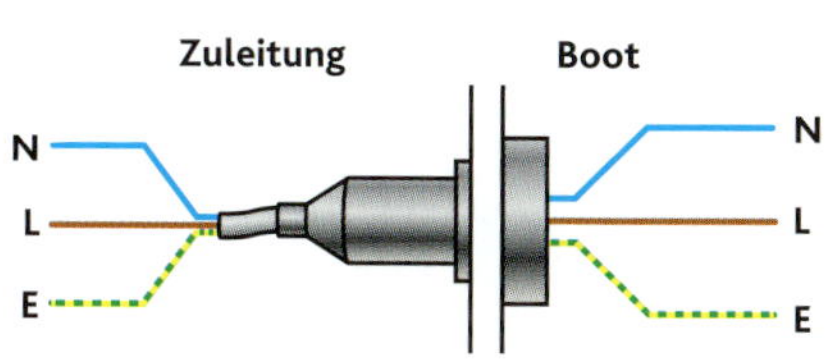

FALSCHE VERPOLUNG

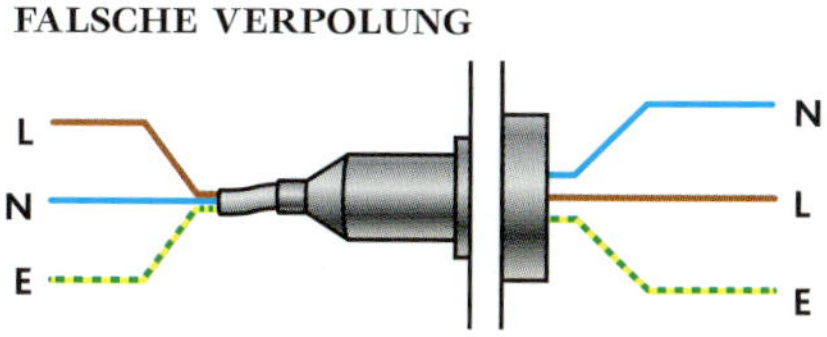

Tipp

Viele Yachteigner sind in der Lage, zumindest kleinere Arbeiten am Wechselstrom-Bordnetz selbst durchzuführen. Informieren Sie sich, ob ihr Versicherungsschutz durch solche Eigenarbeiten beeinträchtigt wird. Eine abschließende Überprüfung der Installation durch einen Fachmann ist in jedem Fall ratsam.

Steigender Strombedarf

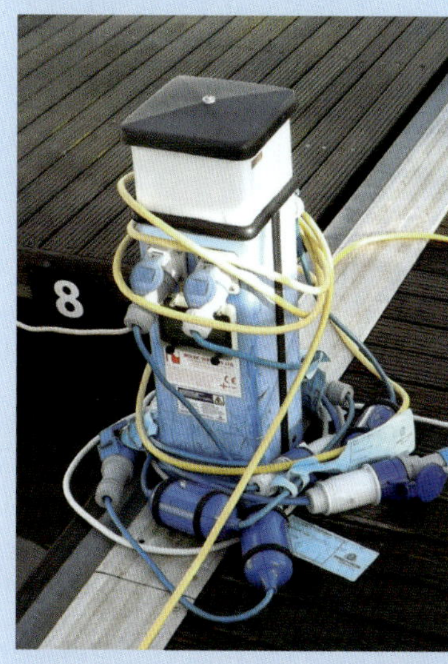

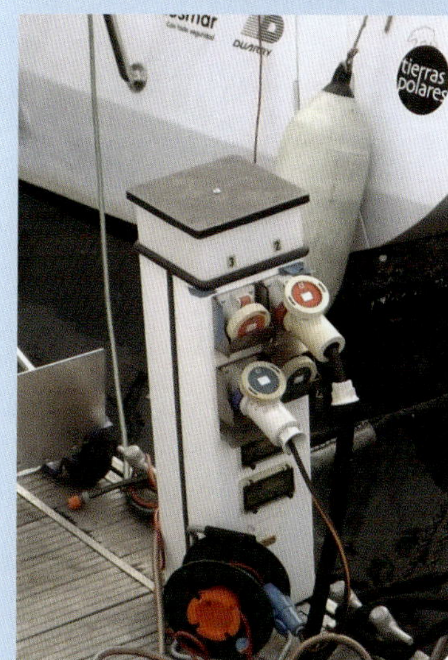

Nahezu jedes Boot möchte in der Marina Landstrom nutzen. Dieser hohe Strombedarf führt oft zu einem regelrechten Kabelsalat an den Anschlusskästen (oben). An manchen Liegeplätzen stehen sogar mehr als die üblichen 3 kW zur Verfügung, doch solche Anschlüsse müssen oft im Voraus reserviert werden.

Installation an Bord

Das Wechselstrom-System an Bord ähnelt im Großen und Ganzen dem im Haushalt, besonders die Sicherungen betreffend. Der Strom kann aus mehreren Quellen stammen, die zu gemeinsamen oder separaten Steckdosen führen. Genau wie beim Gleichstrom-Bordnetz benötigt man eine Stromverteilung, Absicherung und Kontrolle sowie Mess- und Überwachungsgeräte.

Jedes Wechselstrom-Bordnetz sollte von einem qualifizierten Fachmann überprüft werden, am besten von einem Bootselektriker. Ansonsten erlischt im schlimmsten Fall sogar der Versicherungsschutz.

Aufbau des Systems

Unabhängig aus welcher Quelle der Wechselstrom stammt, wird ein Bordsystem benötigt. Bei der Verkabelung sollte man feindrahtige Litzen anstelle der im Haushalt üblichen eindrahtigen Leiter verwenden. An erster Stelle des Systems steht der Fehlerstrom-Schutzschalter (RCD), gefolgt von einem Hauptschalter und einer automatischen Hauptsicherung. Dann teilt sich das Bordnetz in einzelne Stromkreise auf, in deren Phasen sich je ein Schalter mit Indikator und eine Sicherung, meist kombiniert als automatische Sicherung, befinden. Typische Stromkreise umfassen:

- Steckdosen, die wie im Haushalt in einer Ringleitung angeordnet sind, um den Strom gleichmäßig in der Verkabelung zu verteilen.
- Heizelement im Warmwasserboiler
- Batterieladegerät
- 230-V-Beleuchtung
- weitere Anschlüsse in Reserve

Genau wie beim Gleichstrom-Bordnetz ist es sinnvoll, Schalter, Sicherungen und Kontrolllampen sowie Verpolungsanzeige, Volt- und Amperemeter an einer Schalttafel zusammenzulegen. Da nur begrenzte Strommengen zur Verfügung stehen, kann man am Amperemeter ablesen, wie nahe man am Maximum ist.

Berechnung und Messung der Leistung bei Wechselstrom

Die Leistung berechnet sich genau wie bei Gleichstrom, denn es gilt: Leistung ist Spannung mal Stromstärke.

- Leistung wird in Watt angegeben (oder kW).
- Die Netzspannung kann je nach Land unterschiedlich sein (110/120 V, 220/240 V).
- Die Stromstärke in Ampere kann am Amperemeter abgelesen werden.

Als Alternative gibt es auch Messgeräte, die die Leistung direkt in Watt anzeigen.

Verbrauchsberechnung

Auch Wechselstrom steht, genau wie Gleichstrom, nicht unbegrenzt zur Verfügung. Wer den Verbrauch der einzelnen Geräte kennt, kann im Limit bleiben und weiß, welche Geräte gleichzeitig benutzt werden

Der Fehlerstrom-Schutzschalter (RCD) bildet die erste Stufe der Absicherung an Bord. Er sollte nahe dem Anschluss für das Landstromkabel platziert sein. Der Hauptschalter unterbricht den Kontakt, bevor auf eine andere Stromquelle umgeschaltet werden kann. Das ist eine wichtige Voraussetzung, auch wenn zu einem Wechselrichter (Inverter) umgeschaltet wird.

Auf vielen Booten ist das Wechselstrom- und Gleichstrom-Bordnetz an einer Schalttafel vereint. Seien Sie bei Arbeiten an der Rückseite solcher Schalttafeln besonders vorsichtig. Hier sind die Schalter an der linken Seite für Wechselstrom, die an der rechten Seite für Gleichstrom.

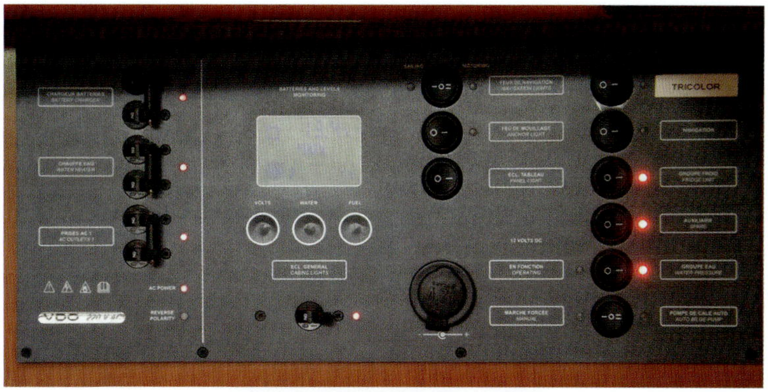

können. An den jeweiligen Geräten ist die Leistung in Watt angegeben. Typische Werte sind:

- Heizlüfter haben meist Schaltstellungen von 500 W, 1 kW oder 2 kW.
- Der Warmwasserboiler verbraucht typischerweise um 700 W.
- Das Ladegerät verbraucht bis zu 320 W, wenn es Gleichstrom mit 20 A bei 14 V liefert (Verlust durch Wirkungsgrad eingerechnet).
- Luftentfeuchter haben eine Leistung von ungefähr 200 W.
- Mikrowelle, Toaster, Föhn, Bügeleisen, Kaffeemaschine und Wasserkocher verbrauchen jeweils circa 1 kW.
- Waschmaschinen kommen auf 2 kW und Klimaanlagen auf über 3 kW.

Wechselstrom aus mehreren Quellen

Sowohl Landstrom als auch Generatoren und Wechselrichter können als Stromquelle für Wechselstrom an Bord dienen. Werden diese Stromquellen am RCD in das Wechselstrom-Bordnetz eingespeist, muss dort ein Wählschalter installiert sein, denn es darf immer nur eine Quelle verwendet werden. Dieser Schalter muss so ausgeführt sein, dass er eine Quelle erst freischaltet, das heißt beidpolig Phase und Neutralleiter unterbricht, und erst danach den Kontakt zur anderen Quelle herstellt.

Diese Anzeige kann sowohl Spannung und Stromstärke als auch die Leistung in Watt anzeigen. So kann man mit einem Blick erkennen, wie nahe der eigene Verbrauch am Maximum des zur Verfügung stehenden Landstroms liegt (rechts).

Bei mehreren Stromquellen kann die Schaltung unterschiedlich ausgeführt werden. Hier können alle Verbraucher von jeweils einer der drei Quellen – Landstrom, Generator oder Wechselrichter – versorgt werden. Geräte mit hohem Stromverbrauch wie Boiler und Waschmaschinen werden oft so angeschlossen, dass sie nur über den Generator betrieben werden können, denn manchmal ist selbst der Landstrom dafür nicht ausreichend (unten).

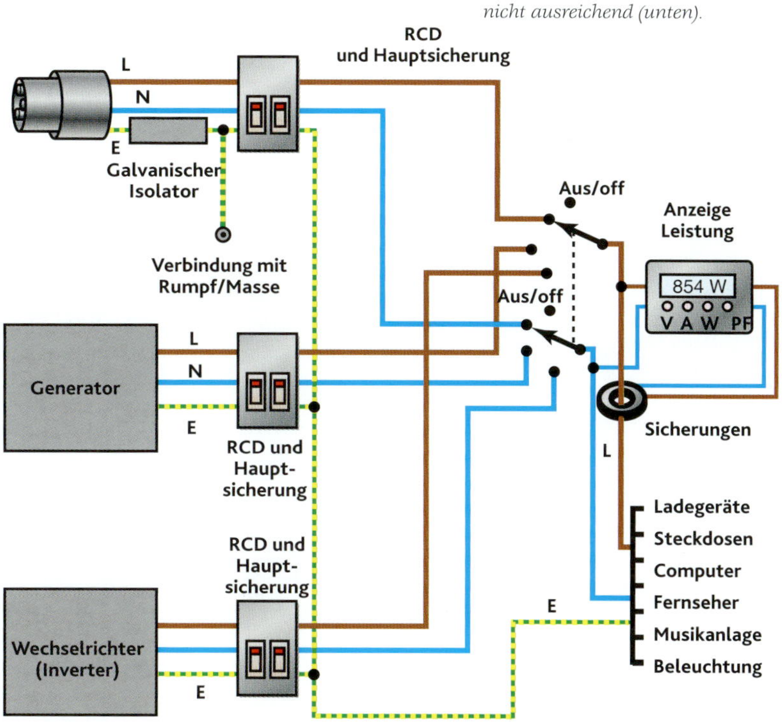

Schutzeinrichtungen

Jede Marina ist durch ein mehrschichtiges Netz aus Absicherungen geschützt. Im Erdreich ist eine Erdungsplatte vergraben, mit der alle metallischen Teile innerhalb der Marina, die mit Wasser in Berührung kommen können, leitend verbunden sein müssen. Auch der Schutzleiter des Landstromkabels ist über den Stromkasten am Steg mit diesem Erdleiter verbunden. Auf See müssen auch Dieselgeneratoren und Stromwandler geerdet sein.

Die Marina als Stromverteiler

Die Marina bezieht den Strom vom Elektrizitätsversorger. Für den Endverbraucher wird die Spannung auf geringere Werte transformiert. In den USA und Kanada sind es 115 V und in Europa meist 220/240 V. An dieser Stelle wird schließlich auch der Schutzleiter mit dem Neutralleiter verbunden und über den Erdleiter geerdet.

Genau wie die Absicherung auf dem eigenen Boot hat auch die Marina zentrale Hauptschalter, von denen aus das Stromnetz in weitere Unterbereiche aufgeteilt wird. Ein solcher Bereich deckt auch den Anschlusskasten an Ihrem Liegeplatz ab. Jeder Stromkreis ist gegen Überstrom und Fehlerstrom abgesichert. In einer Marina mittlerer Größe summiert sich durch den Verbrauch mehrerer hundert Kilowatt die Stromstärke auf Tausende Ampere.

Der Standardanschluss am Steg ist in Europa mit einer 15-A-Sicherung, in den USA und Kanada teilweise auch mit einer 30-A-Sicherung versehen. Ebenso verfügt der Anschluss über einen Fehlerstrom-Schutzschalter. Die Verantwortung der Marina endet dort, wo das eigene Landstromkabel angeschlossen wird. Ab diesem Punkt ist man selbst zuständig.

Vom Steg zum Boot

Das Landstromkabel ist eine der häufigsten Ursachen für Fehler. Es muss, genauso wie Stecker und Kupplung, für den maritimen Einsatz geeignet und zugelassen sein.

Der anfälligste Punkt ist dort, wo das Kabel an seinen beiden Enden in den Stecker und die Kupplung einmündet. Die Kabelklemme kann sich durch wiederholtes Hin- und Herbiegen durch die Isolation arbeiten und sollte deshalb regelmäßig überprüft werden. Das Kabel selbst kann durch Schamfilen beschädigt werden, bis die Isolation durchgescheuert ist, und sollte ebenfalls in engen Abständen geprüft werden.

Im Verteilerschrank der Marina befinden sich ein Ein/Aus-Schalter und zwei Automatiksicherungen, falls es zu Problemen kommen sollte. Diese Marina verfügt über rund 200 Liegeplätze und ist in der Lage, Strom mit einer Leistung von bis zu einer Million Watt (1 MW) zur Verfügung zu stellen. Jeder Steg bildet einen Unterbereich, der wiederum mit schwächeren Schaltern und Sicherungen ausgestattet ist (oben und links).

An Bord

Sobald das Landstromkabel am Boot angeschlossen wird, ist die eigene Absicherung an Bord aktiv. An erster Stelle steht der Fehlerstrom-Schutzschalter (RCD), gefolgt von der Hauptsicherung. Beide sind oft zu einer Einheit zusammengefasst.

- Die RCD spürt Fehlerströme auf, die über den Schutzleiter abfließen (beispielsweise, wenn aufgrund beschädigter Isolation eines Kabels das Metallgehäuse des Geräts unter Spannung steht).
- Normalerweise fließt kein Strom im Schutzleiter. Stellt die RCD jedoch einen Strom von mehr als 30 mA im Schutzleiter fest, einen Fehlerstrom also, wird die Zuleitung zum Boot an Phase und Neutralleiter unterbrochen.
- Die Hauptsicherung reagiert dagegen bei zu hohen Stromstärken oder bei einem Kurzschluss zwischen Phase und Neutralleiter.
- Eine Automatiksicherung (Schutzschalter) als Hauptsicherung kann gleichzeitig auch als manueller Hauptschalter für die gesamte Stromversorgung dienen.
- Beide Schutzvorkehrungen trennen den Stromkreis allpolig, das heißt, Phase und Neutralleiter werden unterbrochen, und das gesamte Bordnetz wird von der Stromversorgung freigeschaltet.

Der Stromkasten am Steg hat für jeden Anschluss einen Fehlerstrom- und einen Überstrom-Schutzschalter.

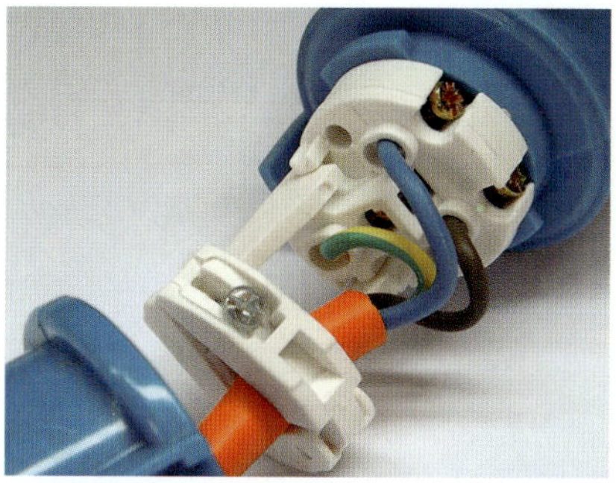

Das Landstromkabel sollte jede Saison überprüft werden. Die eigene Sicherheit hängt entscheidend davon ab.

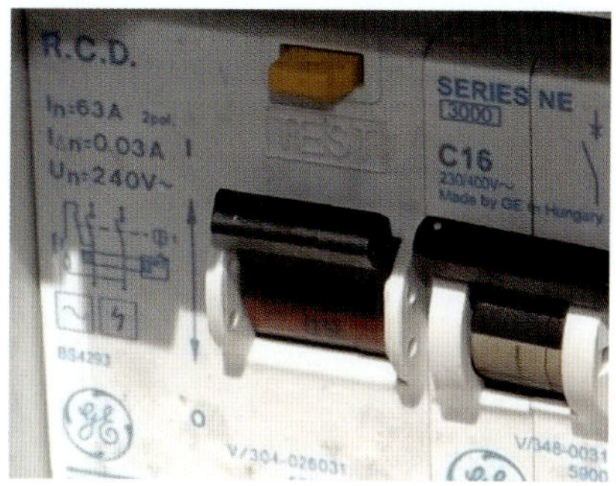

Wechselstrom an Bord ist sicher, sofern die Installation fachmännisch ausgeführt ist und alle Schutzvorkehrungen funktionieren. Überprüfen Sie die RCD gelegentlich durch Drücken des Testschalters.

Den nächsten Schritt der Absicherung bildet der Polaritätsanzeiger, bevor der Strom an den Sicherungen oder Schutzschaltern der einzelnen Stromkreise ankommt. Dabei gibt es zwei Ausführungen:

- Einpolige Geräte, die beim Auslösen nur die Phase unterbrechen. Das ist in Ordnung, sofern nicht bereits die Zuleitung der Marina falsch verpolt ist (siehe Seiten 122/123).
- Zweipolige Schutzschalter unterbrechen beide Leiter, isolieren das Bordnetz komplett von der Stromversorgung und schützen auch bei falscher Verpolung.
- Die letzte Stufe der Absicherung stellen schließlich die eingebauten Gerätesicherungen dar.

Tipp

Ziehen Sie die Schrauben an der Kabelklemme nicht zu fest zu. Sie sollen nur so fest sein, dass das Kabel nicht herausgezogen werden kann. Öffnen Sie die Kabelklemme, wenn Sie Stecker und Kupplung überprüfen, und überzeugen Sie sich, dass das Kabel unter der Klemme unversehrt geblieben ist, bevor Sie Stecker und Kupplung wieder zusammenbauen.

Schutzerdung

Die Erdung eines Bootes ist wie ein eigenes kleines Stromnetz. Bei Wechselstrom liegt das Hauptaugenmerk auf der Sicherheit, bei Gleichstrom dagegen wird versucht, die Korrosion der metallischen Oberflächen unter Wasser zu minimieren. Diese Anforderungen bleiben auch dann bestehen, wenn beide Systeme an Bord vorhanden sind, aber es muss ebenso die gegenseitige Beeinflussung bedacht werden.

Sicherheitsvorschriften

Die europäische Sportbootrichtlinie sowie die ABYC (American Boat and Yacht Council) und die BMEA (British Marine Electronics Association) empfehlen:

- Alle metallischen Teile, die Kontakt zum Wasser haben (Motor, Propellerwelle, Seeventile usw.), müssen leitend miteinander verbunden werden.
- Der Schutzleiter muss mit dem Erdungspunkt des Gleichstrom-Bordnetzes (Minuspol der Batterie) und den geerdeten Metallteilen verbunden werden.
- Der höchste Widerstand zwischen zwei Punkten in der gesamten Erdung darf nicht mehr als 1 Ω betragen.

Durch diese Maßnahmen wird die Sicherheit auf Booten mit Wechselstrom an Bord erhöht. Die Verbindung von Schutzleiter, Masse und Metallteilen stellt sicher, dass ein Potenzialausgleich mit dem umgebenen Seewasser, und damit eine Erdung, möglich ist. Besteht diese Verbindung nicht, kann es gefährlich werden, wenn:

- der Schutzleiter im Landstromkabel korrodiert ist oder einen zu großen Übergangswiderstand hat.
- das metallische Gehäuse eines Verbrauchers durch schadhafte Isolation unter Spannung steht.

In einer solchen Situation wird der Stromkreis durch Berührung geschlossen, und der Strom fließt vom Gehäuse durch den Körper in die Erde ab. Dabei handelt es sich zwar um einen Leckstrom, fließt dieser aber durch das Herz, können 30 mA bereits genügen, um tödlich zu sein.

Die Erdungsschleife

Befolgt man die Empfehlungen, hat man eine Verbindung geschaffen, die vom eigenen Boot über die geerdeten Metallteile ins Seewasser und zu anderen Metallteilen, auch denen des Nachbarbootes, führt. Hängt das Nachbarboot ebenfalls am Landstrom, kehrt der Strom zum Elektrokasten am Steg zurück.

Das hat keine Auswirkungen auf die Sicherheit, aber es bildet sich eine galvanische Zelle, bei der eines der Boote zur Anode wird. Anfangs werden die Opferanoden erodiert, später auch andere Metallteile.

Unterbrechung der Erdungsschleife

Die Erdungsschleife mit ihren korrosiven Auswirkungen kann auf zwei Arten unterbrochen werden:

Trenntransformator

- Dieser Transformator hat die gleiche Spannung an Ausgang und Eingang. Da aber keine leitende Verbindung zwischen den Anschlüssen des Transformators besteht, kommt es zur vollständigen Isolation des Bordnetzes, und zwar so, als ob das Bordnetz gar

Metallteile mit Kontakt zum Wasser sollen leitend verbunden werden. Hat ein Boot häufig Wasser in der Bilge, sollten alle metallischen Rumpfbeschläge verbunden werden (unten und rechts).

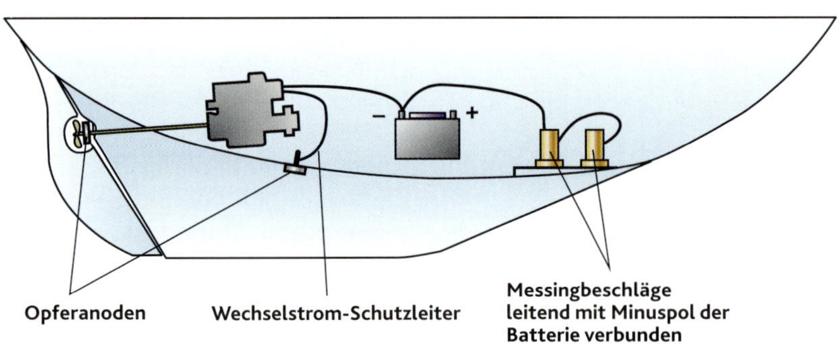

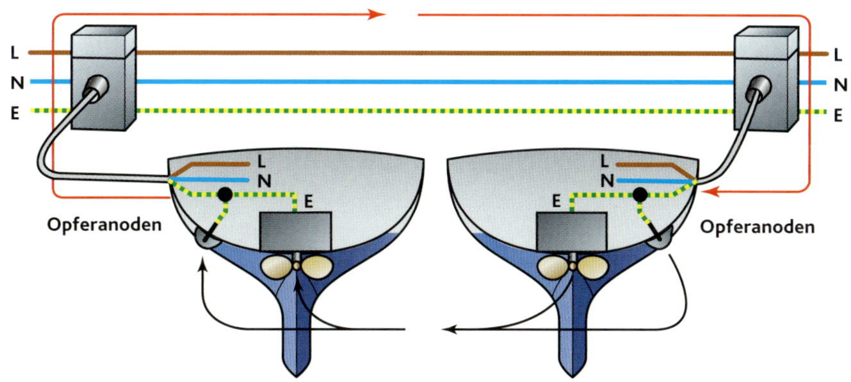

nicht mit dem Landstrom verbunden wäre. Damit ist auch die Erdungsschleife unterbrochen.

- Der Neutralleiter und der Schutzleiter des Wechselstrom-Bordnetzes können jetzt am Ausgang des Trenntransformators an der Neutralleitung angeschlossen werden. Das bedeutet auch, dass die eigene Schutzerdung unabhängig von der Marina arbeitet.
- Die Verpolung des Landstroms ist jetzt unerheblich, da der Trenntransformator am Eingang beide Verpolungen gleichermaßen annimmt.
- Nachteilig sind das hohe Gewicht, die großen Ausmaße sowie der hohe Preis eines Trenntransformators, doch für einige Systeme ist es die beste Lösung.

Galvanischer Isolator

- Diese Vorrichtung besteht aus zwei parallelen Hochstromdioden, die gegenläufig verbunden sind (genauere Beschreibung auf Seiten 126/127). Der galvanische Isolator wird in den Schutzleiter eingesetzt.
- Die wichtigste Anforderung an den galvanischen Isolator ist, dass er nie fehlerhaft arbeitet, denn dann wäre der Schutzleiter unterbrochen und die wichtigste Absicherung an Bord lahmgelegt. Dazu muss er kurzzeitig den höchstmöglichen Kurzschlussstrom aushalten, bis der Schutzschalter auslöst.
- Normalerweise ist die Spannung in der Erdungsschleife so gering, dass der entstehende Strom zu schwach ist, um eine der Dioden zu überwinden. Dadurch wird die Erdungsschleife unterbrochen.

In einer vollbelegten Marina, in der zahlreiche Boote an Landstrom angeschlossen sind, ist es fast unvermeidbar, dass es zu Erdungsschleifen kommt (oben).

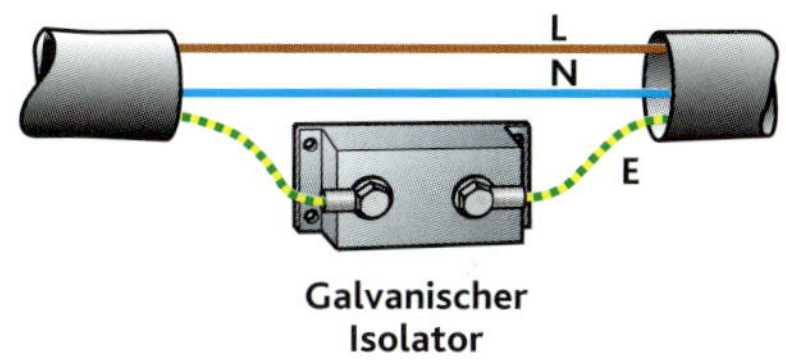

Ein galvanischer Isolator unterbricht die Erdungsschleife und ist einfach zu installieren (rechts).

Der Trenntransformator bewirkt eine komplette Unterbrechung der Erdungsschleife und löst das Problem vollständig (unten und links).

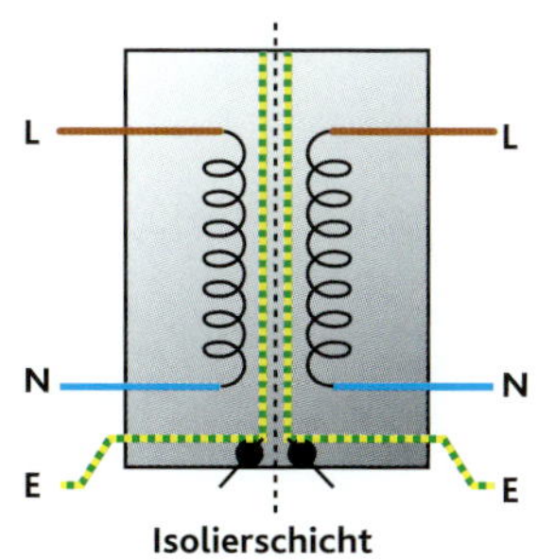

Tipp

Bei Wechselstrom an Bord ist der Einbau eines galvanischen Isolators sehr empfehlenswert. Vergewissern Sie sich, dass er eine CE-Zulassung hat oder durch die BMEA in Großbritannien oder die ABYC in den USA abgenommen wurde. Das garantiert die höchsten Sicherheitsstandards.

Galvanische und elektrolytische Korrosion

Befinden sich zwei unterschiedliche Metalle, die leitend miteinander verbunden sind, in einem Elektrolyt, wie beispielsweise Salzwasser, so entsteht Strom zwischen ihnen. Das niederwertigere Metall, von dem aus der Strom fließt, wird Anode genannt und mit der Zeit abgebaut. Dieser Prozess heißt galvanische Korrosion. Stammt der Strom dagegen aus einer anderen Quelle, zum Beispiel einer Erdungsschleife, und fließt durch die beiden Metalle, so wird ebenfalls die Anode, von der aus der Strom fließt, abgebaut. Diesen Prozess bezeichnet man als Elektrolyse.

Metalle und ihre Wertigkeit

Jedes Metall, das in Salzwasser getaucht ist, entwickelt ein bestimmtes Spannungspotenzial gegenüber dem Potenzial der Erde. Zwei ungleiche Metalle haben unterschiedliche Potenziale, sodass Strom wie in einer einfachen Batterie zwischen ihnen zu fließen beginnt, wenn man sie leitend verbindet – wie es die Sportbootrichtlinie, die ABYC und die BMEA empfehlen.

- An Bord fließt der Strom von der Kathode, dem galvanisch höherwertigem Metall, zur Anode, dem niederwertigeren Metall, entsprechend einer Batterie. Im Seewasser fließt der Strom zurück von der Anode zur Kathode, wobei die Anode zersetzt wird.
- Um die wertvollen Metallteile unter Wasser, wie Propeller, Welle und Seeventile, zu schützen, wird ein wesentlich niederwertigeres Metall unter Wasser angebracht und durch den Rumpf mit der Erdung verbunden. Da es weiter unten auf der galvanischen Spannungsreihe steht, wird es zur Anode und somit abgebaut. Solche sogenannten Opferanoden bestehen in der Regel aus Zink. Sobald die Opferanode verbraucht ist, muss sie durch eine neue ersetzt werden. Andernfalls wird das nächste Metall in der Spannungsreihe, eventuell der Propeller oder die Seeventile, zur Anode und wird angegriffen.
- Metallteile, die nicht mit der Erdung verbunden sind, werden nicht durch galvanische Korrosion angegriffen.

Die galvanische Spannungsreihe

Zink hat ein elektrisches Potenzial von ungefähr 1,1 V. Im Vergleich zu Kupfer sowie verschiedenen Bronze- und Messinglegierungen, die zwischen –0,1 V und –0,4 V liegen, ist es wesentlich niederwertiger und übernimmt daher die Rolle der Anode.

Ohne diese Vorkehrung würden sich schwächere, aber genauso zerstörerische Ströme zwischen den anderen Metallteilen am Unterwasserschiff bilden, da sie aufgrund der Empfehlung für die Erdung des Wechselstromnetzes miteinander verbunden sind.

Auf Booten werden oft Aluminiumteile mit Edelstahlschrauben

Zink ist das am häufigsten verwendete Material für Opferanoden, da es neben Magnesium sehr weit unten auf der galvanischen Spannungsreihe steht. Magnesium ist für Boote in Süßwasser besser geeignet. Anoden aus Aluminium stellen einen guten Kompromiss dar, wenn das Boot über die Saison sowohl in Süß- als auch in Salzwasser genutzt wird.

Die Wellenanoden schützen die Welle und den Propeller vor galvanischer Korrosion.

befestigt. Der Potenzialunterschied dieser beiden Metalle beträgt circa 0,8 V zugunsten des Edelstahls, weshalb Teile aus Aluminium zur Anode werden und zersetzt werden, wenn sie regelmäßig Seewasser ausgesetzt sind.

Elektrolytische Korrosion

Auch dieser Punkt bezieht sich auf alle Metallteile, die mit der Erdung verbunden sind. Elektrolyse entsteht, wenn ein anderswo produzierter Strom an den Metallteilen auftritt.

Ob und wo Korrosion auftritt, hängt davon ab, welche Metallteile aufgrund der anliegenden Stromrichtung zur Anode werden. Solche Ströme entstehen üblicherweise durch:

- eine Erdungsschleife, wie auf Seiten 126/127 beschrieben. Ohne Einbau eines galvanischen Isolators verstärkt sich der normale Verschleiß der Opferanoden beträchtlich.
- Streu- und Leckströme aus dem Gleich- oder Wechselstromnetz, die über die Zinkanoden und das Seewasser in die Erdung abfließen oder einen Weg zurück aufs Boot finden.
- ein äußeres Spannungsfeld im Wasser, wie es häufig in Marinas vorkommt, das einen Strom im Rumpf erzeugt, der über ein Seeventil eintritt, durch die Erdung der Metallteile, die weniger Widerstand bietet als das Seewasser, zur Welle gelangt und über den Propeller oder die Anode wieder austritt.

Tipp

Boote aus Aluminium oder Stahl benötigen besonderen Schutz durch Opferanoden. Zusätzliche Anoden können mit der Erdung verbunden und über Bord ins Wasser gehängt werden. Auch auf GFK-Booten kommt dieser zusätzliche Schutz in Betracht. Sie sind günstig in der Anschaffung und natürlich sehr leicht zu überprüfen!

Zusätzliche Anoden

Speziell Aluminiumboote, die besonders von galvanischer Korrosion bedroht sind, können mit zusätzlichen Anoden, die leitend am Rumpf befestigt und über Bord ins Wasser gehängt werden, am Liegeplatz besser geschützt werden. Der Zustand der an einem Draht hängenden Anoden kann leicht überprüft werden und erlaubt Rückschlüsse auf den Zustand der Hauptanoden am Rumpf.

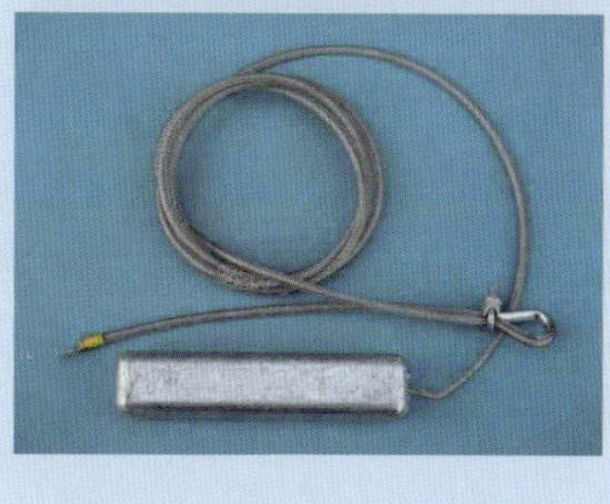

Einbau eines galvanischen Isolators

Die leitende Verbindung zwischen allen Metallteilen am Unterwasserschiff, dem Motor, metallischen Tanks und der Erdung des Gleichstromnetzes erhöht die Sicherheit, wenn Wechselstrom an Bord installiert ist. Der zusätzliche Einbau eines preisgünstigen galvanischen Isolators unterbricht zum einen jeglichen Strom aus einer Erdungsschleife, der durch die genannte Verbindung der Metallteile entstehen kann, und erhöht zum anderen den Schutz bei einem schadhaften 230-V-Verbraucher.

Ein galvanischer Isolator besteht aus zwei miteinander verbundenen Hochstromdioden. Sie sind in einem Aluminiumgehäuse eingeschlossen, um entstehende Wärme schneller abzuleiten. Unter normalen Bedingungen fließt kein Strom im Isolator, sodass auch keine Wärme entsteht.

Dioden wurden bereits als Trenndioden bei Batterieschaltern angesprochen. Im Isolator macht man sich die besonderen Eigenschaften der Dioden zunutze. Zwei Dioden werden dazu parallel, aber gegenläufig verbunden und in den Schutzleiter eingesetzt. Daraus ergibt sich erstens eine sehr nützliche und zweitens eine für die Sicherheit besonders wichtige Funktion.

- Dioden sind Halbleiter mit einem Eingang, der Anode, und einem Ausgang, der Kathode.
- Strom kann nur von der Anode zur Kathode durch die Diode fließen. Steht an der Kathode höhere Spannung an als an der Anode, kann kein Strom durch die Diode fließen.
- Der Spannungsunterschied zwischen Anode und Kathode muss mindestens 0,7 V, entsprechend dem durch die Diode erzeugten Spannungsabfall, betragen, damit Strom in der richtigen Richtung durchfließen kann.
- Dadurch wird der Strom aus einer Erdungsschleife blockiert, da er zu schwach ist, um diesen Wert zu erreichen.

Die Funktion des Schutzleiters wird dadurch nicht beeinträchtigt. Der Schutzleiter muss jedoch durchtrennt und beiderseits am galvanischen Isolator angeschlossen werden.

- Da die Dioden gegenläufig im Isolator eingebaut sind, kann ein Fehlerstrom sowohl als Gleichstrom in beide Richtungen durch jeweils eine der Dioden abfließen als auch als Wechselstrom, dann abwechselnd durch die eine und die andere Diode, entsprechend der mit der Frequenz wechselnden Polarität des Wechselstroms.
- Ein Fehlerstrom übersteigt im Gegensatz zum Strom einer Erdungsschleife die 0,7-V-Hürde und kann in beide Richtungen abfließen, woraufhin der Fehlerstrom-Schutzschalter (RCD) auslöst.

Der Schutz vor Überstrom und Kurzschlussstrom muss genauer betrachtet werden. Diese Ströme können als Wechselstrom zwar den Isolator passieren, das Problem aber ist, dass sie sehr stark sind und die Dioden beschädigen oder zerstören können. Dadurch wäre der für die Sicherheit des Wechselstromnetzes zuständige Schutzleiter unterbrochen!

Die Lösung besteht darin, solche Dioden zu verwenden, die den höchstmöglichen Kurzschlussstrom so lange aushalten, bis die Sicherung oder der Schutzschalter auslösen. Im schlimmsten Fall sollte sogar das Kabel des Schutzleiters eher schmelzen, bevor die Dioden durchbrennen. In der Praxis werden sie mit 135 bis 150 % über der Hauptsicherung bemessen und können diese Stromstärke und die entstehende Wärme dauerhaft abführen.

Nach den neuesten Richtlinien der ABYC muss die Betriebssicherheit

Bei Wechselstrom an Bord ist der Einbau eines galvanischen Isolators zu empfehlen.

seitens der Hersteller durch Tests nachgewiesen werden.

Mit dem Einbau eines geeigneten galvanischen Isolators wird die zuvor nötige Überwachung des Bordnetzes überflüssig. Der Isolator bedarf auch keiner weiteren Wartung. Der Einbau ist im Grunde sehr einfach. Achten Sie dabei jedoch auf die Hinweise des Herstellers.

- Trennen Sie das Boot vollständig vom Landstrom.
- Durchtrennen Sie den Schutzleiter nahe der Stelle, wo er an Bord geführt ist.
- Verbinden Sie die Enden des Schutzleiters mit geeigneten Kabelschuhen mit den Anschlüssen am Isolator. Der Isolator arbeitet bidirektional, die Anschlüsse können also vertauscht werden.
- Installieren Sie den Isolator mit ausreichend Platz und Umgebungsluft – besser in einem großen Stauraum als in einer kleinen, engen Nische.
- Richten Sie den Isolator falls empfohlen so aus, dass die Kühlrippen senkrecht stehen, um bessere Kühlung durch Luftumwälzung zu ermöglichen.

Der galvanische Isolator blockiert jeglichen Stromfluss einer Erdungsschleife, sowohl in als auch aus dem Boot.

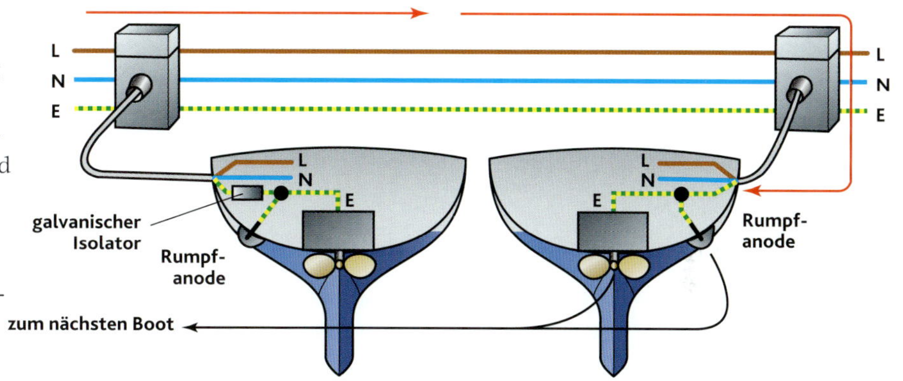

Da die beiden Dioden gegenläufig angeordnet sind, funktioniert der Isolator in beide Richtungen gleichermaßen, und die Anschlüsse können vertauscht werden. Richten Sie sich aber beim Einbau immer nach den Angaben des Herstellers. Der Isolator kann auf beiden Seiten der RCD installiert werden, aber auch hier gilt: Ausschlaggebend sind die Angaben in der Betriebsanleitung (unten links).

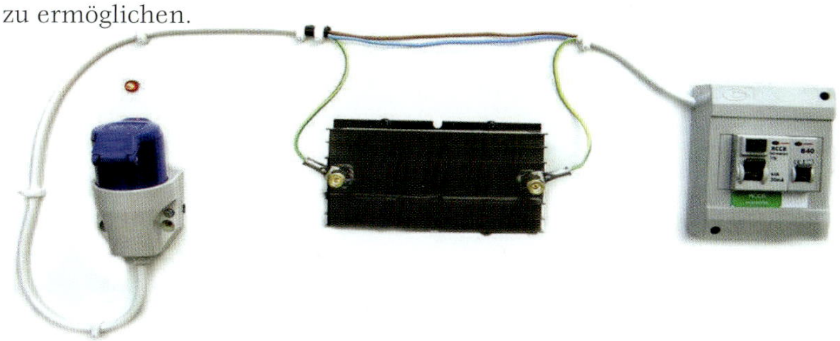

Der galvanische Isolator muss den maximalen Kurzschlussstrom unbeschädigt aushalten, bis der Schutzschalter anspricht (unten).

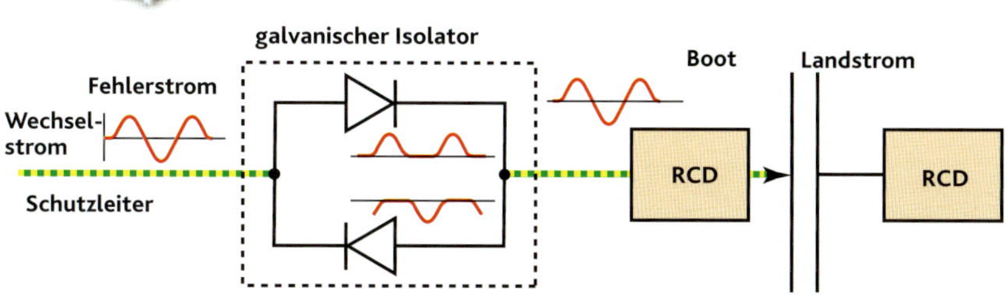

Wechselrichter

Neben dem Landstromanschluss gibt es auch noch andere Möglichkeiten, Wechselstrom an Bord zu nutzen. Wechselrichter, auch Inverter genannt, wandeln den Gleichstrom der Batterie in Wechselstrom um und erhöhen die Spannung auf die üblichen 230 V. Sie sind vorwiegend für Geräte mit geringem Stromverbrauch geeignet, wie Ladegeräte für Mobiltelefone und Notebooks oder für einige Elektrowerkzeuge, obwohl es bei ausreichend großer Batteriekapazität kaum Einschränkungen geben muss.

Auf einem Boot sind die meisten fest installierten Geräte zum Anschluss an die Batterie vorgesehen. Oft werden aber von zu Hause noch Mobiltelefone, Computer und Elektrowerkzeuge an Bord gebracht. Diese Geräte müssen für den Betrieb oder zum Aufladen ihrer eingebauten Batterien an den im Haushalt üblichen Wechselstrom angeschlossen werden.

Ein Wechselrichter liefert diesen Haushaltsstrom und kann bei Entnahme geringerer Stromstärken auch direkt an einer Zigarettenanzünder-Buchse eingesteckt werden.

Die Leistung reicht von meist 300 W bis hin zu vielen Kilowatt bei einer Netzspannung von wahlweise 110 oder 220/240 V.

Wechselrichter haben zwar ein kompliziertes elektronisches Innenleben, Einbau und Gebrauch sind jedoch ganz einfach. Sie werden in unterschiedlichster Ausführung und Qualität angeboten, von einfachen freistehenden Geräten bis hin zu leistungsstarken Ladegerät/Wechselrichter-Einheiten, die fest installiert werden müssen.

Arten von Wechselrichtern

Beim Wechselstrom im Haushalt verläuft die Spannung aufgrund der Art der Stromerzeugung in einer perfekten Sinuskurve, und damit können alle Geräte einwandfrei funktionieren. Ein Wechselrichter kann diese Idealform der Sinuskurve nur annähernd nachformen. Dabei unterscheidet man folgende drei Typen:

- **Rechteckwechselrichter** liefern eine Ausgangsspannung in der Form eines Rechtecks und sind die elektronisch einfachsten und preiswertesten Geräte. Diese rudimentäre Form ist für Handy-Ladegeräte durchaus geeignet, führt aber leicht zu Interferenzen bei Radios und anderen Geräten, die sich in der Nähe befinden, und ist daher an Bord weniger geeignet.
- **Trapezwechselrichter**, auch als modifizierte Sinus- oder Quasi-Sinuswechselrichter bezeichnet, schwächen die Ecken der Ausgangsspannung ab, sodass wesentlich weniger Interferenz entsteht. Sie haben Schwierigkeiten, Elektromotoren anzutreiben, stellen aber für zahlreiche andere Geräte eine geeignete Lösung mit gutem Preis-Leistungs-Verhältnis dar.
- **Sinuswechselrichter** liefern die höchste Qualitätsstufe und ahmen die Ausgangsspannung des Stroms im Haushalt nahezu perfekt nach. Sämtliche Elektrogeräte können problemlos und frei von Interferenz betrieben werden. Der Wirkungsgrad dieser Art von Wechselrichtern liegt bei über 90 %.
- **Ladegerät/Wechselrichter** sind hochpreisige Kombigeräte für maximale Leistung und bieten ein vollautomatisches, integriertes System. Bei Anschluss an Landstrom laden sie die Batterien und leiten den Wechselstrom an die Bordsteckdosen weiter. Auf See arbeiten sie als Inverter und erzeugen den Wechselstrom aus der Batteriebank.

Die Spitzenmodelle der Sinuswechselrichter können sämtliche 230-V-Geräte versorgen und arbeiten dabei mit sehr hohem Wirkungsgrad.

Können die Batterien mithalten?

Da der Wechselrichter den Strom von den Batterien bezieht, müssen die Auswirkungen genau bedacht werden. Im Allgemeinen arbeiten Wechselrichter mit einem Wirkungsgrad von 85–90. Der wichtigste Punkt aber ist die auftretende Stromstärke. Das kann am Beispiel eines Wasserkochers mit eine Leistung von 1 kW verdeutlicht werden.

Zusammen mit dem Verlust durch den eingeschränkten Wirkungsgrad des Inverters müssen den Batterien rund 1175 W entnommen werden.

Da Leistung das Produkt aus Spannung und Stromstärke ist, verbraucht der Wechselrichter zum Betrieb des Wasserkochers bei einem 24-V-Bordnetz rund 50 A und bei einem 12-V-Bordnetz gewaltige 98 A (1175 W/24 V bzw. 1175 W/12 V). Bei solchen Stromstärken spielt nicht nur die Batteriekapazität eine wichtige Rolle, sondern auch die Kabelquerschnitte und Verbinder. Auf einer Motoryacht ist der Stromverbrauch weniger kritisch, da unterwegs die Motoren laufen und die Lichtmaschinen arbeiten, aber auf einer Segelyacht sind die Auswirkungen drastisch.

Der Wechselrichter selbst verbraucht auch eine geringe, aber nicht unbedeutende, Strommenge, wenn er im Standby eingeschaltet bleibt. Bei den kleinsten 300-W-Modellen kann dieser Verbrauch bereits bis zu 0,4 A betragen.

Tipp

Vorsicht beim Anschluss eines Wechselrichters an eine Zigarettenanzünder-Buchse! Das Kabel vom Wechselrichter zum Stecker ist zwar für den maximalen Strom ausreichend dimensioniert. Das muss aber nicht für das Kabel gelten, das im Bordnetz zur Buchse führt.

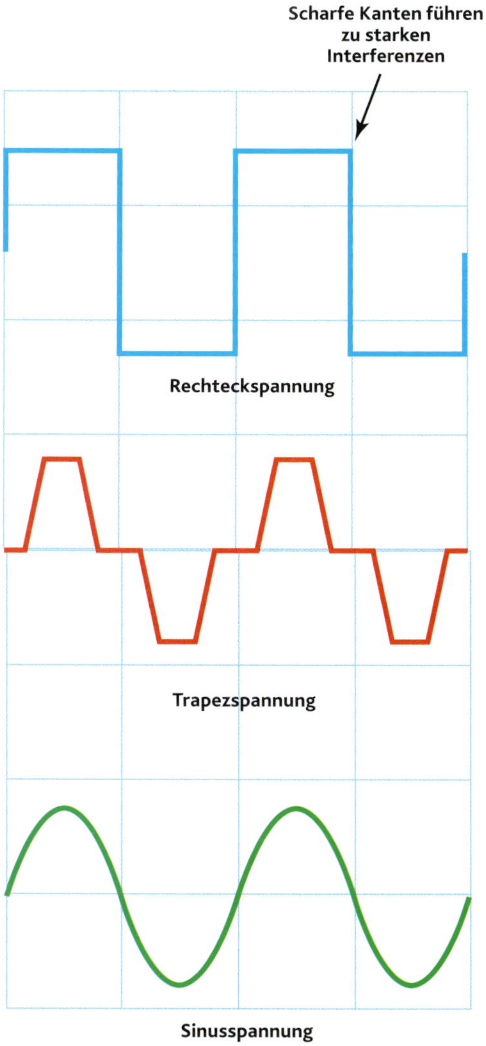

Die drei Arten der Ausgangsspannung: Rechteck, Trapez und Sinuskurve (links).

Viele der leistungsschwächeren Wechselrichter sind ideal, um Handy-Ladegeräte und ähnliche Geräte anzuschließen (rechts).

Kleine Wechselrichter sind sehr praktisch. Achten Sie aber darauf, wie viel Strom den Batterien entzogen wird. Nur für ein Notebook sind es hier bereits 6,4 A bei 12 V (unten).

Wechselrichter (2)

Wechselrichter kann man so einsetzen, dass sie Steckdosen versorgen, die keine Verbindung zu den vom Landstrom gespeisten Steckdosen haben oder man kann einen Wechselrichter in das bestehende System integrieren. Dabei muss durch einen speziellen Wählschalter absolut sichergestellt sein, dass der Strom entweder vom Inverter oder vom Landanschluss kommt, aber niemals von beiden gleichzeitig.

Installation

Als Erstes muss die Art des Wechselrichters und der Strombedarf festgelegt werden, sodass eine Verbrauchsrechnung aller Geräte wie beim Gleichstrom-Bordnetz nötig ist. Denken Sie daran, dass es sich um 230-V-Wechselstrom handelt, der genauso gefährlich wie der Strom im Haushalt ist. Die Installation sollte eventuell besser von einem zugelassenen Bootselektriker durchgeführt werden. In jedem Fall muss wie beim Landstrom eine Absicherung durch Schutzschalter und eine RCD-Fehlerstrom-Schutzvorrichtung in der Erdungsleitung eingebaut werden.

Alle Geräte haben einen Überlastungsschutz, der jedoch von der Stromstärke abhängig ist und keinen Schutz vor hoher Spannung bietet.

Verkabelung

Bei einem Festeinbau ist der nötige Kabelquerschnitt für die Leitung zur Batterie in der Betriebsanleitung angegeben. Die Kabel und die Verbinder müssen den Strom des unter voller Last laufenden Inverters zuzüglich einer Sicherheitsreserve für Überlast dauerhaft aufnehmen können. Auf der Seite mit Wechselstrom müssen die jeweiligen Normen und Bestimmungen des Landes eingehalten werden, in dem sich das Boot befindet oder in dem es registriert ist. Unter Umständen muss die Elektroinstallation für die Versicherung zertifiziert werden.

Mit großen Batteriebänken und einem Generator an Bord können alle Haushaltsgeräte über einen vollintegrierten Wechselrichter betrieben werden.

Integriert oder getrennt?

Bei einem vollintegrierten System können sämtliche 230-V-Geräte entweder vom Wechselrichter oder vom Landstrom versorgt werden. Beide Stromquellen (als dritte Stromquelle kann auch ein Generator hinzukommen) werden nach den Schutzschaltern zusammengeführt. Mit einem speziellen Schalter kann die gewünschte Stromquelle ausgewählt werden. Zu keinem Zeitpunkt dürfen zwei Stromquellen gleichzeitig verbunden sein. Bei dem Schalter handelt es sich meist um einen Drehschalter, der den Kontakt beidpolig unterbricht, bevor auf eine andere Stromquelle umgeschaltet werden kann.

Beidpolig bedeutet, dass Phase und Neutralleiter beim Schalten unterbrochen werden. Bei größeren Systemen müssen Funkenlöschkondensatoren zum Schutz vor Bränden oder Lichtbögen beim Umschalten eingebaut werden.

Bei einem nicht-integrierten System besteht keine Verbindung zu dem über Landstrom gespeisten Wechselstrom-Bordnetz. Geräte mit besonders hohem Stromverbrauch, wie Warmwasserboiler, Wasserkocher oder Heizlüfter, werden direkt und ausschließlich über Landstrom betrieben.

Verbraucher mit geringerer Stromaufnahme, wie Radio- und Fernsehgeräte oder Notebook-Ladegeräte, können an den Wechselstrom-Ausgängen des Inverters angeschlossen werden. Ein solches nicht-integriertes System benötigt keinen Wählschalter, sehr wohl aber Schutz- und RCD-Fehlerstromschalter sowohl für den Landstrom als auch für den Wechselrichter.

Der Einbauort

Da kein ständiger Zugriff auf den Wechselrichter nötig ist, kann er auch versteckt hinter einer Abtrennung eingebaut werden, sodass nur die Bedienelemente zugänglich sind. Grundsätzlich gilt:

- Der Einbauort muss trocken und vor Abwärme durch den Motor sowie vor Vibrationen geschützt sein.
- Wechselrichter haben ein hohes Gewicht, die Befestigung muss stabil genug sein.
- Gute Belüftung ist sehr wichtig. Ein 2-kW-Inverter mit einem Wirkungsgrad von 90 % setzt unter Volllast 200 W als Wärme frei. Selbst bei einem Gebläse zur Kühlung muss die Wärme irgendwohin abgeführt werden.
- Wechselrichter sollten weder der Sonneneinstrahlung ausgesetzt noch nahe an anderen Geräten montiert werden, die ebenfalls Wärme erzeugen.

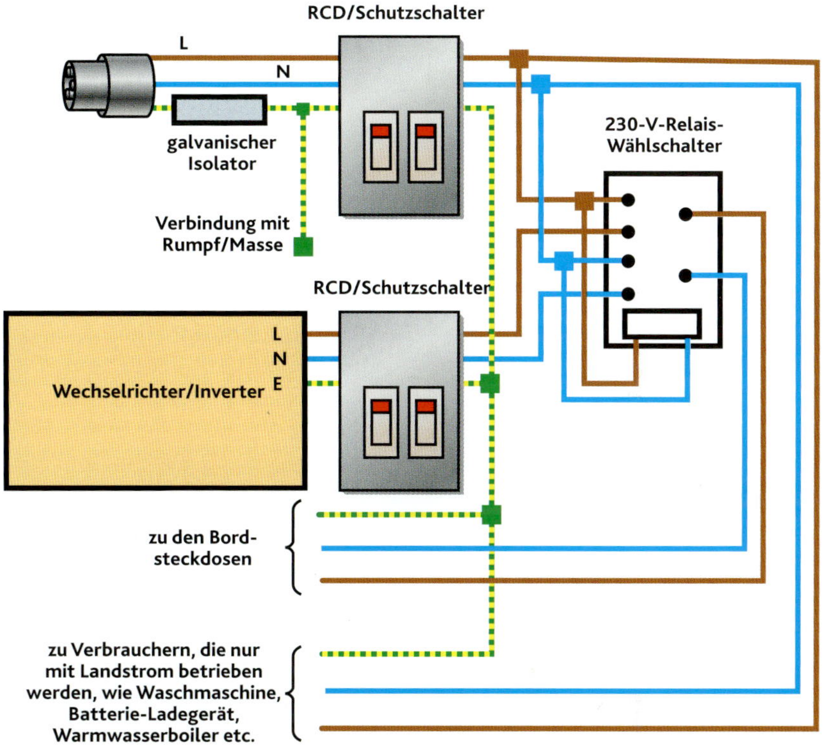

Ein Ladegerät/Wechselrichter-Kombigerät schaltet automatisch von den Batterien auf Landstrom um, sobald dieser verfügbar ist, sodass die Versorgung mit 230-V-Wechselstrom an Bord aufrecht gehalten wird (unten).

Ein vollintegriertes System erkennt, wenn Landstrom zur Verfügung steht und schaltet automatisch um, sodass auch Geräte mit hohem Stromverbrauch genutzt werden können (oben).

Tipp

Bei der Anschaffung eines Wechselrichters sollten Sie eine realistische und auch etwas großzügige Einstellung in Bezug auf die gewünschte Leistung zugrunde legen. Schlagen Sie zu ihren Berechnungen noch 50 % auf, denn Wechselrichter sind so nützlich, dass Sie bestimmt noch alle möglichen weiteren Elektrogeräte an Bord bringen werden, sobald der Inverter eingebaut ist.

Generatoren

Benzin- und Dieselgeneratoren sind seit Langem bewährt, da sie sofort verfügbaren Strom in großer Menge erzeugen können. In den letzten Jahren wurden die Generatoren – möglicherweise aufgrund der Konkurrenz durch alternative Stromquellen – stark verbessert, besonders hinsichtlich der Schallisolierung. Auch durch die ARC und andere Segel-Rallys hat sich das Augenmerk verstärkt auf die Zuverlässigkeit, Reparatur und Wartung der Generatoren gerichtet.

Die erste Entscheidung richtet sich danach, ob man ein vollwertiges System mit einem Wechselstromgenerator für die 230-V-Steckdosen an Bord wünscht oder ein Gleichstrom-System, um lediglich die Batterien aufzuladen. Im letzten Fall sorgen zusätzliche Batterien und ein Wechselrichter für ruhige Abendstunden, während die Batterien später mit einem kleinen Generator aufgeladen werden können.

Bei einem Generator treibt ein Benzin- oder Dieselmotor eine Lichtmaschine an, um Gleich- oder Wechselstrom zu liefern. Wechselstromgeneratoren müssen mit bestimmter, konstanter Drehzahl laufen, um die nötige Frequenz von 50 oder 60 Hz zu erzeugen. Bei größerem Stromverbrauch steigt der Kraftstoffverbrauch des Generators, um die festgelegte Drehzahl zu halten.

Fest eingebaute Generatoren benötigen meist eine Wasserkühlung sowie eine eigene Kraftstoffzufuhr und einen Auspuff nach außenbords. Ein 4-kW-Dieselgenerator verbraucht ungefähr einen Liter Diesel in der Stunde und liefert mehr als genug Energie für kleinere bis mittlere Yachten.

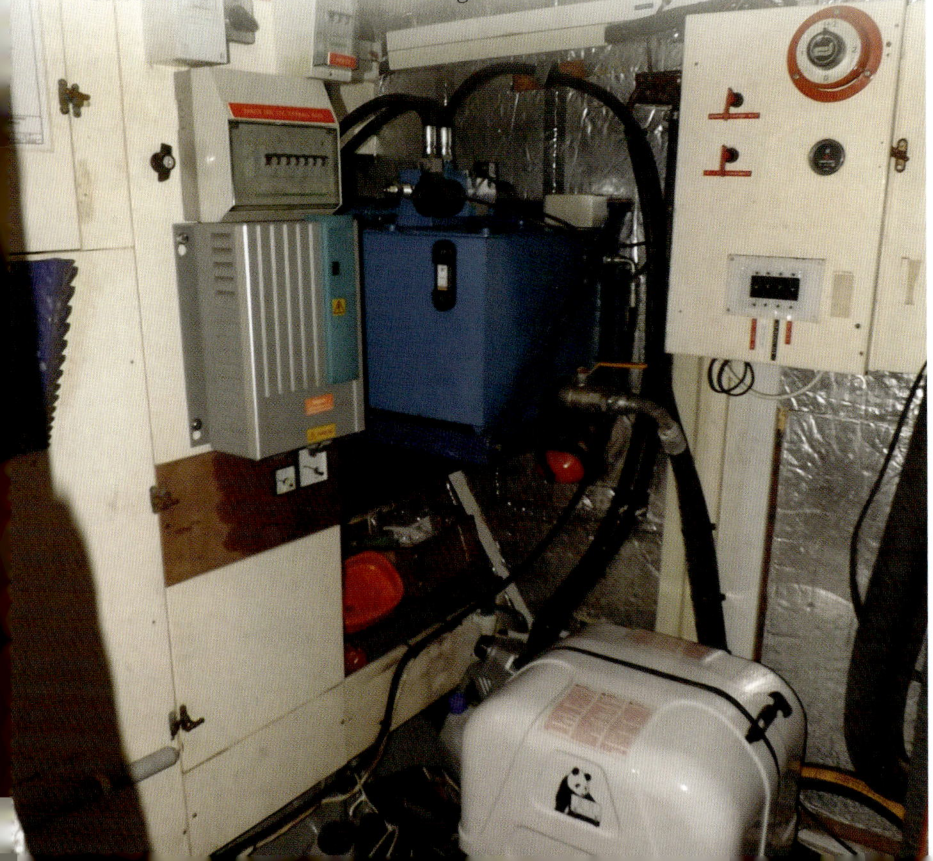

Leistungsangaben

Die Leistung eines Generators kann anstelle von Watt oder kW in VA, Volt x Ampere, (oder kVA) angegeben sein. Um die tatsächliche Leistung in Watt auszurechnen, muss man mit einem ausschließlich von den angeschlossenen Verbrauchern abhängigen Faktor (PF) multiplizieren.

Tatsächliche Leistung (kW) = kVA x PF (Power Factor)

Verbraucher mit eingebauten Elektromotoren haben beispielsweise einen Faktor von circa 0,8, elektrische Heizelemente haben dagegen einen Faktor von nahezu 1.

Leistungsbedarf

Nach Ermittlung des voraussichtlichen Leistungsbedarfs muss noch ein Zuschlag für Verbraucher mit Elektromotoren, wie Kühlschränke, Gefriertruhen und Klimaanlagen, eingerechnet werden, deren Anlaufstrom wesentlich höher als der Betriebsstrom ist, wodurch es zur Überlastung des Generators kommen kann, wenn dieser bereits an seiner Leistungsgrenze arbeitet. Rechnen Sie als Faustregel einen Zuschlag von 10 % ein, und dividieren Sie durch einen durchschnittlichen Faktor von 0,9, um eine Leistungsangabe in kVA zu erhalten. Überlegen Sie abschließend, ob der Generator nicht eine Nummer größer sein sollte, um auch zukünftigen Komfortansprüchen an Bord zu genügen.

Größere, fest installierte Generatoren sind häufig die Hauptstromquelle für das gesamte Bordnetz. Hier sind alle Versorgungssysteme in einem eigenen Bereich neben dem Motorraum untergebracht.

Unterschiede bei Generatoren

An erster Stelle steht die Entscheidung zwischen einem tragbaren und einem fest installierten Generator. Eine weitere Unterscheidung richtet sich nach der Kraftstoffart.

- **Tragbare Benzingeneratoren**
  Diese Ausführung ist vollständig gekapselt, klein und geräuscharm im Vergleich zu einem Dieselgenerator. Allerdings muss man zusätzlich Benzin an Bord mitführen. Zum Einsatz kommen Viertaktmotoren mit konstanter Drehzahl, die eine Lichtmaschine antreiben. In erster Linie liefern sie Wechselstrom, haben aber in der Regel auch einen 12-V-Gleichstrom-Ausgang zum Laden von Batterien. Das Leistungsspektrum reicht von 600 VA bis 2 kVA.
- **Dieselgeneratoren**
  Hierbei handelt es sich in der Regel um fest eingebaute Generatoren, die schwerer und leistungsstärker sind. Sie können über den Dieseltank des Hauptmotors versorgt werden und benötigen eine Wasserkühlung sowie eine Abgasanlage nach außenbords.
- **Gen-Sets**
  Das ist eine andere Bezeichnung für Dieselgeneratoren, die in meist größeren Installationen im Motorraum nahezu durchgehend betrieben werden. Sie liefern Strom für alle nur erdenklichen Verbraucher und elektrischen Systeme.
- **Gen-Verters**
  Bei dieser Methode zur Stromerzeugung treibt ein Dieselmotor eine Gleichstrom-Lichtmaschine an, die in der Regel 24 V oder 48 V liefert. Dieser Strom wird dann durch einen Wechselrichter (Inverter) zu Wechselstrom für die entsprechenden Verbraucher sowie das Batterieladegerät umgeformt. Der Vorteil liegt im höheren Wirkungsgrad, da der Dieselmotor nicht mit konstanter Drehzahl, sondern bei optimalen Verbrauchswerten, abhängig von der jeweiligen Stromlast, laufen kann. Der Wechselrichter erzeugt den Strom in der korrekten Frequenz und berichtigt diesen um den »Power Factor«, der bei nahezu 1 liegt, unabhängig von den angeschlossenen Verbrauchern – ein besonders effizientes System.

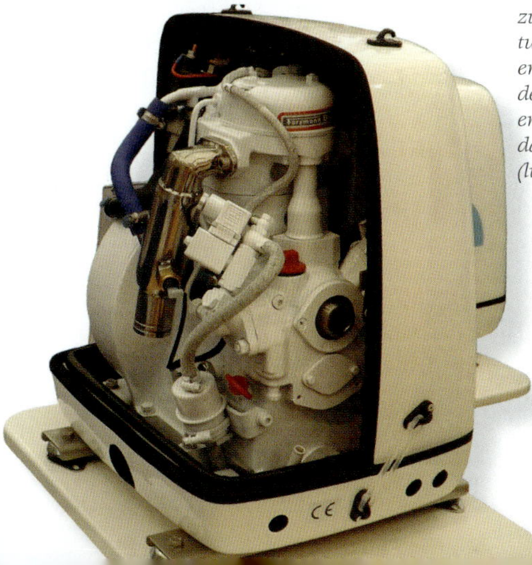

Bei diesem Generator sind nahezu alle Komponenten, die für die tägliche Überprüfung zugänglich sein müssen, an oder nahe der Vorderseite angeordnet (links).

Der Gen-Verter bietet eine kompakte Lösung bei großem Bedarf an Wechselstrom (rechts).

Dieser Generator mag auf einer Bootsmesse als gut zugänglich für Wartungsarbeiten erscheinen. Nach dem Einbau in eine enge Backskiste kann das anders aussehen (links).

Generatoren (2)

Der feste Einbau eines Generators ist ein größeres Unterfangen, bei dem das Boot an Land gestellt werden muss, um die Rumpfdurchlässe zu montieren. Der Generator muss so installiert werden, dass alle Stellen für Wartungsarbeiten gut erreichbar sind. Er benötigt zudem ausreichend Belüftung und muss an eine eigene Starterbatterie angeschlossen werden. Auf großen Yachten steht meist genug Platz im Motorraum zur Verfügung, andernfalls kann sich auch die Backskiste eignen.

Der Einbau

Ein Dieselgenerator benötigt eine Luft-, Kühlwasser- und Kraftstoffzufuhr sowie eine Abgasanlage für die Emissionen. Die Hersteller haben großen Aufwand betrieben, um alle wichtigen Komponenten für Wartungsarbeiten gut zugänglich anzuordnen. Professionelle Betriebe rechnen mit drei bis vier Tagen für den kompletten Einbau eines Dieselgenerators.

Der Ölstab, die Dieselförderpumpe und die Kühlwasserpumpe samt Impeller müssen für die tägliche Überprüfung und die regelmäßige Wartung gut zugänglich sein. Ein geeigneter Einbauort mag daher etwas weiter von der Starterbatterie entfernt sein, doch der Startstrom ist wesentlich geringer als für die Hauptmaschine, sodass das kein Problem sein sollte.

Motorfundament

Ein Generator erzeugt leichte Vibrationen und sollte daher auf einer stabilen Bodenplatte montiert sein, die starr genug ist, um den Schall nicht weiter zu verstärken. Dünne Schotten oder Wandflächen neben dem Generator können ebenfalls in Resonanz treten und mitschwingen, sodass sie versteift werden müssen. All das bemerkt man natürlich erst, wenn der Einbau abgeschlossen ist und der Generator zum ersten Mal gestartet wird.

Luftzufuhr

Ausreichende Luftzufuhr ist für die Leistung eines Dieselgenerators entscheidend. Neben der Luftmenge hat auch die Temperatur großen Einfluss. Die Luftzufuhr darf nicht durch Fender oder Segelsäcke in der Backskiste eingeschränkt sein. Die Lufttemperatur sollte außerdem unterhalb von 40 °C liegen. Beim Einbau des Generators im Motorraum kann das zum Problem werden, sodass eine gesonderte Luftzufuhr von außen nötig wird.

Der Kühlwasserfilter ist gut erreichbar. Wenn die Diesel-Vorfilter der Hauptmaschine und des Generators ebenso leicht zu erreichen sind, kann der Kraftstoff mittels einer Überbrückung wahlweise über den einen oder den anderen Filter geleitet werden. Das kann hilfreich sein, wenn einer der Filter verstopft.

Kühlwasser

Für die Kühlung ist ein von der Hauptmaschine vollständig abgetrenntes System empfehlenswert. Dazu müssen zwei neue Rumpfdurchlässe geschaffen werden. Kleinere Generatoren haben eine Einkreiskühlung, größere dagegen eine Zweikreiskühlung mit einem Wärmetauscher zwischen dem Seewasser und dem geschlossenen Kühlmittelkreislauf. Wird der Generator unterhalb der Wasserlinie eingebaut, muss ein Belüfter mit Ventil in ausreichender Höhe installiert werden. Der Wasserfilter muss ebenfalls über der Wasserlinie liegen. Der Generator fördert das Kühlwasser mit einer Impellerpumpe, die genauso sorgsam gepflegt und gewartet werden muss wie die an der Hauptmaschine.

Auspuff

Das Kühlwasser wird über den Auspuff ausgestoßen, der zur weiteren Kühlung und Schalldämmung über einen Wassersammler führt. Der Rumpfdurchbruch für den Auspuff kann zur Geräuschminimierung unter der Wasserlinie liegen.

Kraftstoffleitung

Auch beim Kraftstoff sollte der Generator über ein eigenes abgetrenntes System verfügen. Verunreinigter Kraftstoff führt zu Problemen, sodass die Filter einen wichtigen Bestandteil bilden. Dazu gehören:

- Ansaugleitung im Haupttank oder im separaten Generatortank bei größeren Yachten.
- eine zusätzliche, elektrische Niederdruck-Kraftstoffpumpe, wie sie manche Hersteller empfehlen.

- Kraftstoff-Vorfilter mit Wasserabscheider, gefolgt von einem Absperrventil.
- Feinfilter nahe am Generator, am besten mit integriertem Rückschlagventil.
- Zweites Absperrventil am Generator.
- Rückleitung zum Tank mit Absperrventil.

Elektrik

Der Generator benötigt eine externe Starterbatterie. Wird keine neue, eigene Starterbatterie für den Generator installiert, ist es üblich, den Starterstrom von den Verbraucherbatterien zu beziehen. Für den Fall, dass der Generator an der Starterbatterie der Hauptmaschine angeschlossen wird, kann man ein neues, kleines Ladegerät installieren, das vom laufenden Generator gespeist wird und die Starterbatterie auf volle Ladung hält.

Kontrolltafel

Der Schalter zum Umschalten auf Landstrom und der Startknopf für den Generator sind meist nahe der Navigationsecke angebracht. Abschließend wird der Strom vom Generator in das Wechselstrom-Bordnetz eingespeist und der Schutzleiter an einem separaten Schutzschalter angeschlossen.

Tipp

Es gibt den Trend, den Generator hauptsächlich zur Erzeugung eines geeigneten Batterie-Ladestroms zu verwenden, anstatt den Generator-Wechselstrom direkt zu nutzen, da es effektiver ist, den benötigten Wechselstrom anschließend über einen Wechselrichter zu produzieren.

Der Wassersammler ist das letzte Element im Auspuffsystem vor dem Auslass durch den Rumpf (rechts).

Es ist vorteilhaft, wenn der Kraftstoff-Feinfilter leicht zu wechseln ist. Er ist es, der bei Verunreinigungen im Diesel verstopfen kann (unten rechts).

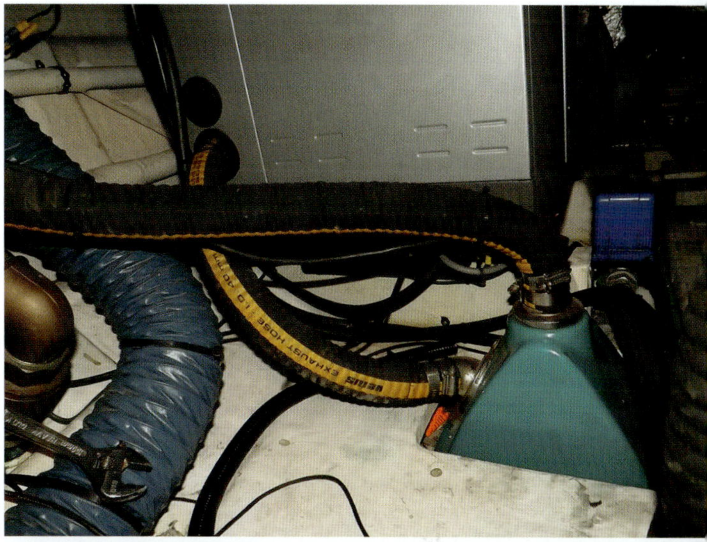

Große gummigedämpfte Motorlager reduzieren den Schallpegel des laufenden Generators beträchtlich und verhindern Resonanzschwingungen in den umliegenden Wandungen (unten links).

An der Kontrolltafel befindet sich der allpolig arbeitende Trennschalter zum Umschalten zwischen Generator und Landstrom (unten rechts).

Netzwerke

8

Bord-Netzwerke mit NMEA 0183

Mit der Möglichkeit, Instrumente über ein Netzwerk Daten austauschen zu lassen, eröffnen sich ganz neue Wege, die von den verschiedenen Sensoren gesammelten Informationen zu verwerten. Für einen einzelnen Hersteller ist das nicht weiter schwierig zu verwirklichen, aber erst seit der Einführung eines einheitlichen Standards in den 1980er-Jahren können die Instrumente aller Hersteller miteinander kommunizieren.

Einer der wichtigsten Gründe für die Einführung eines gemeinsamen Standards war die Übertragung der Positionsdaten vom GPS an das Funkgerät. UKW/DSC-Geräte übertragen dadurch bei einem Notruf automatisch die Position.

Vor NMEA 0183

Tochterinstrumente waren schon immer von Nutzen, um bestimmte Daten auch an anderen Stellen am Boot abzulesen. Um Wassertiefe, Wind- und Bootsgeschwindigkeit zum Beispiel auch am Kartentisch anzuzeigen, musste jedoch an jedes Cockpitinstrument eine entsprechende zusätzliche Tochteranzeige angeschlossen werden. Mit der Einführung der Netzwerktechnologie wurde nicht nur die Verkabelung viel einfacher, jetzt konnten die unterschiedlichen Informationen auch an nur einer einzigen zusätzlichen Anzeige abgelesen werden.

NMEA 0183

NMEA 0183 bezeichnet ein von der National Maritime Electronics Association in den 1980er-Jahren erarbeitetes gemeinsames Datenformat. Es wurde von allen Herstellern übernommen und markiert den Beginn der Systemintegration.

Baudrate

Digitale Daten bestehen in ihrer einfachsten Form aus einer 1 oder einer 0, was als Bit bezeichnet wird. Dabei kann es sich zum Beispiel um ein Spannungssignal handeln. Die 1 bedeutet, dass Spannung anliegt, die 0 bedeutet keine Spannung. Meist wird dem höheren Wert die 1 und dem geringeren Wert die 0 zugeordnet. Doch das geschieht elektronisch und führt zu einer langen Reihe aus 1 und 0, die durch das Kabel bzw. drahtlos über Wi-Fi oder Bluetooth, etc. gesendet wird. Mit der Baudrate wird die Zahl der übertragenen Symbole pro Sekunde bezeichnet.

Einfach ausgedrückt, werden damit Daten in einem einheitlichen Format von den Instrumenten gemessen und mit einer Kennung versehen, je nachdem, um welche Daten es sich handelt (Bootsgeschwindigkeit, GPS-Position oder Tiefe usw.). Dieses Datenpaket, auch als Datensatz bezeichnet, wird fortwährend vom jeweiligen Instrument in das Netzwerk ausgesendet. Andere Instrumente können dann die für sie geeignete Information lesen. Eine Tiefenanzeige beispielsweise zeigt nur den entsprechenden Datensatz mit der Wassertiefe an und ignoriert alle anderen Daten.

Das System hat mehrere Einschränkungen:

- **Nur ein Sender** – das ist das Instrument, das Daten aussendet – ist im Netzwerk zulässig. Der GPS-Empfänger kann zum Beispiel Daten wie Position, Fahrt über Grund (SOG), Kurs über Grund (COG) sowie Kursversatz (XTE) an andere Instrumente senden, die diese Daten verarbeiten oder anzeigen können. Da NMEA 0183 nicht synchronisiert ist, besteht keine Festlegung, wann die Daten ausgesendet werden. Bei mehreren Sendern würden die Daten kollidieren, weshalb nur ein einziger Sender möglich ist.
- **Bis zu drei Empfänger** können mit dem Sender verbunden sein.

NMEA 0183 ist im Prinzip ein unidirektionales Netzwerk, bei dem ein zentraler Sender die Daten sternförmig zu den Empfängern aussendet, die die für sie bestimmten Daten anhand der Kennung auswählen.

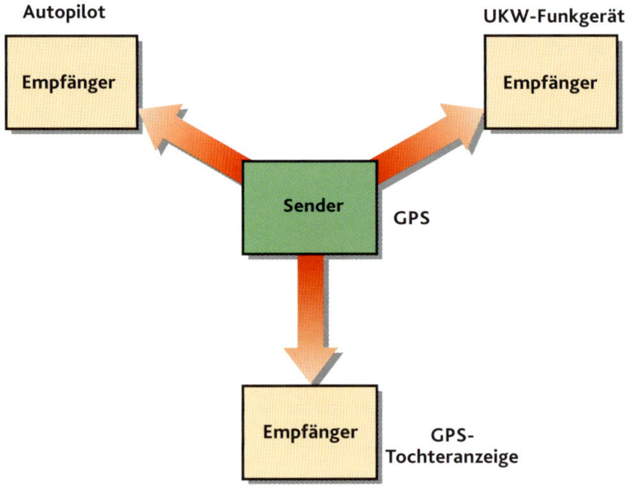

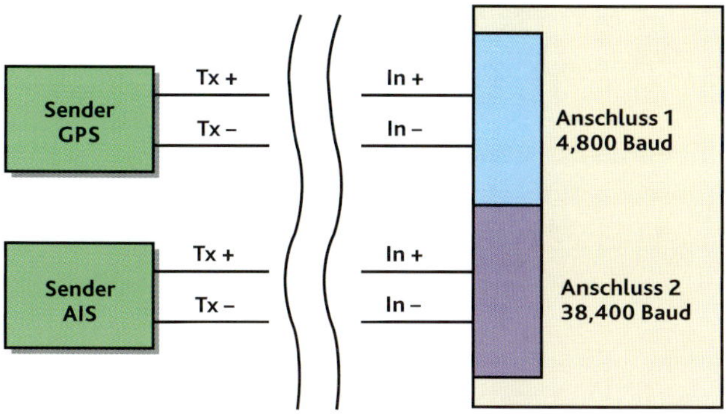

An den zusätzlichen Anschlüssen eines Multifunktionsdisplays können mehrere Sender angeschlossen werden. Jeder Anschluss kann auf die erforderliche Baudrate des Sender-Instruments eingestellt werden. AIS-Geräte haben 38 400 Baud, andere Geräte 4800 Baud (links).

Die Baudrate kann im Menü eingestellt werden (unten).

Wenn das NMEA-0183-Netzwerk überlastet ist, können unbenutzte Anzeigen ausgeschaltet werden (ganz unten).

Empfänger sind Instrumente, die die Datensätze lesen. Ein UKW/DSC-Funkgerät wird zum Empfänger, wenn es mit einem GPS-Gerät verbunden ist und übernimmt die Positions- und Zeitdaten vom GPS. Diese Daten werden im Abstand weniger Sekunden aktualisiert, da das GPS den Datensatz fortlaufend mit den neuesten Werten aussendet.

- **Ein oder mehrere NMEA-Anschlüsse** gehören zur Ausstattung vieler Instrumente und Anzeigen, um die Möglichkeiten der Vernetzung zu erweitern. Diese Anschlüsse werden mithilfe der Software im Menü konfiguriert und können mit unterschiedlichen Baudraten arbeiten (Anzahl der Symbole pro Sekunde, meist 4800 oder 38 400). Unerwünschte Datensätze können entfernt werden, um das Netzwerk zu entlasten.

Lassen Sie sich nicht von den vielen bunten Kabeln abschrecken, die neben der Stromversorgung durcheinanderlaufen. Jedes Kabel ist in der Betriebsanleitung genau beschrieben.

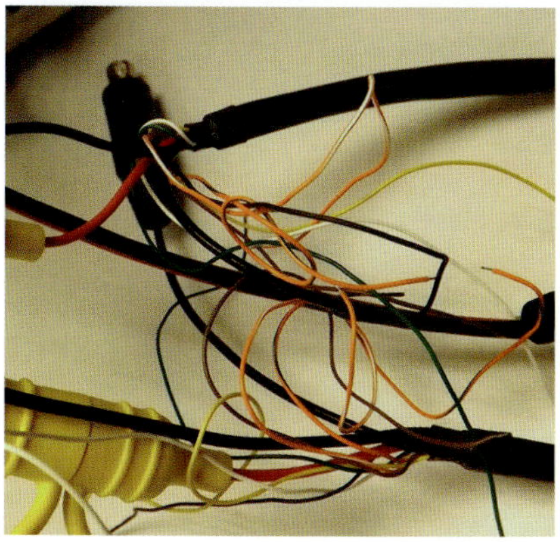

Welches Kabel wofür?

Da in den NMEA-Spezifikationen die Steckverbindungen nicht näher ausgeführt sind, können bis zu zehn Kabel in unterschiedlichen Farben im System vorkommen. Die meisten, wenn nicht alle, sind für die NMEA-Anschlüsse, wobei ein Kabelpaar für die Funktion des jeweiligen Anschlusses zuständig ist. Die Aufteilung für einen bidirektionalen Anschluss, der Daten senden und empfangen kann, ist wie folgt:

- **Zwei Kabel zum Senden.** Daten, die in das Netzwerk ausgesendet werden, werden mit einem Kabel übertragen, das mit Tx + oder NMEA out + bezeichnet ist, die Rückleitung ist dagegen mit Tx– oder NMEA out– bezeichnet.
- **Zwei Kabel zum Empfang.** Entsprechend werden aus dem Netzwerk eingehende Daten mit Kabeln übertragen, die die Bezeichnung Rx + oder NMEA in + beziehungsweise Rx– oder NMEA in– tragen.
- **Ein zweiter bidirektionaler Anschluss,** falls vorhanden, hat die gleiche Aufteilung der Kabel, verwendet aber zwei andere Kabelpaare.

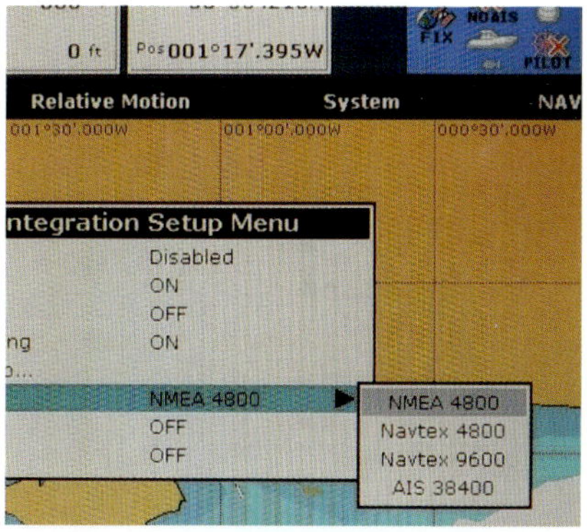

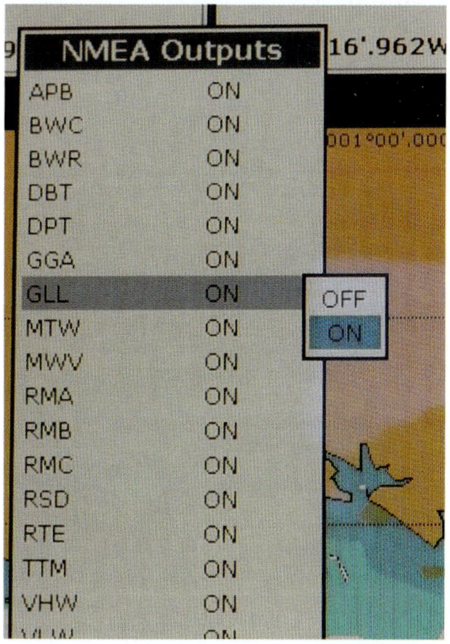

- **Ein dritter Anschluss** ist selten und kann in der Regel nur unidirektional verwendet werden, sodass hier die zwei übrigen Kabel angeschlossen sind.

Vernetzung verschiedener Geräte

Trotz seiner Einschränkungen kann man mit Standard-NMEA 0183 beste Ergebnisse erzielen. Im folgenden Beispiel werden vier Instrumente von drei Herstellern zum Datenaustausch vernetzt. Die Kabelverbindungen sind unkompliziert und zusammen mit den verwendeten Datensätzen in den jeweiligen Betriebsanleitungen genau beschrieben. Die einzige Schwierigkeit ist es, wenn überhaupt, passende Verbinder für die dünnen Kabel zu finden.

Sobald die Geräte verbunden sind, muss als einzig nötige Einstellung überprüft werden, ob die Baudrate am GPS entsprechend den Empfangsgeräten auf 4800 gestellt ist.

- In diesem Beispiel ist das Garmin GPS 128 der Sender. Im Abstand weniger Sekunden sendet es fortlaufend Position, Zeit, Datum, Wegepunktinformationen (WPT) und Kursversatz (XTE) in das Netzwerk.
- Der Raymarine-Autopilot empfängt die XTE-Daten, sobald ein Wegepunkt oder eine ganze Route mit »GOTO« aktiviert ist. Der Kursversatz oder »Cross Track Error«, XTE, ist der Abstand der aktuellen Position zur direkten Kurslinie vom Startpunkt zum Wegepunkt. Es ist die einzige Information, die der Autopilot benötigt, der so steuert, dass XTE möglichst gering bleibt.
- Das Nasa-UKW/DSC-Funkgerät empfängt Position, Zeit und Datum. Diese Daten stehen bei einer DSC-Positionsanfrage oder beim Absetzen eines Notrufs zur Verfügung und werden mit übertragen.
- Die Nasa-GPS-Tochteranzeige, oder Repeater, empfängt Position, Zeit, WPT und XTE. Sie kann die Position in Länge und Breite oder in einer mitlaufenden Straßengrafik zusammen mit Abstand, Peilung und benötigter Zeit (TTG) zum Wegepunkt anzeigen.

Die Geräte verbinden

- Das Garmin GPS 128 ist etwas ungewöhnlich, da das schwarze Erdungskabel für die Minusleitung und NMEA out– verwendet wird. NMEA out+ ist das blaue Kabel. An der Verteilerschiene werden diese Kabel mit den drei Kabelpaaren von Autopilot, UKW-Funkgerät und GPS-Tochteranzeige verbunden.
- Der Autopilot hat deutlich bezeichnete Anschlüsse an der Seite der Antriebskontrolleinheit. Von der Verteilerschiene führt man ein vieladriges Signalkabel zur Antriebskontrolleinheit, sucht zwei Adern aus und vermerkt deren Farben in der Schaltskizze.
- Die Antriebskontrolleinheit ist von der Bedieneinheit im Cockpit getrennt. Die einzelnen Komponenten, Antriebskontrolleinheit, Sensor oder Fluxgate-Kompass und Bedieneinheit, werden mit den Raymarine-eigenen Seatalk-Kabeln verbunden, die die NMEA-Daten übertragen.

Das GPS sendet die benötigten Daten an die anderen Instrumente. Auch mit einfachen Geräten können Wegepunkte und Routen eingegeben werden.

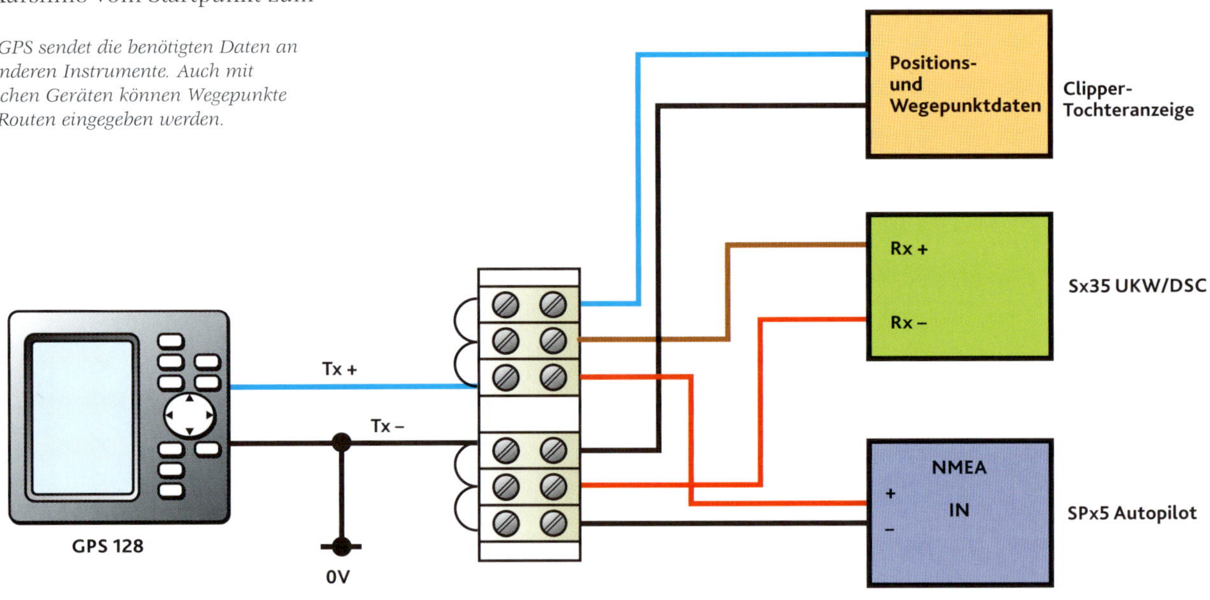

- Das UKW/DSC-Funkgerät hat ein braunes Kabel für »Rx +« und ein dünnes, rotes Kabel für »Rx–« (nicht zu verwechseln mit dem roten 12-V-Kabel zur Stromversorgung). Das Funkgerät befindet sich nah an der Verteilerschiene, sodass die Kabel direkt angeschlossen werden können.
- Zur GPS-Tochteranzeige im Cockpit muss erneut ein vieladriges Signalkabel geführt werden. Die Farben der zwei verwendeten Kabel werden wiederum in der Schaltskizze vermerkt.

NMEA-Datensätze

Das GPS sendet folgende NMEA-Datensätze (siehe Liste im Anhang Seite 182–183):

- GGA, GLL, GSA, GSV, RMB, RMC, RTE, WPL und BOD. Es sendet auch Garmin-eigene Daten, die jedoch von den anderen Instrumenten weder verstanden noch verwendet werden.
- Das Funkgerät empfängt RMC.
- Die GPS-Tochteranzeige empfängt RMB, RMC und GSA.
- Der Autopilot verwendet GGA, GLL, RMB (das die XTE-Daten enthält) und RMC. Der Sensor, oder bei älteren Modellen der Fluxgate-Kompass, sendet HDG-Kursdaten über die Seatalk-Verbindung an die Antriebskontrolleinheit und die Bedieneinheit, wo die Kursdaten dargestellt werden können.

Einstellung der Baudrate am GPS

Im Menü kann unter »Interface« die Baudrate verändert werden, wenn RTCM/NMEA ausgewählt wird. Falls der Wert nicht bereits auf 4800 eingestellt ist, kann er hier verändert werden.

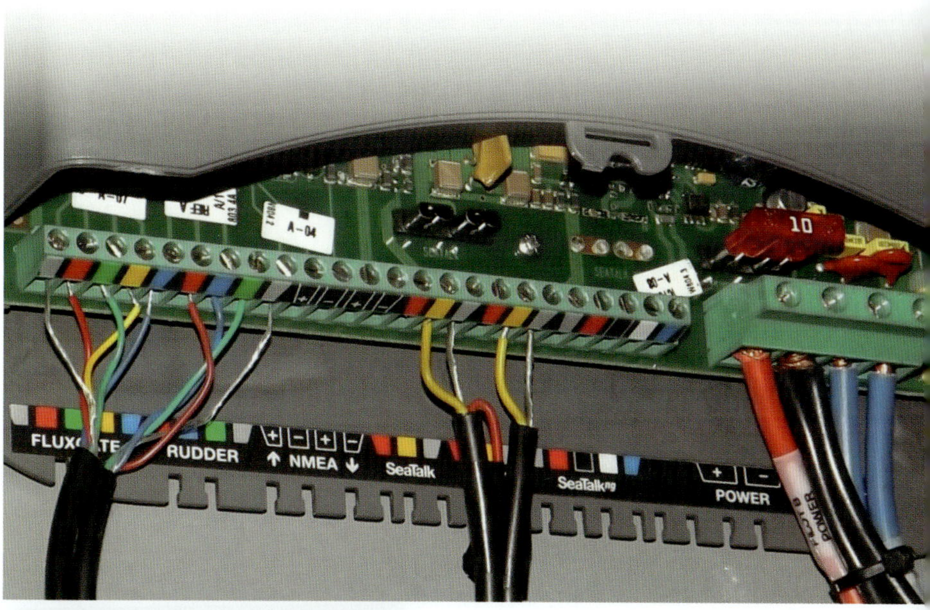

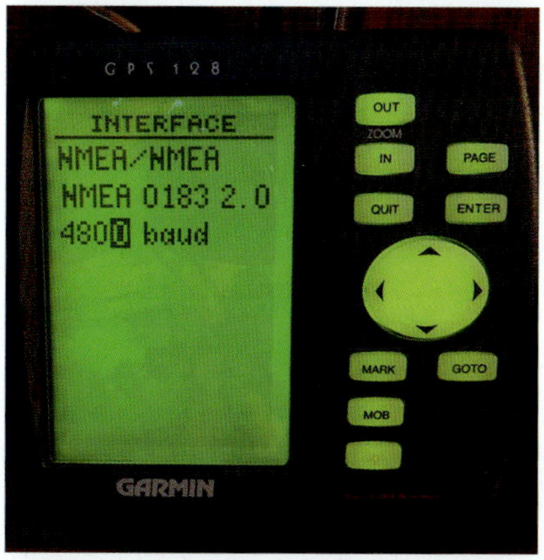

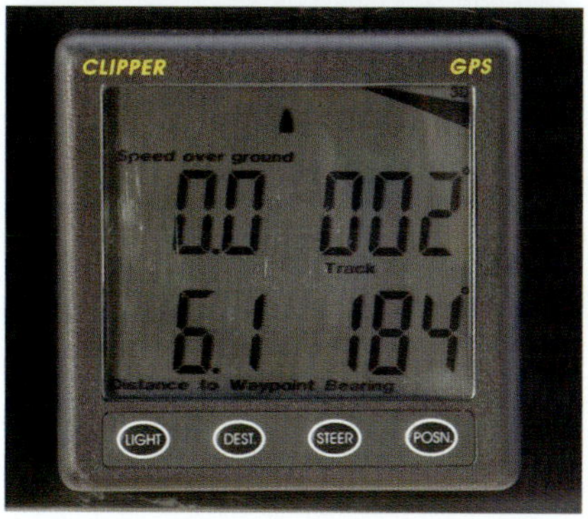

Der Autopilot kann NMEA 0183 oder 2000 verarbeiten (siehe Seiten 144/145). Die 0183-Verbindung ist klar erkennbar. Die Verbindung zur Bedieneinheit erfolgt über das Seatalk-Netzwerk (oben).

Überprüfen Sie , ob der Sender auf die korrekte Baudrate eingestellt ist. Bei diesem älteren Gerät liegt der Maximalwert bei nur 9600 Baud, was aber in diesem System kein Problem ist (links).

Die GPS-Tochteranzeige kann Positionsdaten und die Annäherung an einen Wegepunkt darstellen, sobald er mit »GOTO« aktiviert wird (unten links).

Tipp

Bringen Sie neue Geräte am Boot dort an, wo Sie sich auf See meistens aufhalten. Ich sitze gern im Niedergang, denn ich bin ein großer Anhänger von Selbststeueranlagen, weshalb der Kartenplotter, die Autopilot-Bedieneinheit sowie die Tochteranzeigen der Instrumente dort angebracht sind.

Multiplexer und Umwandler

Mittlerweile hat sich ein kleiner, aber aktiver Markt für Geräte gebildet, die die Einschränkungen von NMEA 0183 überwinden sollen. Dazu zählen Multiplexer, Umwandler, Puffer, Verstärker und viele mehr. Manche Hersteller verwenden weiterhin eigene Standards für ihre Produkte, doch bieten sie oder Drittanbieter auch Umwandler für NMEA und andere weitverbreitete Netzwerke wie Wi-Fi und Bluetooth an.

Multiplexer ermöglichen mehrere Sender

Ein Multiplexer fasst mehrere Eingangssignale zu einem Ausgangssignal zusammen, sodass mehrere Sender in das NMEA-Netzwerk eingebunden werden können. Das geschieht mithilfe von Elektronik und Software im Inneren der Geräte, wo die parallel eintreffenden Eingangssignale zu seriellen, also hintereinander gesendeten, Signalen an einem Ausgang zusammengefasst werden. So löst ein Multiplexer die zwei größten Einschränkungen von NMEA 0183, indem er mehrere Sender und unterschiedliche Baudraten ermöglicht.

- **Vier-Kanal-Multiplexer** haben vier Eingänge und einen Ausgang. Jeder Eingang ist ein Empfänger, an dem ein Sender angeschlossen wird. Die Eingangsdaten werden kurzfristig in einem Puffer gespeichert und dann hintereinander in einem Datenfluss am Ausgang ausgesendet. Dieser Ausgang bildet den einzigen Sender, der direkt mit dem NMEA-Netzwerk verbunden ist.

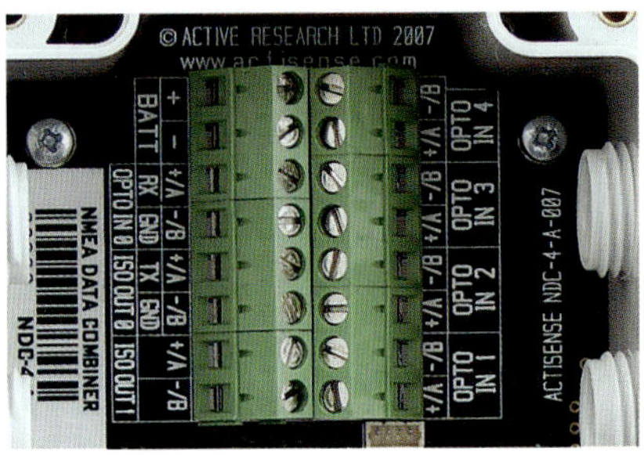

Die Daten von vier Sendern können zu einem einzigen Datenfluss kombiniert werden (unten und rechts).

- Die **Baudraten** der vier einzelnen Eingänge und des Ausgangs sind einstellbar. So können die Eingänge an die unterschiedlichen Sender angepasst werden. Üblich sind Baudraten von 4800 und 38 400, aber auch andere Werte können vorkommen. Der Ausgang wird normalerweise auf die höhere Baudrate eingestellt, damit keine Daten verloren gehen können.

Wer darf senden – wer muss empfangen?

Die meisten Bootsinstrumente sind Sender. Im vorangegangenen Beispiel eines einfachen Netzwerks hätte der Autopilot in einem gleichbleibenden Winkel zum Wind steuern können, wenn er nur die Winddaten hätte empfangen können. Der einzig erlaubte Sender war jedoch das GPS. Mit einem Multiplexer kann sowohl das GPS als auch das Windinstrument senden, und der Autopilot kann wahlweise entwe-

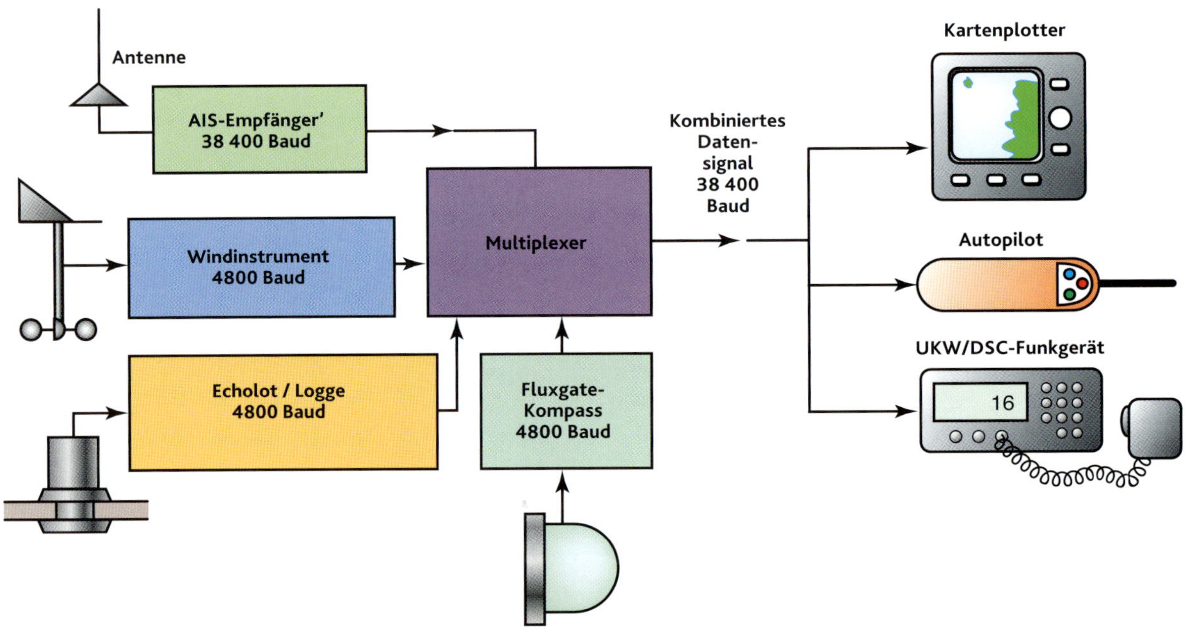

der MVW-Daten (scheinbarer Windwinkel und Geschwindigkeit) des Windinstruments für einen konstanten Kurs zur Windrichtung nutzen oder WPT- und XTE-Daten des GPS für die Ansteuerung eines Wegepunktes.

Ein vergleichsweise neuer Gerätetyp, der größtenteils noch NMEA 0183 nutzt, ist das Automatic Identification System (AIS). Die Daten anderer Schiffe, wie Position, Geschwindigkeit und Kurs, können neben den eigenen Daten dargestellt werden. Für den gesamten Funktionsumfang benötigt AIS 38 400 Baud. Ein Multiplexer ist die ideale Lösung, um diese Daten mit den 4800-Baud-Daten der Navigationsinstrumente zu kombinieren.

Umwandler / Adapter

Der Umwandler kann die Daten aller Hersteller verarbeiten, aber für die Verbindung ist oft ein Kabeladapter erforderlich. Mit diesem Adapter kann der NMEA-2000-Ausgang mit dem STNG-Anschluss von Raymarine verbunden werden.

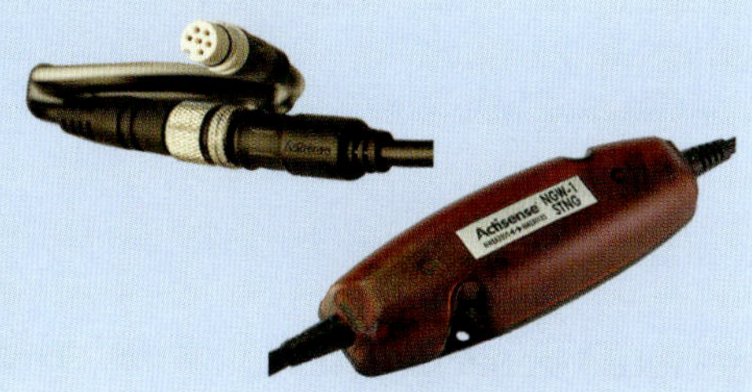

An einem Multifunktionsdisplay kann nahezu jede gewünschte Information angezeigt werden. Die Verwendung von NMEA 0183 wird durch die zwei, manchmal drei, Anschlüsse dieser Geräte erleichtert. Einer kann speziell für AIS auf 38 400 Baud eingestellt werden, und der andere empfängt das Ausgangssignal des Multiplexers mit den Daten von vier weiteren Instrumenten.

Dieser NMEA-Puffer, oder »Buffer«, verstärkt die Signalstärke, sodass bis zu sechs Empfänger mit einem Sender verbunden werden können (rechts).

Sobald die NMEA-0183-Daten vom Multiplexer verarbeitet sind, können sie in das NMEA-2000-Format umgewandelt und in das Netzwerk eingespeist werden (unten).

Umwandler

Es gibt viele unterschiedliche Umwandler, Konverter und Adapter – manche von den großen Elektronikherstellern, andere von kleineren Anbietern für Zubehör. Manche Hersteller bleiben bei ihren eigenen Standards, weil sie die Einschränkungen durch NMEA 0183 als zu groß empfinden, um die Kommunikation zwischen ihren Geräten und Displays in vollem Umfang zu gewährleisten. Mit einem NMEA-Umwandler kann ein kleiner Teil der Funktionen verloren gehen.

Andere Konverter können Daten von einem Standard in einen anderen umwandeln, beispielsweise NMEA 0183 in NMEA 2000. Mit einem solchen Umwandler kann man ältere Instrumente, die NMEA 0183 verwenden, mit neueren NMEA-2000-Geräten kombinieren. So kann zum Beispiel ein brandneuer Kartenplotter Daten wie Wind, Geschwindigkeit und Tiefe auch dann anzeigen, wenn diese von älteren Instrumenten stammen.

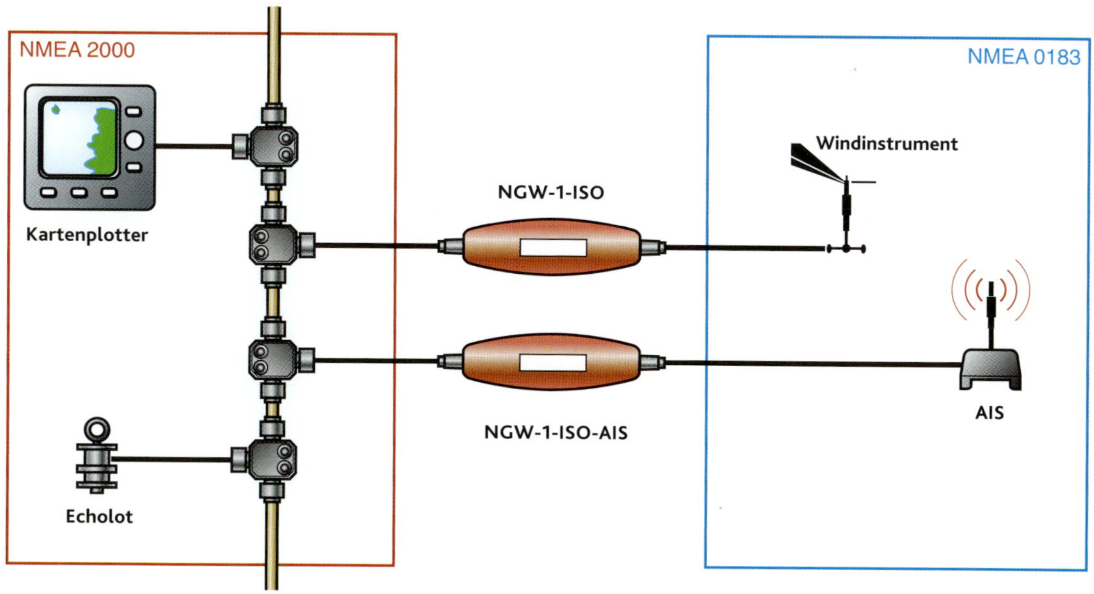

Bord-Netzwerke mit NMEA 2000

NMEA 2000 ist dem 0183-Standard haushoch überlegen, da es einen anderen Aufbau hat und jedem Gerät erlaubt, sowohl Sender als auch Empfänger zu sein. Der Datenaustausch ist vollständig synchronisiert und erfolgt mit 250 000 Baud, sodass ein Vielfaches an Daten verarbeitet werden kann. Dennoch sind auch die modernsten Multifunktionsdisplays immer noch 0183-kompatibel.

NMEA 2000, auch NMEA2K oder N2K genannt, basiert auf einem »Controller Area Network« oder CAN-Bussystem. Es ist ein bidirektionales, vollständig synchronisiertes Format, das enorme Flexibilität gewährleistet. Die Daten werden in festgelegter Form strukturiert und einer Parameter-Gruppennummer (PNG) zugewiesen. Diese Datenpakete werden auf Fehler überprüft, und jede Übertragung wird bestätigt, um eine hohe Zuverlässigkeit zu garantieren. Jede PNG erhält eine Priorität zwischen null und sieben, sodass Daten, die sich schnell ändern, als wichtiger eingestuft werden und öfter übertragen werden.

Bei den Kabelverbindungen ist der DeviceNet Micro-C M12 5-Stecker häufig anzutreffen, aber einige Hersteller haben ihre eigenen Verbinder entwickelt. Allerdings gibt es immer einen Adapter für die unterschiedlichen Stecker, sodass alle Geräte mit dem Netzwerk verbunden werden können. Bei der Verkabelung des Netzwerks ist zwischen dem Backbone-Kabel und einzelnen Spurkabeln zu unterscheiden.

Das Backbone-Kabel

Das Backbone-Kabel überträgt sowohl Daten als auch Spannung und verläuft einmal durch das ganze Boot. Alle Daten gelangen von und zu den Instrumenten, Displays, Gebern und anderen Geräten über das Backbone-Kabel, das gleichzeitig die 12-V-Stromversorgung übernimmt und die Installation stark vereinfacht.

- **Ein Anschluss an das Backbone-Kabel** erfolgt über ein eingesetztes T-Stück oder einen Mehrfach-Verteiler. Dadurch muss das Backbone-Kabel nicht umgeleitet werden, und einzelne Geräte können über Spurkabel angeschlossen werden.
- **Die Stromversorgung** wird ebenfalls über ein Einspeisekabel mit T-Verbinder hergestellt. Die 12-V-Zuleitung (9–16 V) sollte mit einer 5-A-Sicherung abgesichert werden. Eine 24-V-Stromversorgung ist nicht möglich, um 12-V-Geräte im Netzwerk vor Überspannung zu schützen.
- **Die maximale Länge** des Backbone-Kabels beträgt 200 Meter, abhängig von der Anzahl der angeschlossenen Geräte.
- **Abschlusswiderstände** müssen an beiden Enden des Backbone-Kabels oder dem letzten T-Stück angebracht werden. Sie sind als Standardkomponenten von allen Herstellern erhältlich.

Die Spurkabel

Unterschiedliche Spurkabel sind erhältlich, die alle mit einem T-Stück oder einem Verteiler mit dem Backbone-Kabel verbunden werden. Man benötigt:

- **Ein Einspeisekabel**, das von der 12-V-Verteilerschiene über einen Schalter und eine 5-A-Sicherung oder einen Schutzschalter zum Backbone-Kabel führt.
- **Spurkabel zum Anschluss der Geräte**, die mit einem Stecker am Gerät angesteckt werden können. Es gibt auch Spurkabel mit einem offenen Ende.
- **Adapterkabel**, die an einem Ende einen speziellen Stecker je nach Hersteller und einen DeviceNet-Stecker am anderen Ende haben.

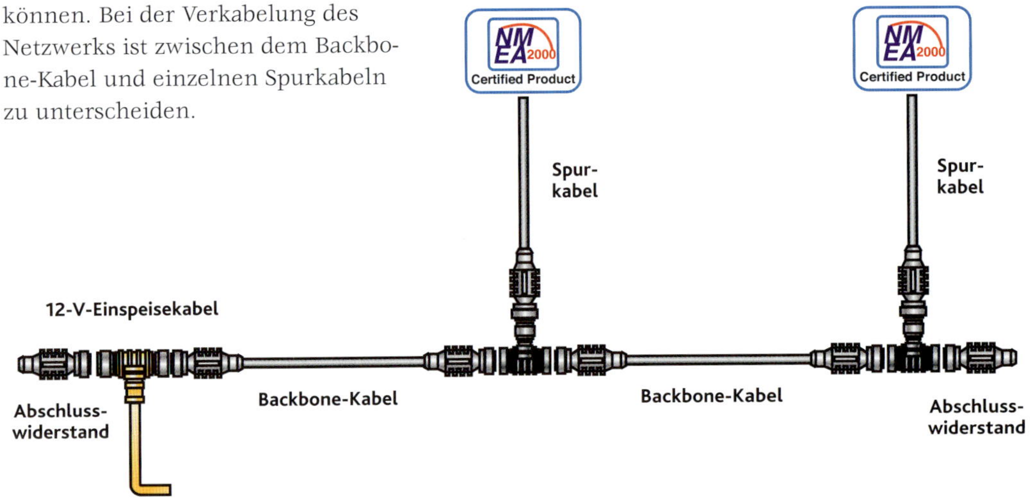

Das Backbone-Kabel bei NMEA 2000 macht selbst die Vernetzung komplexer Systeme einfach, da es die Stromversorgung aller Geräte beinhaltet, mit Ausnahme der größten Stromverbraucher.

Bilder mit freundlicher Genehmigung von NMEA

Stromverbrauch – die LEN-Zahl

Da die Stromversorgung der Geräte über das Backbone-Kabel erfolgt, muss der gesamte Stromverbrauch im Auge behalten werden. Dazu hat jedes Gerät eine LEN-Zahl (Load Equivalency Number). Ein LEN entspricht 50 mA, sodass ein Gerät mit drei LEN einen Stromverbrauch von 150 mA hat.

Die maximale Länge des Backbone-Kabels hängt größtenteils von der Summe aller LEN-Zahlen ab, die zu einem Spannungsabfall führen. So kann beispielsweise ein 60 Meter langes Backbone-Kabel 100 LEN liefern und ein längeres Kabel entsprechend weniger. Die größeren Stromverbraucher haben eine eigene Stromversorgung, sodass sie in der Regel nur ein LEN benötigen.

Spannungsausgleich im Backbone-Kabel

Am besten mündet das Einspeisekabel zur Stromversorgung mittig zwischen den angeschlossenen Geräten in das Backbone-Kabel. Das ist nicht unbedingt nötig, reduziert aber den Spannungsabfall. Mündet die Stromversorgung an einem Ende des Backbone-Kabels ein, ist am anderen Ende unter Umständen nicht genug Spannung für das letzte Gerät übrig.

Anschlüsse am Backbone-Kabel

1. Typisches DeviceNet-T-Stück
2. T-Stück von Raymarine
3. Backbone-Kabel mit Dreifach-Verteiler
4. Mehrere DeviceNet-T-Stücke. Das gelbe Spurkabel ist das Einspeisekabel zur Stromversorgung des gesamten Backbone-Kabels.

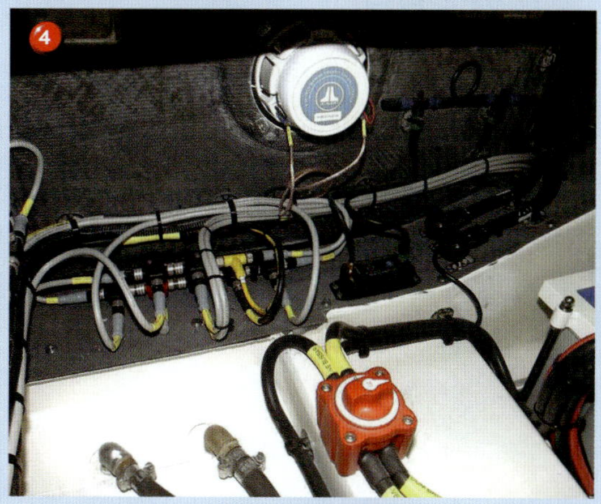

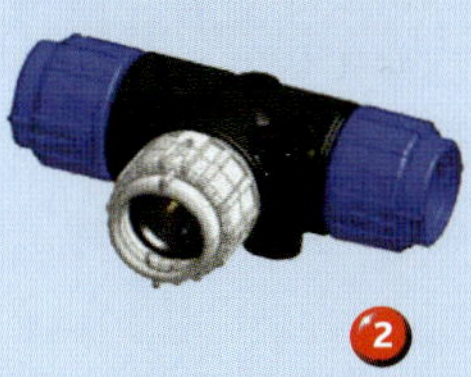

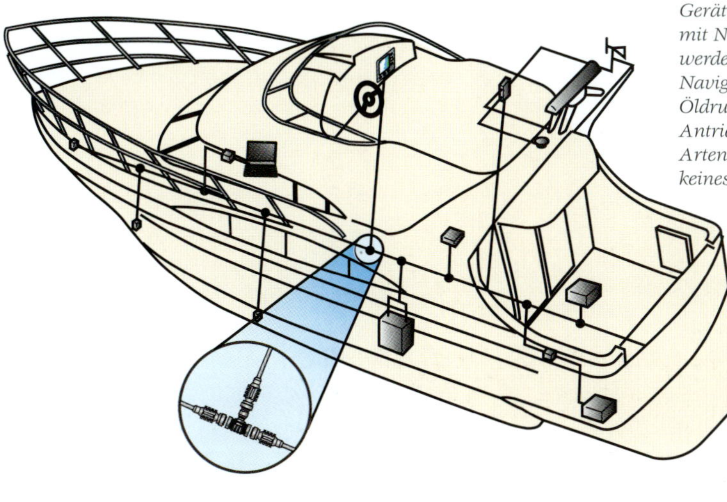

Geräte und Instrumente rund ums Boot können mit NMEA 2000 zu einem Netzwerk verbunden werden, um miteinander zu kommunizieren. Navigationsinstrumente, Motorinstrumente für Öldruck, Temperatur und Umdrehungszahl, Antriebskontrolleinheiten für Autopiloten und viele Arten von Displays zählen zu den üblichen, aber keineswegs einzig möglichen Geräten.

An beiden Enden des Backbone-Kabels müssen Abschlusswiderstände angebracht werden. In der Abbildung sind die DeviceNet- und Raymarine-Ausführung zu sehen.

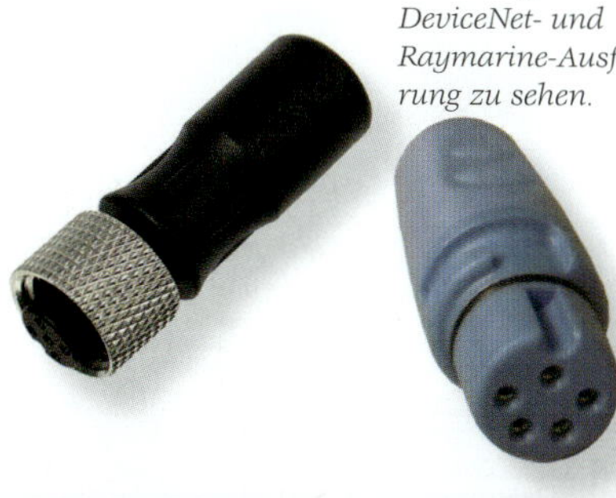

Hochgeschwindigkeit-Netzwerke

Die Datenraten von Radargeräten, Fishfindern und hochauflösenden Kameras erfordern ein wesentlich schnelleres Netzwerk als NMEA 2000. Die Hersteller greifen dazu auf Ethernet oder LAN (Local Area Network) zurück, wodurch Datenraten von 1 Gigabit und mehr möglich sind. Bei den Anschlüssen vertrauen manche der Hersteller auf die wassergeschützte Version des RJ45-Standardsteckers, andere haben eigene Verbinder entwickelt.

Protokoll

Die Daten werden in Pakete (Frames) zusammengeführt. Wie bei den meisten Netzwerken wird jedem Frame eine Adresse zugeordnet, doch bestehen zwei Unterschiede zu NMEA 2000:

- Im Ethernet werden die Geräte sternförmig verbunden mit einem »Schalter« in der Mitte, der die Verteilung der Daten kontrolliert. Dadurch ist es nahezu ausgeschlossen, dass Daten kollidieren können, selbst wenn das Netzwerk stark überlastet ist.
- Geräte unterschiedlicher Hersteller können nicht verbunden werden. Ethernet hat zwar ein genormtes Protokoll, die Geräte sind jedoch so komplex, dass z. B. ein Radar nur mit Displays des gleichen Herstellers funktioniert.

Wozu Hochgeschwindigkeit?

Multifunktionsdisplays (MFD) bilden heutzutage die zentralen Knotenpunkte für Informationen rund ums Boot. Die Einsatzmöglichkeiten sind atemberaubend, besonders wenn mehr als ein MFD installiert ist. In einem vollvernetzten System verarbeitet ein MFD riesige Datenmengen und benötigt daher eine hohe Übertragungsgeschwindigkeit.

Im Ethernet:

- Radar
- Fishfinder mit digitalem Sonarmodul (DSM)
- Standard-, Wärmebild- oder Infrarotkameras
- Wetterdaten
- Elektronische Seekarten
- Weitere MFDs

Netzwerkschalter sammeln die Daten von Radar, Fishfindern und anderen Geräten mit hohen Datenraten und verteilen sie auf die Multifunktionsdisplays.

Zusätzlich über NMEA 0183 und 2000:

- Standardinstrumente in großem Umfang und andere Daten
- Autopilot
- Differenzielles GPS
- Elektronische Schaltsysteme
- AIS
- Navtex
- UKW/DSC-Funkgeräte

Wi-Fi und Bluetooth:

- Verbindung zu mobilen Endgeräten, Handy, Tablet
- Musikanlagen

Netzwerkkoppler und -schalter

Eine einzige Ethernet-Datenquelle, wie beispielsweise ein Radargerät, kann direkt am Ethernet-Anschluss des MFD eingesteckt werden. Dort befinden sich oft zwei Anschlussbuchsen, sodass ein Kabel zu einem zweiten MFD weitergeführt werden kann. Da nun zwei Ethernet-Geräte direkt angeschlossen sind, muss ein Netzwerkkoppler verwendet werden (es sei denn, dass spezielle Verbindungskabel verfügbar sind).

Der Netzwerkkoppler sorgt dafür, dass das sendende Kabelpaar eines MFD zu dem empfangenden Paar des anderen MFD führt und umgekehrt. Sobald die beiden Displays verbunden sind, können Radar- und Seekarteninformationen zwischen den Geräten ausgetauscht werden. Ein MFD muss in der Regel als »Master« konfiguriert werden, ansonsten teilen sie sich die gleichen Radar- und Kartendaten.

Ein System mit drei oder mehr Geräten benötigt einen Netzwerkschalter oder »Switch«, an dem jedes der Geräte eingesteckt ist.

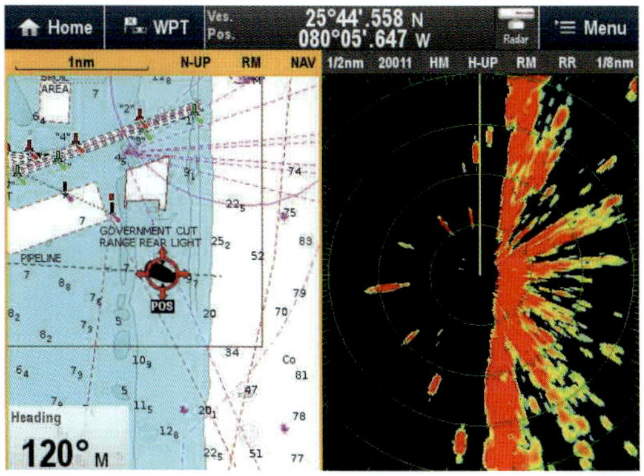

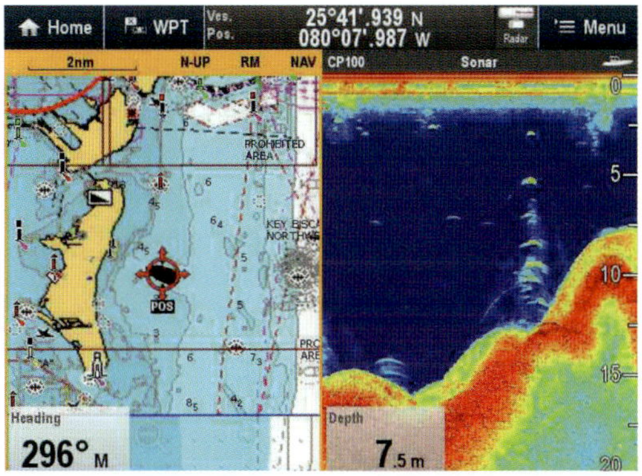

Das Multifunktionsdisplay muss alle unterschiedlichen Netzwerke verarbeiten, um die Daten der Instrumente (ältere mit NMEA 0183, neuere mit NMEA 2000) sowie die Bilder von Radargeräten, Fischfindern und Kameras darzustellen (unten).

An jedem MFD kann die Anzeige anders eingestellt werden. Die nötigen Daten holt es sich über den Netzwerkschalter (oben und oben rechts).

Der Netzwerkschalter oder Switch empfängt die Daten von einem Gerät und sendet sie nur an das Gerät weiter, für das sie bestimmt sind. Dadurch unterscheidet sich ein Netzwerkschalter von einem Hub, der die Daten an alle angeschlossenen Geräte weiterleitet.

Das bedeutet, dass Datenkollisionen nur zwischen dem jeweiligen Gerät und dem Netzwerkschalter vorkommen können und vom Netzwerkschalter aufgelöst werden. Zwischen den Geräten sind Datenkollisionen – anders als beim Backbone-Kabel im NMEA 2000-Netzwerk – ausgeschlossen, da alle Verbindungen über den Switch laufen.

Man kann mehrere Switches hintereinander einschleifen, falls die Anzahl der Anschlüsse nicht ausreichen sollte. Unabhängig von der Zahl der angeschlossenen Geräte bleibt es dabei, dass kein Setup nötig ist, außer eines der Multifunktionsdisplays als Master zu konfigurieren, da das System nach dem Plug-and-play-Prinzip funktioniert. Alle angeschlossenen Geräte werden selbstständig erkannt und sind sofort zugänglich, sobald sie mit dem Netzwerk verbunden sind.

Alle Daten werden an jedem der beiden Steuerstände und am Navigationstisch unter Deck zusammengeführt. Die Displays können unabhängig voneinander nach Wunsch konfiguriert werden (links).

Verwertung weiterer Daten

Multifunktionsdisplays (MFD) können alle Arten von Daten anzeigen, vorausgesetzt sie haben eine NMEA-Parameter-Gruppennummer (PNG). Mithilfe geeigneter Sensoren und elektronischer Wandler können weitere nützliche Informationen rund ums Boot gesammelt werden. Wer die hohen Kosten für ein MFD einsparen möchte, kann auf hervorragende herkömmliche Instrumente mit mehreren Anzeigemodi zurückgreifen.

Ein beeindruckendes Multifunktionsdisplay mit mehreren Instrumentenanzeigen (oben).

Motordaten

Um Motordaten in das Netzwerk einzuspeisen, müssen die jeweiligen Sensoren ein geeignetes Signal an die elektronischen Wandler ausgeben. Das Ausgangssignal wird dann NMEA 0183- oder NMEA 2000-konform sein. Die vier typischen Messgrößen zur Motorüberwachung sind:

- **Kühlwassertemperatur**, mit einem Sender, der einen Messwert aussendet und nicht nur einen Alarm auslöst (siehe Seiten 108/109). Falls der vorhandene Sensor ausgetauscht werden muss, kann man über den Motorenhändler ein geeignetes Modell beziehen, das an die gleiche Stelle am Motor passt. Der NMEA-Adapter kann direkt am Sensor oder an der dazugehörigen analogen Anzeige angeschlossen werden, falls diese ebenfalls installiert wird. Die Minusleitung führt zurück zum Motorblock oder zur Anzeige. Der neue Sensor sollte auch einen Temperaturalarm auslösen können, damit er wie zuvor an den bereits vorhandenen Motorinstrumenten angeschlossen werden kann, die bei Überhitzung ein akustisches Warnsignal abgeben.
- **Öldruck** erfordert die gleiche Vorgehensweise.
- **Abgas-Temperatur** benötigt in der Regel einen eigenen Sensor und Adapter. Es sind mehrere Modelle mit NMEA-Ausgang im Handel erhältlich.
- **Drehzahl** wird am Anschluss »W« der Lichtmaschine oder am vorhandenen analogen Drehzahlmesser abgegriffen.

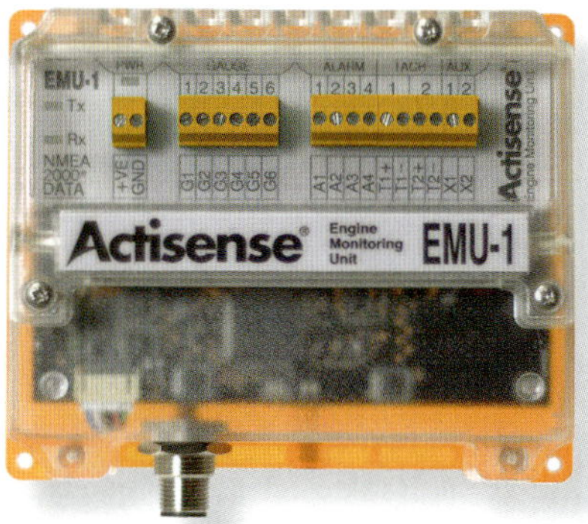

Die analogen Daten der Sensoren am Motor müssen erst digitalisiert und dann in ein Netzwerk-konformes Format gebracht werden (oben und unten).

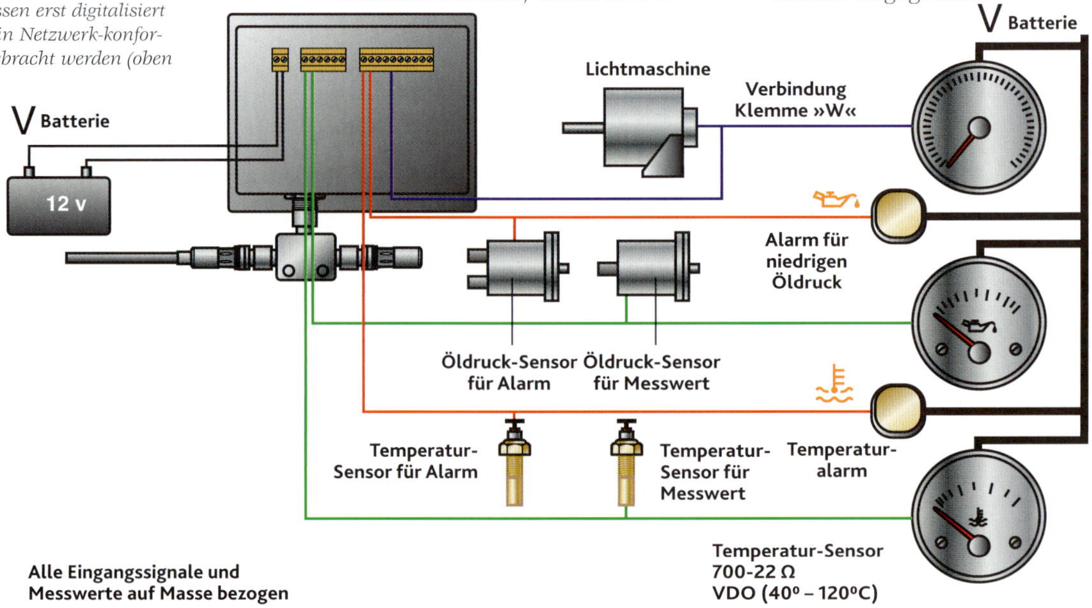

Füllstand von Diesel- und Wassertanks

Bei bereits vorhandenen Tankanzeigen auf älteren Booten handelt es sich meist um Sensoren, deren Ausgangssignal ein Standard-Widerstandswert ist. Diese Sensoren können weiterhin verwendet werden, wenn man einen Adapter und eine Minusleitung anschließt. Bei einer Neuinstallation hat man die Wahl:

- Ein Widerstandssensor in jedem Tank, verbunden mit einem NMEA-Adapter.
- Ein intelligenter Tankgeber, der ein NMEA-Signal aussendet und den Vorteil hat, dass er sich direkt mit dem NMEA 2000-Netzwerk verbinden lässt und dass die 12-V-Stromversorgung praktischerweise über das Backbone-Kabel erfolgt. Diese Option ist zudem etwas kostengünstiger.

Batteriespannung und Stromstärke

Motorinstrumente beinhalten in der Regel zumindest eine Anzeige der Ladespannung der Lichtmaschine. Für die Anzeige detaillierterer Daten jeder einzelnen Batteriebank sowie der Stromstärke über einen Shunt oder Halleffekt-Sensor siehe Seiten 110–112.

Der Kraftstoffverbrauch wird mit einem Durchflusssensor gemessen, und der Adapter übersetzt die Werte in NMEA 2000-Daten, die in das Backbone-Kabel eingespeist werden (oben und rechts).

AIS (Automatic Identification System)

Für AIS wird ein Display und ein GPS-Signal benötigt. Beides ist aber in den meisten Fällen bereits an Bord vorhanden. Wer ein Multifunktionsdisplay an Bord hat oder die Anschaffung eines MFD erwägt, kann AIS per Overlay-Funktion zusammen mit der Seekarte oder dem Radarbild anzeigen – eine ideale Lösung.

Aber auch viele Instrumentenanzeigen haben im Menü eine Seite für die Anzeige von AIS. In diesem Fall muss nur ein AIS-Empfänger angeschafft werden (oder ein AIS-Sender/Empfänger bei aktivem AIS), der die Daten ins Netzwerk einspeist, sodass sie an den bereits vorhandenen Instrumenten angezeigt werden können. Dabei funktionieren NMEA 0183 und 2000 gleichermaßen gut.

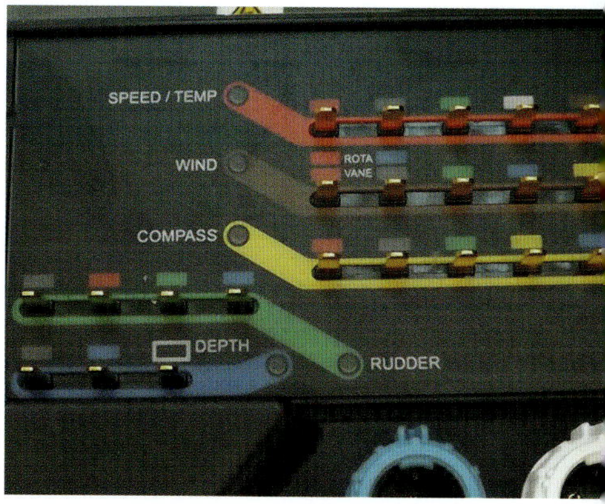

Dieser NMEA-Adapter von Raymarine hat sechs Anschlüsse für die Geber von Wind-, Log-, Temperatur-, Kurs-, Tiefe- und Ruderlage-Anzeigen und übersetzt die Signale in NMEA 2000-Daten, die in das Backbone-Kabel eingespeist werden können (oben).

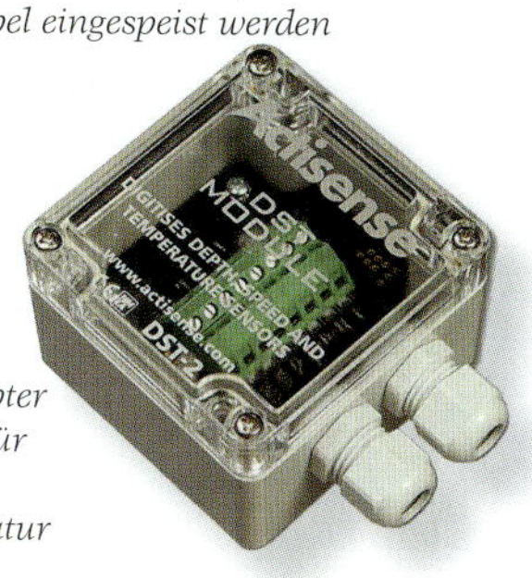

Ein kleinerer Adapter mit Anschlüssen für Geschwindigkeit, Tiefe und Temperatur (rechts).

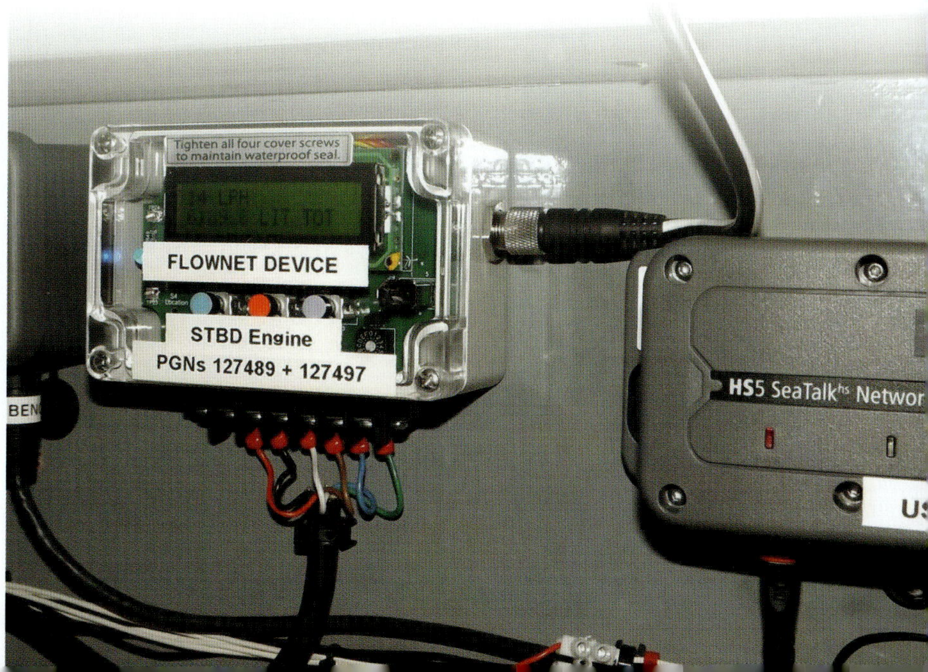

Unterschiedliche Netzwerke verbinden

Bei einer Neuinstallation fällt die Entscheidung meist zugunsten von NMEA 2000 aus, da das Backbone-Kabel die Verbindung der einzelnen Komponenten stark vereinfacht. Sind ältere NMEA 0183-Geräte an Bord bereits vorhanden, wird ein Multiplexer benötigt, um die Daten in NMEA 2000 umzuwandeln und Geräte neueren Typs zu integrieren. Beim Einbau einer Radaranlage kommt aufgrund der hohen Datenraten zusätzlich ein Ethernet-Netzwerk hinzu.

Kabelführung

Mit einem Netzwerk wird der Einbau der Geräte stark vereinfacht. Erstellen Sie zunächst einen Übersichtsplan, wo die Geräte installiert werden sollen, und lassen Sie Raum für eine spätere Erweiterung des Systems. Dadurch stellen Sie fest, welche Kabel und Stecker benötigt werden. Netzwerkkabel gibt es nur in bestimmten Längen, sodass überschüssige Längen oft in runden Wicklungen befestigt werden müssen. Das ist jedoch kein Problem, da die Kabel abgeschirmt sind und keine Interferenzen erzeugen.

Falls ein Kabel bei der Verlegung durchtrennt werden muss, kann man Verbinder des DeviceNet-Typs verwenden, die für offene Kabelenden egal welchen Herstellers geeignet sind. Bei den Kabeln von Raymarine müssen die Litzen abisoliert und mit dem Stecker neu verlötet werden – das ist zwar nicht ideal, aber es funktioniert. Jedoch sind die Stecker von Raymarine kaum dicker als das Kabel und können nahezu überall durchgeführt werden.

Ethernet

Nach dem Einbau des Netzwerkschalters oder Switch müssen die einzelnen Kabel von Radargerät, Fishfinder und anderer Ausrüstung, die Ethernet erfordert, verlegt werden, sodass es hier wenig Variationsmöglichkeiten gibt.

NMEA 2000

Ziehen Sie jeden möglichen Einbauort für ein Anzeigeinstrument in Betracht, und führen Sie das Backbone-Kabel dort mit einem T-Stück oder Verteiler vorbei. Da zudem selbst für kurze Kabellängen Abdeckungen und Verkleidungen entfernt werden müssen, kann bei dieser Gelegenheit auch gleich das ganze Boot verkabelt werden. Vergessen Sie nicht, Verbindungen zu allen Tanks, zum Motor und zu den Motorinstrumenten zu führen. Verschließen Sie Reserveanschlüsse an den Verteilern mit leeren Steckern, damit keine Feuchtigkeit eindringen kann.

Ist das Backbone-Kabel fertig verlegt, können neue Geräte viel einfacher installiert werden. Ein einziges Display in der Achterkabine oder an einer Koje kann ein echter Zugewinn sein und neben AIS-Informationen auch alle anderen Bootsdaten auf mehreren Menüseiten anzeigen.

Anfang und Ende des Backbone-Kabels

Legt man den Anfang des Backbone-Kabels an den Mastfuß, kann es zu einem späteren Zeitpunkt leicht bis in den Masttopp verlängert werden.

Hier arbeiten drei Netzwerke simultan, um alle gewünschten Informationen am Steuerstand anzuzeigen.

- Sensoren am Masttopp, wie zum Beispiel ein Ultraschallsensor für Wind- und Wetterdaten, können dann mit ihren kurzen Spurkabeln am Backbone angeschlossen werden.
- Am Anfang und am Ende des Backbone-Kabels muss ein Abschlusswiderstand angeschlossen sein.
- Verlängert man das Backbone-Kabel bis in den Masttopp, kann man es am ursprünglichen Kabelanfang am Mastfuß mit einem T-Stück verbinden.

Das Ende des Backbone-Kabels kann an einem beliebigen Ort platziert werden – immerhin stehen bis zu 200 Meter Kabellänge zur Verfügung.

»Daisy Chain« (serielle Verbindung) bei NMEA 2000

Neuere Geräte haben an der Rückseite meist zwei NMEA 2000-Anschlüsse, um mehrere Instrumente hintereinander mit Spurkabeln zu verbinden. Nur eines der Instrumente ist direkt am Backbone-Kabel angeschlossen. Dadurch wird die Installation weiter vereinfacht, da auch die Stromversorgung der Geräte über die Spurkabel erfolgt.

Tipp

Die DeviceNet-Verbinder gibt es als Stecker oder als Kupplung. Achten Sie genau darauf, welche Ausführung Sie brauchen, denn es ist ärgerlich, erst an Bord festzustellen, dass man den falschen Typ gekauft hat. Bedenken Sie auch bei der Anordnung der Instrumente, dass T-Stücke an der rückseitigen Verkabelung ziemlich viel Platz benötigen.

Welche Ausführung bei Backbone-Kabeln?

Backbone-Kabel werden zusammen mit Spurkabeln, mehreren T-Stücken, Verteilern und Abschlusswiderständen von unterschiedlichen Herstellern angeboten. Doch gibt es zahlreiche Adapter und Stecker für offene Kabelenden, sodass man Spurkabel aller Ausführungen beliebig mischen kann. Darin liegt einer der größten Vorteile des einheitlichen NMEA 2000-Standards. Bei der Auswahl kann man sich durchaus nach dem Preisvorteil richten.

NMEA 0183

Ältere Geräte mit NMEA 0183-Ausgang können weiterhin verwendet werden. Viele dieser Geräte werden gebraucht angeboten und können bei einwandfreiem Zustand noch lange Zeit gute Dienste tun. Unter Umständen benötigt man zusätzlich zum Umwandler von NMEA 0183 in NMEA 2000 (oder SeaTalk 1 in SeaTalk NG bei Raymarine) noch einen Multiplexer, aber damit stehen die Daten dann im gesamten Netzwerk zur Verfügung.

Installieren Sie genügend Verteiler mit Anschlüssen für mehrere Spurkabel. Wie bei Steckdosen wird man schlussendlich alle Anschlüsse verwenden und könnte sogar noch mehr gebrauchen (links).

Die Backbone-Kabel sollten am besten von nur einem Hersteller stammen, aber unterschiedliche Spurkabel können mithilfe von Adaptern angeschlossen werden (unten und ganz unten).

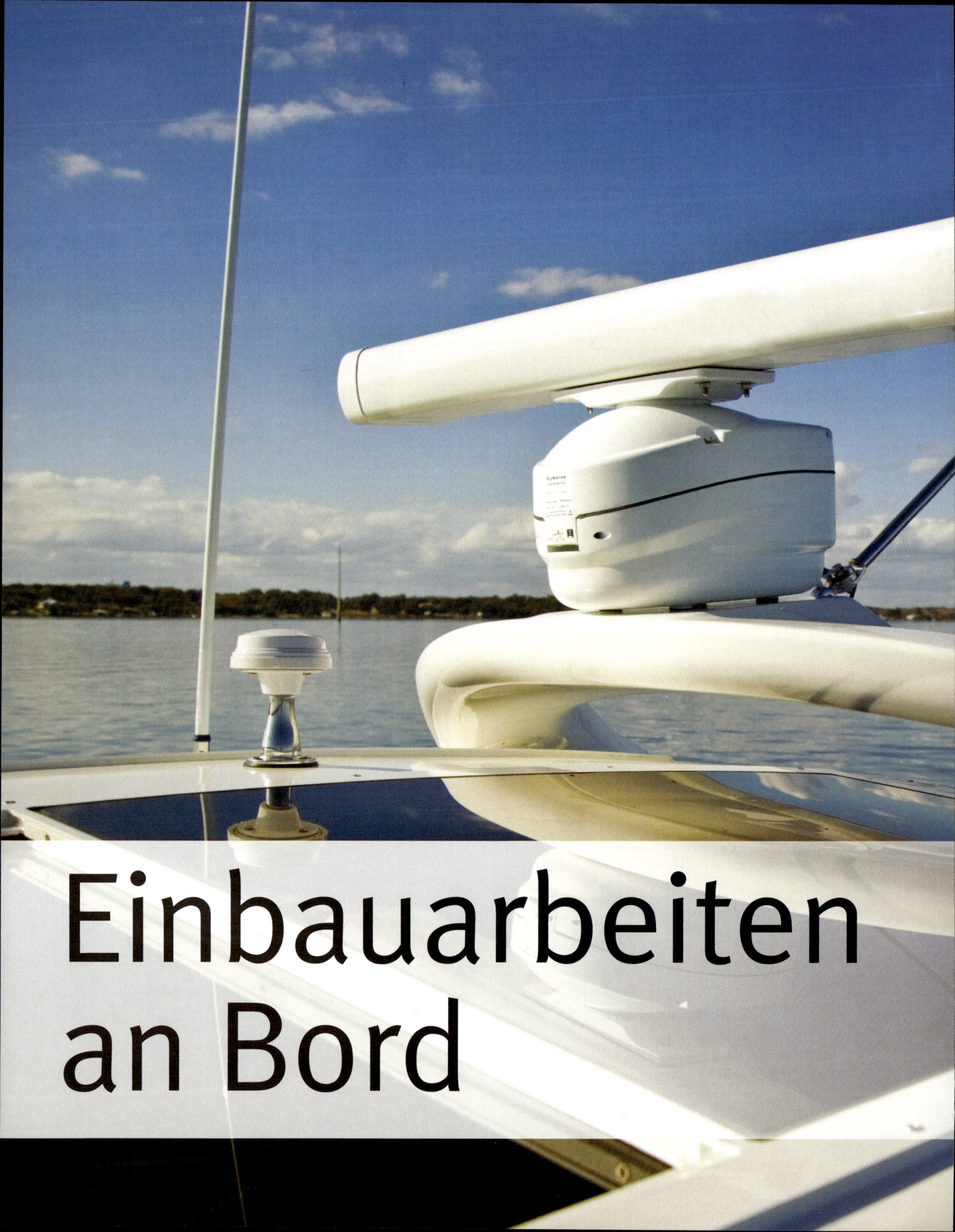

Einbauarbeiten an Bord

9

AIS-Installation

AIS steht für »Automatic Identification System« und ermöglicht, Schiffdaten über ein Funknetz in Echtzeit zu senden und zu empfangen. Dazu werden ein GPS-Signal, eine Antenne wie bei einem UKW/DSC-Funkgerät, eine elektronische Kontrolleinheit und ein Display benötigt. Es gibt einige hervorragende Produkte, mit denen sich eine Neuinstallation oder eine Erweiterung des Systems unkompliziert gestalten lässt.

AIS-Klassifizierung

AIS-Geräte werden in zwei Kategorien, Klasse A und Klasse B, eingeteilt. Klasse-A-Geräte erfüllen die IMO-Anforderungen und sind in der Berufsschifffahrt für Fahrzeuge über 300 Bruttoregistertonnen und für Passagierschiffe vorgeschrieben. Die Geräte übermitteln sowohl allgemeine statische Schiffsdaten wie Name, Länge, etc. als auch dynamische Daten wie Kurs, Geschwindigkeit, etc. und empfangen gleichzeitig die Daten anderer Schiffe in Reichweite.

Die Geräte der Klasse B sind preisgünstiger, da sie nicht IMO-zertifiziert sind. Sie sind als Sender/Empfänger, ähnlich wie Klasse-A-Geräte, oder als reine Empfänger erhältlich. Die Klasse-B-Geräte können die Daten sowohl von Klasse-A- als auch von Klasse-B-Sendern empfangen und anzeigen. Bei Booten, die schneller als 15–20 kn fahren können, ist ein Klasse-A-Gerät empfehlenswert, da es eine höhere Übertragungsrate hat und anderen Schiffen die sich schnell ändernden Positionsdaten besser anzeigen lässt.

Zweikanal-AIS

AIS verwendet zwei spezielle UKW-Kanäle. Die Reichweite hängt daher wie beim UKW-Funk von der Antennenhöhe ab. Die beiden Kanäle werden abwechselnd genutzt, um die stets aktualisierten Daten zu übertragen. Heutzutage empfangen alle AIS-Geräte auf zwei Kanälen, lediglich ältere Einheiten arbeiten nur auf einem Kanal.

Installation eines Klasse-B-Senders/Empfängers

Ein AIS-System umfasst folgende vier Komponenten:

- AIS-Sender benötigen, im Gegensatz zu reinen AIS-Empfängern, separate, unabhängige GPS-Positionsdaten, sodass in der Regel ein GPS im Gerät integriert ist. Falls dieser GPS-Empfänger der einzige an Bord ist, kann man die Positionsdaten über den NMEA-Anschluss auch anderweitig nutzen. Ansonsten bleibt das AIS-GPS von dem für die Navigationsinstrumente genutzten GPS an Bord getrennt.
- Die AIS-Antenne sollte für maximale Reichweite so hoch wie möglich angebracht werden. Eine bereits vorhandene UKW-Antenne kann mithilfe eines Splitters auch für AIS verwendet werden.
- Das AIS-Gerät beinhaltet die Elektronik und kann an einem beliebigen Ort unter Deck eingebaut werden. Viele der Modelle können mit 12 oder 24 V betrieben werden, doch wer ein 24-V-Bordnetz hat, sollte das im Einzelfall überprüfen. AIS-Geräte ohne eigenes Display werden häufig als AIS-Engine bezeichnet.
- Zur Darstellung der empfangenen Daten wird ein Display benötigt. Manche AIS-Geräte haben ein eigenes Display, andere können an einen vorhandenen Kartenplotter oder an ein Multifunktionsdisplay angeschlossen werden.

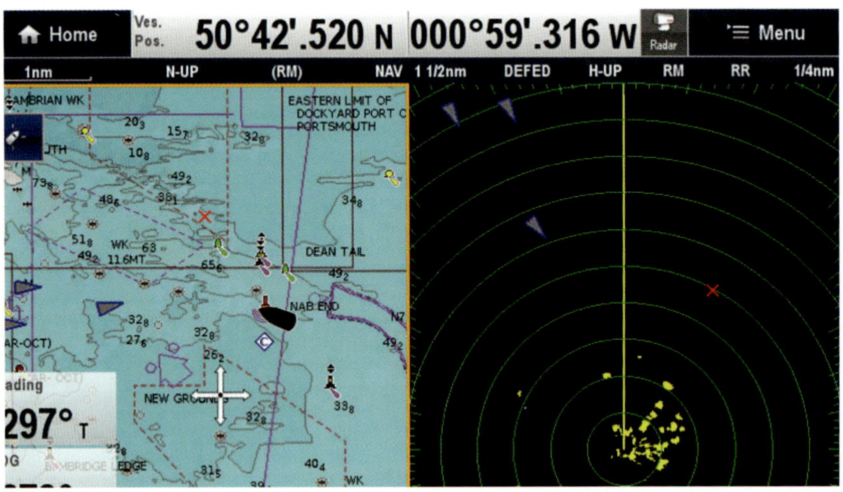

Anschluss an ein vorhandenes Display

Um die AIS-Daten an einem Kartenplotter anzuzeigen, müssen sie in das Netzwerk eingespeist werden.

AIS ist sehr nützlich, um den Kurs anderer Schiffe in engen Fahrwassern zu verfolgen. Ganz besonders wertvoll ist es aber in freiem Seeraum, weil man andere Schiffe ausmachen kann, noch bevor sie in Sicht kommen. Da aber nur die Schiffe angezeigt werden, die über einen AIS-Sender verfügen, darf man sich niemals ausschließlich auf AIS zur Kollisionsverhütung verlassen.

Anschluss eines AIS-Geräts und eines Antennensplitters

1

Ein separater Antennensplitter vereinfacht die Installation. Das bereits vorhandene Antennenkabel wird vom UKW-Funkgerät abgezogen und am Splitter eingesteckt. Zwei neue Kabel werden dann jeweils vom Splitter zum Funkgerät und zum AIS-Gerät geführt.

2

AIS 650

Kabelfarbe	Funktion
rot	Stromversorgung + (5-A-Sicherung)
schwarz	Stromversorgung -
NMEA 0183 niedrige Baudrate (4800)	
gelb	in - (ein -)
grau	in + (ein +)
rosa	out - (aus -)
violett	out + (aus +)
NMEA 0183 hohe Baudrate (38400)	
grün	in - (ein -)
weiß	in + (ein +)
blau	out - (aus -) } zum Eingang (in +/-) am Kartenplotter
braun	out + (aus +) } zum Eingang (in +/-) am Kartenplotter
Stumm-Modus **	
orange	Stumm-Modus +
hellgrün	Stumm-Modus -

** Der Stumm-Modus deaktiviert die Sendefunktion und kann über den Kartenplotter oder an einem separaten Schalter zwischen dem orangefarbenen und dem hellgrünen Kabel ein- bzw. ausgeschaltet werden.

3

Sobald alle Geräte eingeschaltet und betriebsbereit sind, kann der AIS-Sender/Empfänger über ein USB-Kabel mit einem Computer verbunden und mit der ProAIS-Software überprüft werden.

Ein NMEA 2000-kompatibles AIS-Gerät kann mit einem Spurkabel am Backbone-Kabel angeschlossen werden. Bei NMEA 0183 können Kartenplotter und AIS-Gerät mit den entsprechenden Kabeln verbunden werden.

Der Anschluss am Plotter muss so konfiguriert werden, dass er die AIS-Daten empfangen kann, am besten mit 38 400 Baud. Abschließend kann die AIS-Overlay-Funktion im Menü des Plotters oder des Radargeräts eingestellt werden.

Installation der AIS/GPS-Antenne

Für die maximale Empfangsleistung sollte die Antenne unter freiem Himmel angebracht werden. Oft funktioniert sie aber in der Kajüte dicht unter dem Aufbau oder dem Deck genauso gut. Sie wird am AIS-Gerät mit ihrem Kabel angeschlossen.

Überprüfung der Installation

Einige Hersteller bieten eine kostenlose Software zur vollständigen Überprüfung der AIS-Installation an. Die Verbindung zu einem Computer erfolgt über den USB-Anschluss. So können auch die statischen Daten eingegeben werden.

Um den besten Einbauort für die GPS-Antenne zu bestimmen, wurde die Signalstärke an verschiedenen Positionen mithilfe der ProAIS-Software verglichen. Unter dem Seitendeck hinter der Schalttafel waren die Ergebnisse absolut zufriedenstellend und die Installation sehr einfach (unten).

Radar

Ein Radargerät ist an Bord sehr nützlich. Von Seiten der Elektrik ist die Installation recht einfach. Die Schwierigkeit liegt in der Befestigung der Hardware und der Kabelführung. Die Kabel der modernen digitalen Radaranlagen sind weniger sperrig als früher und können ohne Leistungsverlust problemlos verlängert werden.

Eigenständige Systeme bestehen aus einer Radarantenne und einem Anzeigegerät sowie den zugehörigen Verbindungskabeln. Wer bereits ein Multifunktionsdisplay (MFD) an Bord hat, benötigt lediglich die Antenne und ein zum MFD passendes Kabel.

Radom, Schlitzantenne und Antennengröße

Auf Segelyachten kommen meist Radomantennen zum Einsatz, bei denen ein rundes Gehäuse die drehende Antenne vor Berührung durch die Segel schützt. Bei großen Motoryachten können auch frei drehende Schlitzantennen gewählt werden. Die Antennenlänge bestimmt, wie stark der Radarstrahl mit dem horizontalen Öffnungswinkel gebündelt werden kann. Je stärker die Bündelung, umso größer ist das Auflösungsvermögen eines Radarziels.

Position der Radarantenne

Die Reichweite einer Radarantenne ist wie beim UKW-Funk und bei AIS unmittelbar mit der Montagehöhe verbunden. Bei Segelyachten empfiehlt sich die Montage auf zwei Drittel der Masthöhe oder an einem Radarmast am Heck. Die Antenne muss über Kopfhöhe angebracht werden, um Personen an Deck vor elektromagnetischer Strahlung zu schützen.

Der Montageort sollte möglichst auf der Mittschiffslinie liegen. Der Pfeil an der Antenne muss nach vorn zum Bug zeigen. Die Feinausrichtung der Antenne kann im Menü des Anzeigegeräts vorgenommen werden. Auf Motorbooten, die unter Fahrt stark hecklastig trimmen, sollte die Radarantenne leicht vorwärts geneigt montiert werden.

Kabelführung

Es ist schwierig, allgemein gültige Aussagen zu treffen, wie man das Kabel am besten im Mast nach oben führt, da es immer darauf ankommt, wie der Mast im Inneren aufgebaut ist, aus welchem Material er besteht und wie alt er ist. Die Antennenkabel für Radaranlagen haben allerdings heutzutage einen viel kleineren Querschnitt und sind von den Kabeln für die Stromversorgung getrennt, um sie noch flexibler zu machen. Auch die Steckverbindungen sind kaum dicker als das Kabel selbst. Zudem gibt es zahlreiche Deck- und Schottdurchführungen.

Alle Radarantennen arbeiten im Prinzip gleich, egal ob sie frei drehend oder in einem Radom geschützt sind. Eine halbkardanische Halterung sorgt für die horizontale Ausrichtung, wenn das Boot krängt (unten und ganz oben).

Stromanschluss und Erdung

Wie bei anderen Geräten auch führt die Stromversorgung des Radars über die Schalttafel, wo sich neben dem Schalter auch die Sicherung befindet. Die meisten frei drehenden Schlitzantennen benötigen einen separaten Wandler, der die erforderliche höhere Betriebsspannung erzeugt. Falls das Kabel zur Stromversorgung auch ein Erdungskabel enthält, sollte es mit Masse oder mit dem Minuspol der Batterie verbunden werden.

Richten Sie sich bei der Bemessung der Sicherung und des Kabelquerschnitts nach den Angaben in der Betriebsanleitung. Ein 46-cm-Radom hat in der Regel eine Leistung von 40 W und 20 W in Standby.

Bei einem 61-cm-Radom sind es 60 W und 25 W in Standby. Frei drehende Anlagen haben 70 W und mehr. Beachten Sie, dass den in den Spezifikationen angegebenen 4–6 kW nicht der dauerhafte Stromverbrauch, sondern die Leistung während des extrem kurzen Sendeimpulses zugrunde liegt. Der dauerhafte Stromverbrauch liegt bei den oben aufgeführten Werten.

Das Display

Bei älteren analogen Radaranlagen wurden schwache Spannungssignale durch die gesamte Kabellänge bis zum Bildschirm gesendet, dort erst verarbeitet und dann angezeigt. Die Länge der Kabel war deshalb begrenzt und konnte nicht erhöht werden. Digitale Radargeräte verarbeiten das Signal bereits an der Antenne und senden nur digitale Daten durch das Kabel, die viel weniger anfällig für Interferenzen sind.

Je nach Hersteller kann es sein, dass man das Kabel zunächst an einen Ethernet-Netzwerkkoppler anschließen muss und erst dann mit einem zweiten Kabel zum Display weiterführen kann.

Um das Radarbild an mehreren MFD anzuzeigen, ist in der Regel ein separater Ethernet-Netzwerkschalter oder -Switch nötig. Bei manchen MFD ist der Switch bereits integriert. Da es international noch keinen einheitlichen Standard für diese Hochgeschwindigkeit-Netzwerke gibt, muss man alle Komponenten vom gleichen Hersteller beziehen. Das dürfte sich in Zukunft jedoch ändern.

Radarziel-Auflösung

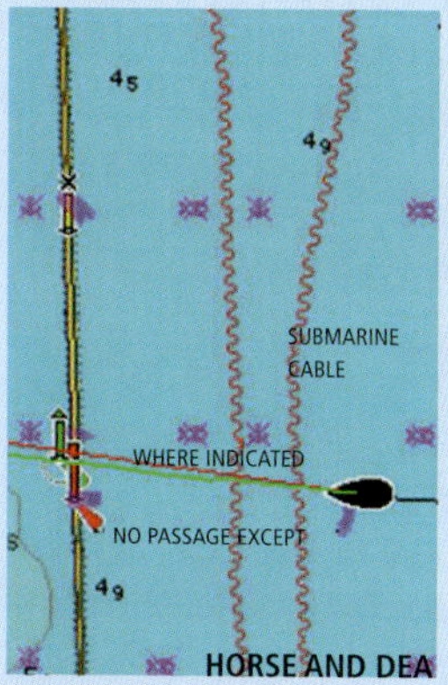

Die zwei Pfosten voraus verschmelzen bei einer 46-cm-Antenne zu einem einzigen Radarecho. Erst mit weiterer Annäherung werden beide Radarziele einzeln sichtbar.

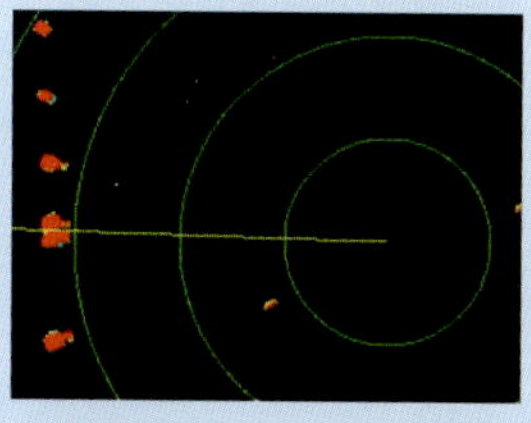

Eine 61-cm-Radarantenne zeigt die beiden einzelnen Ziele aufgrund des kleineren Öffnungswinkels bereits früher an.

Die genaue Ausrichtung der Antenne in Vorausrichtung erfolgt am Display. Ohne die gleichzeitig eingeblendete Seekarte nimmt man eine exakte rechtweisende Peilung des Objekts und richtet die ebenfalls rechtweisende Radarpeilung danach aus.

Ein Ethernet-Netzwerkkoppler kann nötig sein, um das digitale Datenkabel des Radars mit dem Anschluss am Display über ein weiteres, robusteres Kabel mit wasserdichtem Stecker und ebensolcher Kupplung zu verbinden (unten rechts).
Die meisten Hersteller haben verbesserte Stecker entwickelt, die die Installation vereinfachen. Das wurde auch deshalb möglich, weil die Kabel für digitale Daten flexibler sind im Vergleich zu den älteren Kabeln für analoge Signale (unten links).

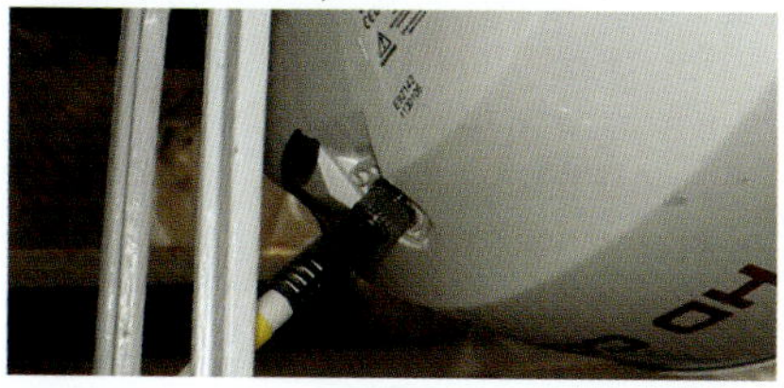

Um das Radarbild an mehrere Displays zu senden oder mit anderen Geräten mit hoher Datenrate zu kombinieren, muss das Kabel an einen Ethernet-Switch angeschlossen werden. Mehrere solche Netzwerkschalter können zu einer Reihe verbunden werden, um noch weitere Anschlüsse im Netzwerk zu schaffen (rechts).

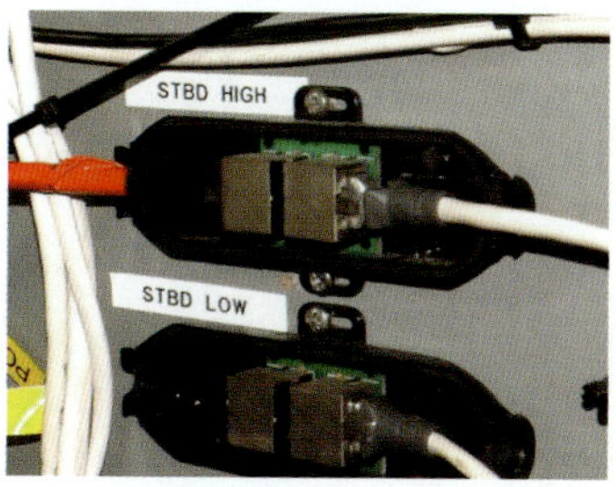

NAVTEX und SSB-Empfänger

In Küstennähe sind jede Menge Wetterdaten verfügbar, aber weiter draußen auf See sieht es anders aus. Zwei Empfangsgeräte können Wetter-, Navigations- und Sicherheitsdaten auch bei größerer Entfernung zum Land liefern. NAVTEX-Geräte verwenden zwei Frequenzen auf Mittelwelle. SSB bietet Zugang zu ähnlichen Informationen aus unterschiedlicheren Quellen und über weitere Entfernungen.

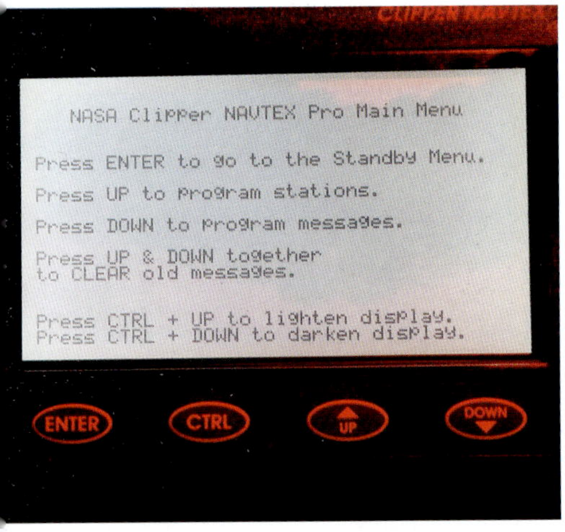

Auf der NAVTEX-Startseite wird der Einstieg ins Menu angezeigt. Die Informationen werden in Textform dargestellt, wobei die neuesten Meldungen im Display erscheinen. Ältere Meldungen kann man durch Scrollen der Anzeige aufrufen.

Empfang von NAVTEX-Meldungen

Auf der internationalen Frequenz von 518 kHz wird eine Vielzahl spezieller Meldungen von den NAVTEX-Stationen in englischer Sprache verbreitet. Die Meldungen können ausgedruckt oder am Display angezeigt werden. Über NMEA können die Informationen auch zu einem Kartenplotter weitergeleitet werden. Alle Seegebiete der Welt sind in sogenannte Navareas aufgeteilt, in denen die relevanten Meldungen in festgelegten Zeitabständen ausgesendet werden. Nähere Informationen dazu findet man in Almanachen und Küstenhandbüchern.

Bleibt der NAVTEX-Empfänger durchgehend eingeschaltet, speichert er die Meldungen, die auch zu einem späteren Zeitpunkt noch abgerufen werden können. Die Geräte können so eingestellt werden, dass bestimmte Meldungen, die man für irrelevant hält, nicht dargestellt werden, wie beispielsweise Eiswarnungen, während man sich in südlicheren Breiten befindet.

Obwohl NAVTEX als küstennahes System gilt, beträgt die Reichweite aufgrund der Frequenzart und der hohen Sendeleistung 400–500 Seemeilen. Die Geräte sind kostengünstig, einfach zu bedienen und der Nutzen ist so hoch, dass sie auf keinem Boot fehlen sollten. Manchmal ist der Empfang in Häfen oder Buchten mit steiler Küstenformation eingeschränkt, aber auf See ist man nahezu immer mit Wetter- und Navigationsmeldungen versorgt.

Meldungen in Landessprache

Viele Länder haben den internationalen NAVTEX-Service mit Meldungen in Landessprache erweitert, die zeitlich versetzt und auf der Frequenz von 490 kHz gesendet werden. Die Meldungen betreffen mehr die lokalen, küstennahen Gegebenheiten und Wettervorhersagen. Einfache Geräte können die beiden Frequenzen nicht gleichzeitig empfangen und müssen deshalb umgeschaltet werden.

SSB (Single Side Band)

Dem SSB- oder Kurzwellenfunk haften diverse Gerüchte an, hauptsächlich die Antennen und die nötigen Lizenzen betreffend.

Beides gilt aber nur für die Sendestationen und nicht für die reinen Empfangsgeräte oder Receiver. Bei

NAVTEX und SSB empfangen im Grunde ähnliche Informationen, aber aus unterschiedlichen Quellen. Der SSB-Empfänger benötigt einen Computer und eine Decodierungs-Software, NAVTEX ist hingegen ein eigenständiges System.

diesen Geräten ist der Einbau fast so unkompliziert wie bei einem NAVTEX-Empfänger.

Das hier zum Einbau verwendete Gerät wurde zusammen mit einer Decodierungs-Software und einer praktischen Anleitung für die ersten Schritte geliefert. Die lange Kabelantenne wurde durch eine separat angeschaffte Aktivantenne ersetzt, die für den Gebrauch auf See besser geeignet ist. Der Empfänger umfasst einen weiten Frequenzbereich von 30 kHz bis 30 MHz. Stellt man zur richtigen Zeit einen entsprechenden Sender ein, kann man alles von NAVTEX-Meldungen bis hin zu ausführlichen Wetterkarten mit Vorhersagen der nächsten zehn Tage überall auf der Welt empfangen.

Um die Funksignale zu decodieren, verbindet man den Audio-Ausgang des SSB-Empfängers mit einem Kabel mit beiderseits kleinen Klinkensteckern mit dem Mikrofoneingang eines PCs. Mithilfe einer Software können Meldungen automatisch empfangen und gespeichert werden, wenn der PC durchgehend eingeschaltet bleibt. Als Alternative können die Sendezeiten und Frequenzen aller weltweiten Stationen in den »Admirality List of Radio Signals« oder den »NOAA Marine Service Charts« nachgesehen werden.

Installation

Die Installation eines NAVTEX- oder eines SSB-Empfängers erfolgt ebenso. Da sich die Funksignale dieser Frequenzen nicht nur in Sichtlinie ausbreiten, ist die Montagehöhe der Antenne nicht entscheidend. Sie kann also auch am Heckkorb angebracht werden. Dann wird das Antennenkabel zum Empfänger verlegt und dieser an eine 12-V-Stromversogung angeschlossen.

Montage der Antenne

Beide Antennen werden mit einer Rohrschelle zur Montage am Heckkorb geliefert. Dort können sie allerdings leicht beschädigt werden, wenn ein Crewmitglied ins Stolpern gerät. Die abgebildete SSB-Antenne ist länger als die NAVTEX-Antenne, aber die Montageart ist identisch.

Der rückseitige Audio-Ausgang des SSB-Empfängers ist zu einer Buchse an der Vorderseite der Abdeckungsplatte geführt. Dort kann bequem mit einem Kabel mit kleinen Klinkensteckern eingesteckt und die Verbindung zum Mikrofoneingang des Computers hergestellt werden.

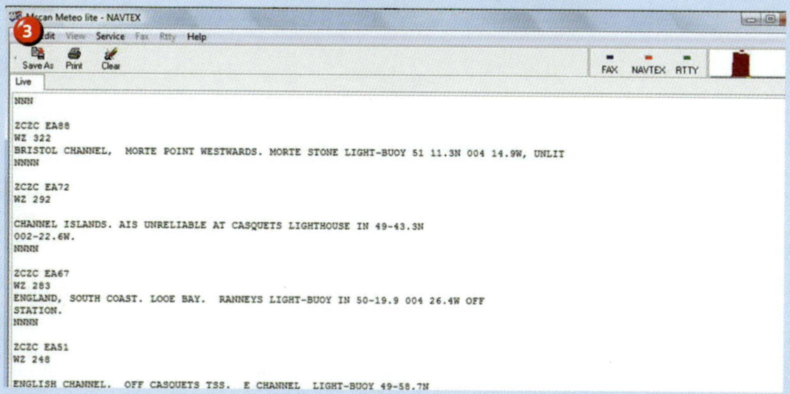

Stellen Sie zum richtigen Zeitpunkt die korrekte Frequenz ein, und die Informationen trudeln in wundervoll langsamer Geschwindigkeit ein – ganz wie bei einem altmodischem Fernschreiber.

Amperemeter mit Halleffekt-Sensor

Ein Halleffekt-Sensor misst das Magnetfeld, das jedes stromführende Kabel umgibt. Das Kabel wird durch die Mitte des Sensors geführt und induziert eine Spannung im Sensor, die direkt proportional zur Stromstärke im Kabel ist. Die Polarität der Spannung zeigt die Stromrichtung an. An einer entsprechend kalibrierten Anzeige kann mit dem Ausgangssignal des Sensors die Stromstärke in Ampere angezeigt werden.

Der Aufbau des Sensors besteht aus einem ringförmigen Magneten, der das vom Kabel erzeugte Magnetfeld zu dem seitlich in einem Schlitz angebrachten Halleffekt-Sensor ausrichtet.

Auswahl des Sensors

Die Spezifikation des Sensors richtet sich nach der maximalen Stromstärke, die der Sensor messen kann. Das Ausgangssignal des Sensors besteht aus einer schwachen Spannung, die an einem Anzeigegerät als Stromstärke in Ampere angezeigt wird. In der Regel erzeugt die maximal messbare Stromstärke eine Spannung von 60 mV (Millivolt). Die Polarität der Spannung ist von der Stromrichtung abhängig. Halleffekt-Sensoren gibt es für Stromstärken von 30–200 A. Bei der Auswahl richtet man sich nach der maximal auftretenden Stromstärke. Der Sensor darf nicht zu hohen Stromstärken ausgesetzt werden, da dadurch die Funktion mit der Zeit beeinträchtigt wird.

Positionierung des Sensors

Der Sensor kann an der Plus- oder Minusleitung angebracht werden. In diesem Beispiel soll jeder Stromfluss in und aus den zwei 120-Ah-Verbraucherbatterien gemessen werden. Dabei war es einfacher, den Sensor um die Plusleitung zu positionieren. Gemessen wird:

- Der Stromverbrauch aller Geräte, die über die Schalttafel versorgt werden. Die Leitung zur Schalttafel führt von den Batterien über die Batteriekabel zum Batterieschalter, wo alle Batteriekabel zusammenlaufen.
- Der Stromverbrauch der Dieselheizung, die mit einem eigenen Kabel direkt an einer der Batterien angeschlossen ist.
- Der Ladestrom des Ladegeräts, dessen beide Kabel direkt zu jeder der beiden Batterien führen.
- Die Ladeströme der Lichtmaschine, des Schleppgenerators, der Solarzellen und der Brennstoffzelle, die alle über den Batterieschalter und dann über die dicken Batteriekabel zu den Batterien geleitet werden.

Ein 60-A-Sensor mit Anzeige wurde für ausreichend befunden, um die maximal zu erwartende Stromstärke abzudecken, da der hohe Starterstrom für den 120-A-Anlasser von der Starterbatterie kommt und nicht gemessen wird. Somit müssen fünf Kabel durch den ringförmigen Sensor geführt werden: zwei Batteriekabel, zwei Kabel des Ladegeräts und das Kabel der Dieselheizung.

Der Sensor wurde so ausgerichtet, dass der Strom in die Batterie – wie üblich – als positiver Wert und der Strom aus der Batterie, der Stromverbrauch, als negativer Wert angezeigt wird. Am Sensor befindet sich ein Pfeil, der die Stromrichtung anzeigt, die zu einem positiven Wert führt.

Anfangs wirkte die wenig informative Anleitung in zwölf Sprachen etwas entmutigend, aber der Einbau und die Verkabelung waren letztlich unkompliziert.

Einbau des Sensors

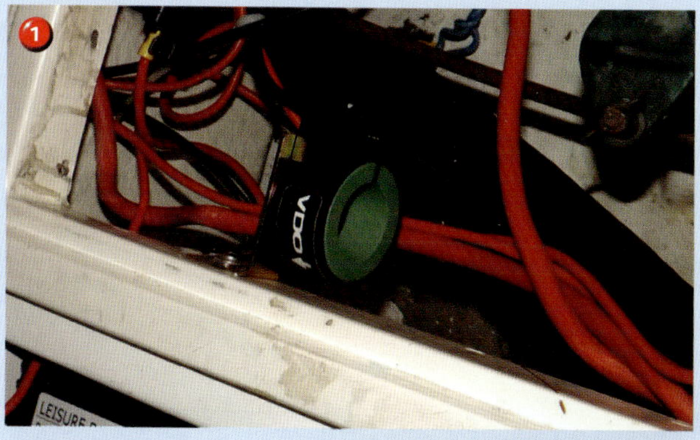

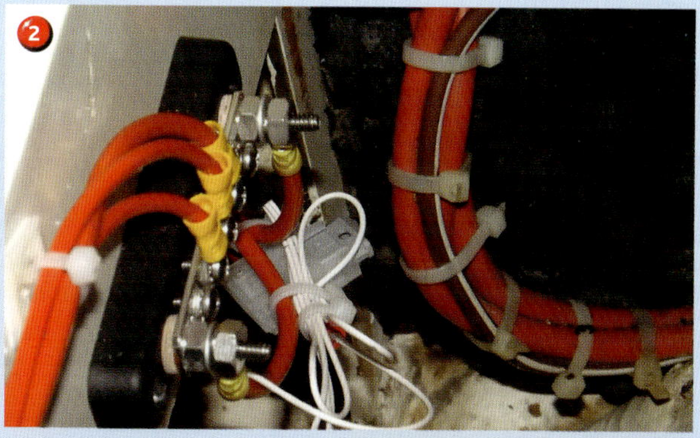

Sobald der Einbauort gewählt ist, kann der Montagewinkel befestigt und der Sensor in der gewünschten Ausrichtung montiert werden.

Die vier weißen Kabel werden in kurzen Abständen markiert, um sie auseinander halten zu können. Die 12-V-Plus- und die Minusleitung werden an nahegelegenen Sammelschienen angeklemmt und eine 1-A-Sicherung wird eingesetzt. Dann werden die beiden Messleitungen mit den zwei Kabeln der Anzeige verbunden.

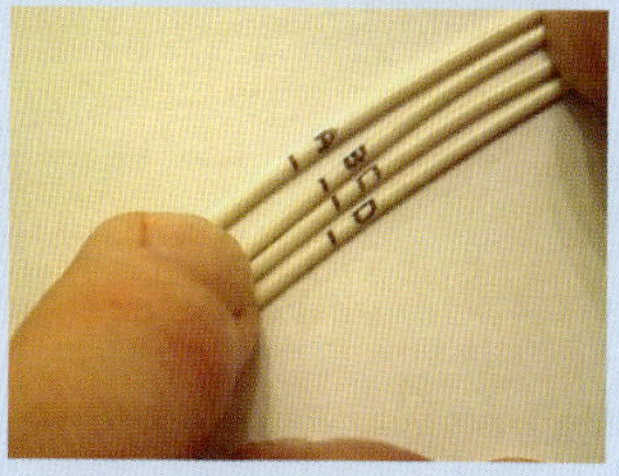

Abschließend werden die fünf zu messenden Kabel durch den ringförmigen Sensor geführt, sodass der Gesamtstromfluss angezeigt werden kann.

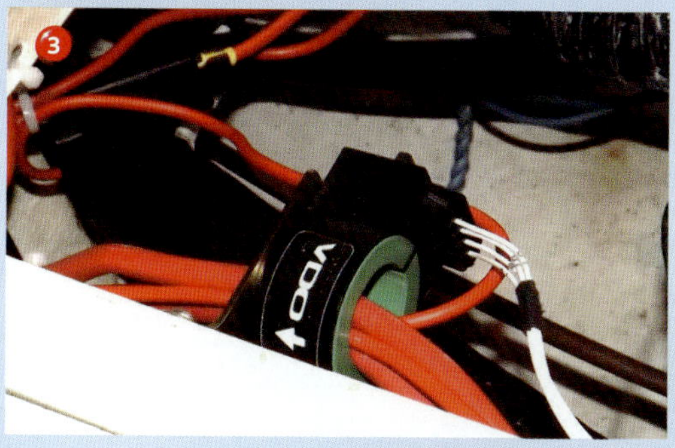

Tipp

Mit mehreren Sensoren kann man den Strom an verschiedenen Stellen im Bordnetz messen. Dazu können die Messleitungen über einen Wählschalter zu einer einzigen Anzeige geführt werden. Die Sensoren müssen allerdings den gleichen Messbereich haben, da ansonsten die Kalibrierung nicht übereinstimmt.

Anschluss des Sensors

Die Elektronik im Sensor benötigt eine 12-V- oder 24-V-Stromversorgung und eine rückführende Minusleitung.

Vom Sensor führen zwei Messleitungen zur Anzeige. Das separat gekaufte Anschlusskabel bestand aus vier weißen Litzen, die mit A, B, C und D markiert und an einem passenden Stecker entsprechend belegt waren. Die Plusleitung wurde mit einer 1-A-Sicherung abgesichert.

Die Kabel im Sensor

Die fünf Kabel müssen abgeklemmt, in richtiger Richtung durch den Sensor geführt und wieder angeklemmt werden. Dabei muss die Stromrichtung in jedem Kabel korrekt angezeigt werden. Die beiden Kabel vom Ladegerät mussten beispielsweise in Pfeilrichtung, hier von rechts nach links, durchgeführt werden, um einen positiven Wert für den Stromfluss in die Batterie anzuzeigen. Gemessen und angezeigt wird der aus den fünf in und aus der Batterie führenden Kabeln resultierende Stromfluss.

Amperemeter mit Halleffekt-Sensor (2)

Die Funktion der Anzeige ist es, die Ausgangsspannung des Sensor als Stromstärke und Richtung anzuzeigen. Da es umfangreiche Industrienormen gibt, steht eine große Auswahl an Sensoren zur Verfügung.

Auswahl der Anzeige

Die Auswahl der Anzeige richtet sich nach der Eingangsspannung, die mit der Ausgangsspannung des Sensors (hier +/– 60 mV) übereinstimmen muss, damit die Kalibrierung korrekt ist und der gesamte Messbereich angezeigt werden kann.

Die hier gezeigten Sensoren mit Messbereichen von 30 bis 200 A haben alle eine maximale Ausgangsspannung von +/–60 mV. Die meisten Modelle haben eine Hintergrundbeleuchtung und eine Anzeige bei Überlastung. Abgesehen davon hängt die Auswahl der Anzeige vom gewünschten Erscheinungsbild und der Qualität des Instruments ab. Die Anzeigen sind nicht auf Halleffekt-Sensoren beschränkt, sondern gleichermaßen für die Stromstärkemessung mit einem Shunt in der Minusleitung geeignet.

Halleffekt-Sensoren und Shunts

Die analogen Anzeigen, wie hier gezeigt, und ebenso die digitalen Ausführungen haben einen festgelegten Bereich der Eingangsspannung. Die Eingangsspannung erzeugt den Ausschlag des Zeigers oder die numerische Darstellung des Messwerts bei einer digitalen Anzeige im Messbereich von 0–60 A. Die maximale Eingangsspannung von +/–60 mV stimmt mit der maximal messbaren Stromstärke von 60 A überein. Damit der Messwert stimmt, muss somit der hier verwendete Halleffekt-Sensor, genau wie auch ein Shunt als Messwiderstand, bei 60 A eine Spannung von +/–60 mV erzeugen, also mit 60 A/60 mV spezifiziert sein.

Um beispielsweise höhere Stromstärken bis zu 150 A zu messen, müsste man Halleffekt-Sensoren oder Shunts mit 150 A/60 mV verwenden. Üblich sind speziell bei Shunts auch +/–50 mV und +/–100 mV. Die zugehörigen Anzeigen müssen wiederum jeweils passend spezifiziert sein.

Der herausragendste Unterschied zwischen einem Halleffekt-Sensor und einem Shunt ist, dass der Halleffekt-Sensor gleichermaßen in der Plus- wie auch in der Minusleitung eingesetzt werden kann. Das vereinfacht die Installation und macht die Sensoren so vielseitig. Ein Shunt dagegen kann die Stromstärke zusammen mit diesen Anzeigen nur in der Minusleitung messen. Alle Kabel müssen am Shunt zusammengeführt werden, sodass Montage und Anschluss mit mehr Aufwand verbunden sind.

Anschluss der Anzeige

Die Anzeige wird mit einem achtpoligen Stecker-Set mit Farbkennung geliefert. Sollte in der Betriebsanleitung nicht angegeben sein, welche Farbe an welchem Steckerkontakt angeschlossen werden soll, kann man sich mit einem Multimeter und Durchgangsprüfungen behelfen (die VDO-Website gibt ausführliche Informationen). Die Belegung der Steckkontakte, die Farbkennung und die Funktion für die hier verwendete VDO-Anzeige sind wie folgt:

1. Stromversorgung, Plusleitung (8–32 V), Farbe rot, sollte aus dem Stromkreis für die Instrumente gespeist werden und mit einer Sicherung versehen sein.

2. Minusleitung oder Masse, Farbe schwarz.

3. Signal Masse, Farbe blau/schwarz, die Minusleitung vom Sensor.

4. Plusleitung (Zündungsplus 8–32 V), Farbe braun, zum automatischen Einschalten der Anzeige bei

Mit einer Durchgangsprüfung kann die zugehörige Farbkennung für die einzelnen Steckkontakte festgestellt werden. Die Betriebsanleitung machte dazu keine Angaben, aber ausführliche Informationen standen auf der Website des Herstellers zur Verfügung.

Stromversorgung. Über den Steckkontakt 1 kann die Anzeige unabhängig ein- und ausgeschaltet werden. Bei Verbindung mit Steckkontakt 1 wird die Anzeige immer zusammen mit den anderen Instrumenten eingeschaltet.

5. Sensor Signal, Farbe grün, die Plusleitung vom Sensor.

6. Beleuchtung, Farbe blau/rot, ebenfalls für 8–32 V und üblicherweise über den Stromkreis für Instrumentenbeleuchtung gespeist.

7. Programmierport Tx, nicht verwendet.

8. Programmierport Rx, nicht verwendet.

Dank einer Auswahl unterschiedlicher Instrumentenstile und Frontringe passt die Anzeige perfekt zur Schalttafel.

Einbau der Anzeige

Verlegen Sie zunächst alle Kabel, auch die beiden Messleitungen, zum Sensor, und führen Sie sie zum Einbauort der Anzeige. Die Anzeige kann zur Überprüfung provisorisch angeschlossen werden.

Verbinden Sie die Messleitungen vom Sensor (B und C) provisorisch mit den Signalleitungen der Anzeige (blau/schwarz und grün). So können die Funktion und die korrekte Polarität überprüft werden.

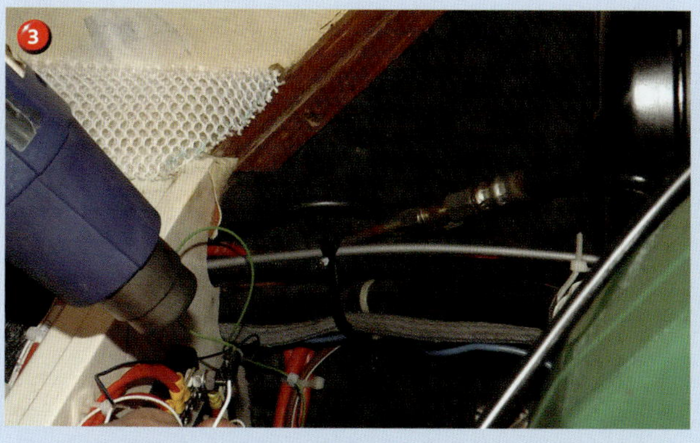

Nach erfolgreicher Überprüfung können die Kabelverbindungen verlötet und mit einem Schrumpfschlauch überzogen werden. Vergessen Sie nicht, den Schrumpfschlauch vor dem Löten über das Kabel zu schieben.

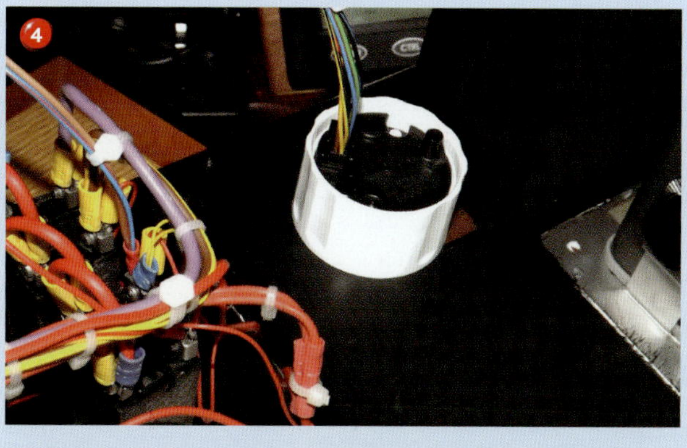

Die Ausnehmung für die Anzeige kann ausgespart, die Anzeige montiert und die Steckverbindung angeschlossen werden. Der achtpolige Stecker beinhaltet die 12-V-Stromversorgung, die Hintergrundbeleuchtung sowie die blau/schwarze und die grüne Signalleitung, die mit den B- und C-Kabeln des Halleffekt-Sensors verbunden sind.

Blitzschutz

Blitzeinschläge kommen auf Yachten recht selten vor und führen eher zu Beschädigungen am Boot als zu Verletzungen der Crew. Ein Blitz lässt sich nicht verlässlich davon abhalten, das eigene Boot zu treffen, aber mit ein paar wenigen Vorkehrungen kann man zumindest verhindern, dass wichtige Ausrüstung beschädigt wird.

An der Küste Floridas (USA) werden Boote im weltweiten Vergleich am häufigsten vom Blitz getroffen. Dabei kommt es unter 1000 Motorbooten durchschnittlich zu 1,5 Blitzeinschlägen und unter 1000 Segelyachten zu fünf. In anderen Gegenden mag die Wahrscheinlichkeit geringer ausfallen, aber Boote sind grundsätzlich gefährdet, da sie durch ihre Höhe über dem Wasser wie ein Blitzableiter den Abstand verringern, den ein Blitz durch die Luft überbrücken muss.

Trotz intensiver Forschung konnte bis heute keine perfekte Lösung zum Schutz von Booten und Schiffen gefunden werden. Die meisten Schutzvorkehrungen zielen darauf ab, dem mehrere tausend Ampere starken Stromfluss eine sichere Ableitung in die Erde zu verschaffen.

In einem ungeschützten Boot kann der Blitz seitlich zwischen Mastfuß und Püttingen durchschießen oder durch die geerdeten Seeventile austreten, die dabei aus dem Rumpf gesprengt werden können.

Aufgrund ihrer hohen Masten sind Segelyachten am stärksten gefährdet. Bei Katamaranen kommt es am häufigsten zu Schäden, weil sie eine große Grundfläche abdecken, durch die ein Blitz durchschlagen kann. Am besten vor Blitzschlag geschützt sind dagegen große Stahlschiffe, da sie dem Blitz große Metallflächen in Kontakt mit dem Wasser bieten, durch die die Ladung meist sicher abfließen kann.

Vorsorge gegen Blitzschlag

Ein Blitz lässt sich physisch nicht abhalten, aber man kann die Wahrscheinlichkeit, getroffen zu werden, verringern. Auf See hat man das Problem, dass das umgebende Wasser ebenfalls ein elektrisches Potenzial aufbaut, das sich bis in die Mastspitze eines Bootes ausbreitet und dort das entgegengesetzte elektrische Potenzial der Luft regelrecht anziehen kann, bis es durch einen Blitz zum Potenzialausgleich kommt.

Besonders ungünstig wirkt sich dabei die UKW-Antenne aus, die meist nicht nur den höchsten Punkt im Rigg bildet, sondern zudem auch noch spitz zuläuft. Durch den sogenannten Spitzeneffekt kommt es wegen der erhöhten Feldstärke rund um die dünne Spitze zu einer stärkeren Ionisierung der Luft, sodass dem Blitz ein Ionenkanal zum Einschlag geschaffen wird.

Mit mehreren nach oben aufgefächerten Drahtenden oberhalb der Spitze der UKW-Antenne kann die Wahrscheinlichkeit getroffen zu werden verringert und der Spitzeneffekt vermieden werden.

Blitz-Ableitung

Schäden am Boot und Verletzungen der Crew durch einen Blitzeinschlag kann man nach dem Prinzip des Faradayschen Käfigs minimieren. Im Jahr 1836 entdeckte der britische Physiker Michael Faraday, dass das Innere einer metallischen Umhül-

Gewitterwolken sammeln sich über einem griechischen Ankerplatz und zeigen die Verwundbarkeit von Yachten gegenüber Blitzeinschlägen auf.

lung vor äußerer elektrostatischer und auch vor schnell veränderlicher elektromagnetischer Ladung abgeschirmt bleibt. Das Innere bleibt aufgrund der Influenz gegensätzlicher elektrischer Felder spannungsfrei.

Schutzvorkehrungen für Yachten funktionieren nach dem gleichen Prinzip und machen aus dem Rumpf einen riesigen Faradayschen Käfig. Dazu werden Blitzableiter mit hoher elektrischer Leitfähigkeit von einem Punkt über Deck mit mehreren dicken Kabeln außen am Rumpf verbunden, die unter Wasser an Erdungsplatten aus Kupfer enden. Diese Schutzvorrichtungen werden maßgefertigt und von Spezialisten installiert. Dabei wird besonders darauf geachtet, die Ableiter von wichtiger Ausrüstung fernzuhalten.

Der kürzeste Weg

Eine weitere Lösung besteht darin, dem Blitz einen direkten und möglichst kurzen Weg zur Ableitung anzubieten, indem man den Mast mit dem Kiel leitend verbindet und somit erdet. Andere Systeme bestehen aus einer großflächigen Erdungsplatte, die mit einem dicken Kabel, das ohne scharfe Krümmungen verlegt sein muss, mit dem Mast verbunden ist. Auch alle geerdeten Metallteile unter Wasser, wie Propeller, Propellerwelle, Seeventile, etc., werden mit der Erdungsplatte verbunden, um die Entladung durch den Blitz von der Crew abzuhalten und die Entstehung von Feuern zu verhindern.

Leider ist Blitzschutz keine exakte Wissenschaft. Skeptiker behaupten, dass man mit einer verbesserten Blitzableitung gleichzeitig die Wahrscheinlichkeit eines Blitzeinschlags erhöht. Trotzdem sollte eine Schutzvorrichtung die Entladung von der Crew abhalten, indem das gefährliche seitliche Durchschlagen des Blitzes vermieden wird.

Tipp

Jeder ganz normale Backofen bildet einen Faradayschen Käfig und schützt vor Induktion durch die starken elektromagnetischen Felder bei einem Blitzschlag. Deshalb ist es sinnvoll, tragbare elektronische Geräte bei Gewitter in den Backofen oder jede andere metallische Box zu legen. Selbst wenn der Blitz nur in der Nähe ins Wasser einschlägt, kann der Induktionsstrom die winzigen integrierten Schaltkreise ungeschützter elektronischer Geräte zerstören.

Der Blitz schlägt meist am höchsten Punkt eines Bootes ein. Ohne Schutz geben die Antennen und andere Ausrüstung im Topp gute Ziele ab (oben links).

Dieser Blitzschutz aus aufgefächerten Metalldrähten an der höchsten Stelle des Bootes soll den Spitzeneffekt verhindern (oben rechts).

Diese Masten sind sicherlich die höchsten in der Marina – sehr zur Erleichterung der anderen Yachteigner! Der Blitzschutz ist für solche Superyachten von größter Bedeutung (unten).

Unterwasserleuchten

Mit wasserdichten LEDs kann man den Meeresgrund anstrahlen, das eigene Heckwasser in eine Feuerwolke verwandeln oder sein eigenes Unterwasser-Aquarium ausleuchten. Unterwasserleuchten sind preiswert, einfach zu installieren, haben einen geringen Stromverbrauch und eine lange Lebensdauer. Mit etwas Phantasie können sie ihr Boot in ein schwimmendes Kunstwerk verwandeln.

Der Einbau von Unterwasserleuchten wird besonders unter Motorbootfahrern immer beliebter. Es ergeben sich zwar durchaus praktische Vorteile, wenn man den umgebenden Bereich unter Wasser ausleuchten kann, um Untiefen oder Hindernisse zu sehen oder um Schrauben und Antrieb im hellen Licht zu überprüfen, aber in erster Linie sollen die Unterwasserleuchten einen tollen Eindruck machen. LEDs verbrauchen nur sehr wenig Strom und eignen sich selbst für kleinste Boote. Stimmt man die Innenbeleuchtung farblich mit den Unterwasserstrahlern ab, kann man das Boot und das Wasser in stimmungsvolles Ambientlicht tauchen. Zur Steigerung gibt es sogar mehrfarbige Leuchten, die sich zu Musik synchronisieren lassen, sodass sich mit einem Tabletcomputer eine ganze Unterwasser-Lichtschau zaubern lässt.

Das Herzstück einer solchen Anlage bilden die robusten und äußerst zuverlässigen LEDs, die meist in einem Gehäuse aus Metall oder Polycarbonat mit einer stabilen Acryllinse eingeschlossen sind. Die Leuchten werden entweder an 12 V oder 24 V angeschlossen und entwickeln eine Leuchtkraft, die normalen Glühbirnen zwischen 20–250 W entspricht (770–12 000 Lumen). Dabei reicht ihr Stromverbrauch von wenigen Milliampere bis zu durchschnittlich 0,2 A pro Leuchte, sodass keine Gefahr besteht, dass sie die Batterien leer saugen. Jede Leuchte strahlt in einer bestimmten Farbe und Intensität. Die aufwendigeren Modelle können die Farbe wechseln. Der Leuchtstrahl reicht je nach Farbe in klarem Wasser bis zu 30 Meter weit.

Beiboote können mit kleineren Einheiten ausgerüstet werden, und mit einer Fernbedienung kann man die Unterwasser- oder Decksbeleuchtung aus der Ferne anschalten, um die vor Anker liegende Yacht besser ausfindig machen zu können, wenn man sich nachts mit dem Dingi nähert.

LEDs sind heutzutage in verschiedenen Farben erhältlich. Diese Motoryacht strahlt feuerrotes Licht in ihre Heckwelle, aber »Warp-Antrieb-Blau« ist ebenso beliebt.

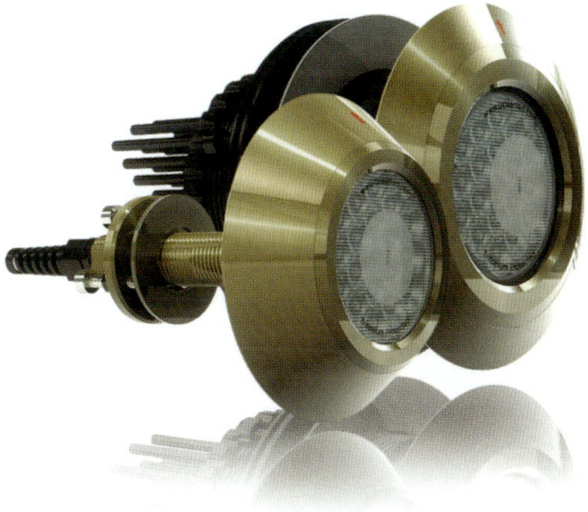

Die kleinsten Leuchten sind meist am einfachsten zu installieren, da sie nur eine kleine Bohrung für die Kabel benötigen. Die Leuchte selbst wird einfach mit einem Dichtungsklebstoff am Rumpf befestigt (ganz links).

Bei größeren Modellen, wie diesen vom amerikanischen Hersteller OceanLED, muss auch ein größerer Rumpfdurchbruch geschaffen werden – genau wie beim Einbau eines Seeventils (links).

Auswahl der Leuchten

Beim Einbau von Unterwasserleuchten müssen Löcher in den Rumpf gebohrt werden. Diese sind zwar nicht sehr groß – ca. 10 mm bei den kleinsten Ausführungen, über 10 cm bei den Leuchten für Superyachten – aber es gilt, einige Punkte vor der Montage zu bedenken:

- **Positionierung:** Bei Motorbooten werden die Leuchten meist am Heck oder im Bereich der Badeplattform angebracht. Manche Eigner installieren aber auch einen ganzen Ring aus Strahlern rund ums Boot entlang der Wasserlinie. Da Badeplattformen manchmal viel weiter nach achtern reichen als das Heck, wo sich die Strahler befinden, muss man auf die Leuchtweite und eventuelle Abdeckungen durch den Antrieb achten. Unterwasserleuchten erzielen den besten Effekt, wenn sie in gleichen Abständen montiert werden. Im Zweifel sollte man sich immer für mehr Leuchten entscheiden. Auf größeren Yachten sieht man oft Leuchten außen rund um das Heck. Flutlichter tauchen alles intensiv in Farbe, gebündelte Strahler sehen noch spektakulärer aus.
- **Farben:** Die beliebteste Farbe ist blau, da sie aufgrund ihrer kurzen Wellenlänge weit durchs Wasser dringen kann. Blau hebt zudem die natürliche Lumineszenz im Meerwasser hervor, was den Effekt noch mehr verstärkt. Weiß ist in ganz klarem Wasser ideal, wo es die natürliche Schönheit des Meeresbodens hervorheben kann. Meist strahlen die LEDs in einem sehr reinen Weiß, aber in schmutzigem oder brackigem Wasser wirken sie gelb oder gar braun. Unter diesen Bedingungen ist grün am besten geeignet, da es weit im Wasser strahlt und seine Farbe besonders in Seen und Flüssen am besten beibehält. Mehrfarbige LEDs sind perfekt, um eine Lichtschau zu inszenieren oder die Lichtfarbe der Stimmung anzupassen. Rot angestrahltes Heckwasser kann beispielsweise bei einem schnellen Sportboot wie die Zündung des Nachbrenners bei einem Düsenjet wirken.

Grün ist die beste Farbe für trübes Wasser (oben rechts).

Weiß leuchtet in klarem Wasser am weitesten (Mitte rechts).

Blau ist die allgemein beliebteste Farbe (unten rechts).

Unterwasserleuchten (2)

Bei der genauen Positionierung aller Leuchten muss darauf geachtet werden, dass an der Rumpfinnenseite nichts im Weg ist, damit für jede Lampe ein kleines Loch durch den Rumpf gebohrt werden kann. Bei kleinen Leuchten muss nur das Kabel durch das Loch geführt werden, da die Leuchte selbst mit Dichtungsklebstoff fixiert wird. Größere Modelle haben ein Rohrstück mit Gewinde, das durch die Bohrung im Rumpf gesteckt wird, um den Flansch der Leuchte von innen mit einer großen Mutter und Unterlegscheibe sowie reichlich Dichtmasse gegen den Rumpf zu pressen und eine absolut wasserdichte Verbindung zu gewährleisten.

An manchen Leuchten wird der Flansch zusätzlich sogar mit Edelstahlschrauben am Rumpf fixiert. Der Kabelanschluss der Leuchten ist unkompliziert. Allerdings muss bei LED-Lampen, anders als bei normalen Glühlampen, auf die korrekte Verpolung von Plus und Minus geachtet werden. Das rote Pluskabel und das schwarze Minuskabel ragen durch das Rohrstück ins Innere, um mit dem Stromkreis für die Leuchten verbunden zu werden.

Metallische Leuchten bestehen in der Regel aus Bronze und haben einen Erdungsanschluss, um sie zum Schutz vor galvanischer Korrosion mit den anderen unter Wasser liegenden metallischen Teilen des Bootes zu verbinden. Bei Lampen aus Polycarbonat kann diese Maßnahme entfallen. Das äußere Gehäuse der Leuchte sollte mit Antifouling gestrichen werden. Dazu ist im Lieferumfang eine Abdeckung zum Schutz der Linse enthalten.

Nach dem Einbau müssen die Leuchten ungefähr alle sechs Wochen mit einer weichen Bürste gereinigt werden, damit sich keine Algen oder andere Ablagerungen bilden. Auch klarsichtige Antifouling-Produkte auf Silikonbasis können Bewuchs auf den Linsen verhindern.

Die LEDs haben eine Leuchtdauer von bis zu 50 000 Stunden und sind äußerst unempfindlich gegen Vibrationen, Schläge und plötzliche Temperaturänderung, sodass sie auch bei hoher Geschwindigkeit durchs Wasser mit beeindruckendem Effekt eingesetzt werden können.

Bei manchen Ausführungen kann der Leuchtkörper von der Innenseite gewechselt werden, meist muss in diesem Fall jedoch die gesamte Leuchte getauscht werden.

Die Unterwasserleuchten an dieser Motoryacht sind in einem Abstand von einem Meter montiert. Bei einer großen Badeplattform müssen evtl. mehrere LEDs mit stärker gebündeltem Lichtstrahl eingesetzt werden, um unter dem Heck hervor zu leuchten.

Leuchten auf den Salingen sind sowohl effektvoll als auch praktisch. Besonders wenn sie über eine drahtlose Fernsteuerung einzuschalten sind (oben links und rechts).

Volle Beleuchtung

Die meisten Yachten haben als Standard eine Decksbeleuchtung. Heutzutage ist jedoch eine Vielzahl an Leuchten erhältlich, die nicht nur praktischen Nutzen haben, sondern eine Yacht im wahrsten Sinn des Wortes in neues Licht setzen können. Diese mehrfarbigen, stimmungsvollen Lichtquellen können gleichermaßen über und unter Wasser installiert werden, somit auch auf Salingen, dem Mast, einem Geräteträger oder am Niedergang. All diese Leuchten sind zwar nicht nötig, aber es besteht kein Zweifel, dass ein sorgfältig abgestimmtes Lichtdesign dem Erscheinungsbild einer Yacht ganz neue Dimensionen verleiht.

Nach oben und unten gerichtete Salingsleuchten heben das Rigg hervor. Das sieht in der Marina eindrucksvoll aus, kann aber auch auf See zum Ausleuchten der Segel dienen. Der Skipper muss zwar darauf achten, dass die Sicht der Navigationslichter nicht eingeschränkt wird, um aber kurzfristig auf sich aufmerksam zu machen, können Rigg und Segel sehr wirkungsvoll angestrahlt werden, sollte ein anderes Fahrzeug seiner Ausweichpflicht nicht nachkommen. Auch beim nächtlichen Trimmen der Segel sind solche Leuchten hilfreich. Vor Anker ist es ebenso geboten, die Sicht auf das Ankerlicht nicht mit eingeschalteter Festbeleuchtung zu überstrahlen. Viele Lichter lassen sich nachts zwar kaum übersehen, aber unterwegs ist es für andere Fahrzeuge wichtig, Ausrichtung und Kurs der Yacht anhand ihrer Navigationslichter erkennen zu können.

Bei großen Yachten ist es in Mode gekommen, Jetskis, Ribs und Tender mit einer Vielzahl spektakulärer, in das Heckwasser gerichteter Unterwasserleuchten in Szene zu setzen. LEDs sind dafür am besten geeignet, da sie absolut wasserdicht verschlossen sind. Bei ihrer langen Lebensdauer von meist über 50 000 Stunden ist es am günstigsten, die gesamte Einheit auszutauschen.

LEDs können an der Unterseite des Baums angebracht werden, um das Cockpit auszuleuchten.

Mastelektrik aufrüsten

Die Tage, in denen ein Navigationslicht und die UKW-Antenne die einzigen elektrischen Geräte im Masttopp waren, sind vorbei. Heute gibt es zahlreiche hervorragende Produkte, die am besten im Topp oder am Mast montiert werden. Da kann ausreichender Platz für die Kabelführung bereits knapp werden. Aber was man auch installiert: Man sollte immer auf bestmögliche Qualität der Kabel, Stecker und Decksdurchführungen achten.

Ein neues Kabel einzuziehen ist selbst bei gelegtem Mast nicht ganz einfach, und auch die Durchführung der Kabel unter Deck ist problematisch. Sofern darauf verzichtet werden kann, ohne zu viele Kompromisse einzugehen, lässt sich viel Arbeitsaufwand einsparen.

Beleuchtung

Auf Segelyachten kann mit LEDs viel Strom eingespart werden. Man muss aber auf Interferenzen achten, besonders wenn die Leuchten nahe an einer Antenne montiert werden. Bei einigen LED-Dreifarben-Topplichtern wurde festgestellt, dass sie starke Störgeräusche in UKW- und SSB-Funkgeräten auslösen.

Alle Glühlampen am Mast können durch LED-Leuchtkörper ersetzt werden. Das Dampferlicht ist das einzige, dass in erhöhter Position am Mast angebracht werden muss, sofern das Boot über einen Motor verfügt. Vor der Einführung hochqualitativer LED-Leuchtkörper konnte viel Strom durch Dreifarben-Topplaternen eingespart werden. Wer jedoch noch die getrennten Navigationslichter an Steuerbord, Backbord und am Heck hat, kann diese mit geeigneten LED-Leuchtkörpern aufrüsten und auch viel Strom sparen.

Das Gleiche gilt für das Ankerlicht, egal ob es sich um ein fest installiertes Licht im Topp oder ein Licht zum Aufheißen handelt. Deckslichter können an den Salingen oder am Mast angebracht werden – blaues Licht könnte dabei von Vorteil sein, da es die Nachtsicht weniger beeinträchtigt.

Höhenvorteil

Die UKW-Antenne wird in der Regel immer im Topp montiert, um die maximale Reichweite zu erzielen. Für eine nachträglich installierte AIS-Antenne gilt das Gleiche. Sollte es nicht möglich sein, die AIS-Antenne im Topp zu montieren, kann man auch die bereits vorhandene UKW-Antenne mittels Splitter für AIS verwenden oder die AIS-Antenne am Heckkorb anbringen. Das ist zwar nicht ideal, liefert aber immerhin eine Reichweite von mindestens fünf Seemeilen – größere Schiffe werden aufgrund ihrer hohen Antennen auch über wesentlich weitere Entfernung angezeigt.

Aktivantennen für SSB- oder NAVTEX-Empfänger müssen nicht hoch oben angebracht werden, sodass eine Montage am Heckkorb ausreicht. Sendeantennen für SSB-Funk sind etwas Anderes. Da es bei ihnen vor allem auf die Länge und weniger auf die Höhe ankommt, werden sie entlang des Backstags montiert oder ein isolierter Teil des Backstags wird als Antenne verwendet.

Sechs verschiedene elektrische Geräte sind hier im Masttopp montiert.

Ein aktiver Radarreflektor profitiert ebenfalls von möglichst großer Höhe, um bereits aus maximaler Entfernung gesehen zu werden, und wird deshalb am besten im Masttopp montiert. Bei einer Fernsehantenne ist die Höhe ebenfalls vorteilhaft, obwohl hier der Abstand zu metallischen Gegenständen wichtiger ist. Blitzschutzausrüstung kann dagegen nur funktionieren, wenn sie am höchsten Punkt des Bootes angebracht ist.

Instrumentengeber und Sensoren

Die Geber der Windinstrumente müssen ganz im Topp, in unverwirbelter Luftströmung angebracht werden, um korrekte Werte zu liefern. Moderne Wetterstationen haben den Vorteil, dass sie keine bewegten Teile aufweisen. Die besten Ausführungen dieser Sensoren liefern folgende Werte:

- Windgeschwindigkeit
- Windrichtung
- Lufttemperatur
- Relative Luftfeuchte
- Luftdruck
- Kompasskurs
- 3-Achsen-Beschleunigungmessung für Klasse-A-AIS-Sender
- Stampf- und Roll-Beschleunigungsmessung
- 10-Hz-GPS-Daten
- Wahre Windgeschwindigkeit und Windrichtung (errechnet aus scheinbarem Wind und SOG/COG-Daten)

Die Geräte sind NMEA 2000-kompatibel, sodass man das Backbone-Kabel im Topp beginnen lassen und dort den Sensor anschließen kann. Der Sensor der Wetterstation wird dadurch mit Strom versorgt und sendet alle Daten durch das Backbone-Kabel nach unten.

Bei großen Yachten sind für die hohen Lasten zusätzlich Hydrauliksysteme in Mast und Baum installiert.

Radar und Schallsignalanlagen

Oft wird die Radarantenne zusammen mit einem Lautsprecher auf zwei Drittel der Masthöhe an einer gemeinsamen Halterung montiert. Über die meisten UKW/DSC-Anlagen können voreingestellte Schallsignale in korrekten Zeitabständen für ein Nebelhorn ausgegeben oder die Sprechfunktion über Mikrofon gewählt werden.

Platz für neue Ausrüstung

1 Ein aktiver Radarreflektor im Masttopp sorgt für maximale Reichweite und damit möglichst frühzeitige Warnung vor anderen Schiffen.

2 Nebelhorn/Megafon

3 Multifunktions-Sensor ohne bewegliche Teile für NMEA 2000-Netzwerke

2

1

3

Anhang 1: Bestimmung des Kabelquerschnitts

Der benötigte Kabelquerschnitt wird danach bestimmt, wie hoch der Spannungsverlust in einem bestimmten Stromkreis sein darf. Kupfer hat, wie alle elektrischen Leiter, einen geringen Widerstand, und laut Ohmschen Gesetz errechnet sich der Spannungsverlust, oder Spannungsabfall, aus dem Produkt von Stromstärke und Kabelwiderstand.

Akzeptabler Spannungsverlust

Die Batteriespannung ist die höchste Spannung, die im Stromkreis zur Verfügung steht. Die Spannung, die tatsächlich an einem Verbraucher ankommt, ist die Batteriespannung abzüglich der Leitungswiderstände. Allgemein gilt, dass 3 % Spannungsverlust bei wichtigen Geräten wie Kartenplotter, Autopilot, etc. und 10 % Spannungsverlust bei Beleuchtung und anderen weniger kritischen Geräten akzeptabel sind. In der Praxis sollte man jedoch immer mit 3 % Spannungsverlust kalkulieren, sofern die Kosten nicht an erster Stelle stehen.

Verwendung der Tabelle

Der Kabelwiderstand errechnet sich aus folgenden Parametern:

- ρ: ist der spezifische Widerstand – bei Kupfer beträgt er 0,0164 mΩ
- L: ist die Länge des Kabels in Meter – es müssen Plus- und Minusleitung gerechnet werden
- A: ist der Kabelquerschnitt in mm^2

Mit der Tabelle auf der gegenüberliegenden Seite lässt sich der Kabelquerschnitt in mm^2 in Abhängigkeit von Stromstärke und Kabellänge ermitteln – im oberen Teil bei 10 % und im unteren Teil bei 3 % akzeptiertem Spannungsverlust.

Die Kabelquerschnitte sind farblich in Gruppen zusammengefasst, die jeweils der nächstgelegenen AWG-Größe (American Wire Gauge) entsprechen.

Runden Sie den errechneten Wert in mm^2 zur nächsten handelsüblichen Kabelgröße auf. Dadurch deckt man auch die geringen Differenzen ab, die sich ergeben, weil in der Tabelle mit Einzelleitern und nicht mit den üblichen feinadrigen Kabeln gerechnet wurde, die kleine Lufteinschlüsse zwischen den Drähten aufweisen.

Ein Beispiel

Um den Gebrauch der Tabelle zu veranschaulichen, soll als Beispielsfall ein Kühlschrank angeschlossen werden. In der Betriebsanleitung ist die Leistung mit 90 W angegeben. Der Kühlschrank kann mit 12 V oder 24 V betrieben werden. Da die Leistung in Watt geteilt durch die Spannung in Volt die Stromstärke in Ampere ergibt (siehe Seite 17), verbraucht der Kühlschrank bei 12 V ungefähr 7,5 A und bei 24 V ungefähr 3,8 A. Angenommen, die Kabellänge von der Schalttafel zum Kühlschrank und zurück beträgt 8 Meter und angenommen, man entscheidet sich für maximal 3 % Spannungsverlust, dann geht man wie folgt vor:

In der unteren Tabelle für 3 % Spannungsverlust wählt man die senkrechte Spalte für eine Kabellänge von 8 Metern. In der waagrechten Zeile für 8 A kann man dort den benötigten Kabelquerschnitt für 12 V mit 2,92 mm^2 ablesen. Für 24 V muss man die waagrechte Zeile mit 4 A wählen und erhält einen Kabelquerschnitt von 1,46 mm^2. In der Praxis würde man sich somit für den aufgerundeten, handelsüblichen Kabelquerschnitt von 3 mm^2 bzw. 1,5 mm^2 entscheiden. In der kleinen, untenstehenden Tabelle ist dieser Beispielfall nochmals zusammengefasst.

Bestimmung des Kabelquerschnitts

Batteriespannung	12 V	24 V
3 % Spannungsverlust	0,36 V max.	0,72 V max.
Stromstärke	7,5 A	3,8 A
Kabellänge	8 m (26 ft)	8 m (26 ft)
Kabelquerschnitt	2,92 mm^2 → 3 mm^2	1,46 mm^2 → 1,5 mm^2
AWG	10 AWG	12 AWG

Verwenden Sie die Tabelle für 3 % Spannungsverlust bei allen wichtigen Geräten. Bei allgemeinen Ausrüstungsgegenständen kann man auch 10 % Spannungsverlust akzeptieren, aber wenn die geringen Mehrkosten für ein etwas dickeres Kabel nicht allzu sehr ins Gewicht fallen, sollte man sich immer für 3 % Spannungsverlust entscheiden.

10 % Spannungsverlust

Stromstärke in Ampere	Kabellänge in Meter												
	2	4	6	8	10	15	20	25	30	35	40	45	50
1	0.03	0.05	0.08	0.11	0.14	0.21	0.27	0.34	0.41	0.48	0.55	0.62	0.68
2	0.05	0.11	0.16	0.22	0.27	0.41	0.55	0.68	0.82	0.96	1.09	1.23	1.37
3	0.08	0.16	0.25	0.33	0.41	0.62	0.82	1.03	1.23	1.44	1.64	1.85	2.05
4	0.11	0.22	0.33	0.44	0.55	0.82	1.09	1.37	1.64	1.91	2.19	2.46	2.73
5	0.14	0.27	0.41	0.55	0.68	1.03	1.37	1.71	2.05	2.39	2.73	3.08	3.42
6	0.16	0.33	0.49	0.66	0.82	1.23	1.64	2.05	2.46	2.87	3.28	3.69	4.10
7	0.19	0.38	0.57	0.77	0.96	1.44	1.91	2.39	2.87	3.35	3.83	4.31	4.78
8	0.22	0.44	0.66	0.87	1.09	1.64	2.19	2.73	3.28	3.83	4.37	4.92	5.47
9	0.25	0.49	0.74	0.98	1.23	1.85	2.46	3.08	3.69	4.31	4.92	5.54	6.15
10	0.27	0.55	0.82	1.09	1.37	2.05	2.73	3.42	4.10	4.78	5.47	6.15	6.83
11	0.30	0.60	0.90	1.20	1.50	2.26	3.01	3.76	4.51	5.26	6.01	6.77	7.52
12	0.33	0.66	0.98	1.31	1.64	2.46	3.28	4.10	4.92	5.74	6.56	7.38	8.20
13	0.36	0.71	1.07	1.42	1.78	2.67	3.55	4.44	5.33	6.22	7.11	8.00	8.88
14	0.38	0.77	1.15	1.53	1.91	2.87	3.83	4.78	5.74	6.70	7.65	8.61	9.57
15	0.41	0.82	1.23	1.64	2.05	3.08	4.10	5.13	6.15	7.18	8.20	9.23	10.25
16	0.44	0.87	1.31	1.75	2.19	3.28	4.37	5.47	6.56	7.65	8.75	9.84	10.93
17	0.46	0.93	1.39	1.86	2.32	3.49	4.65	5.81	6.97	8.13	9.29	10.46	11.62
18	0.49	0.98	1.48	1.97	2.46	3.69	4.92	6.15	7.38	8.61	9.84	11.07	12.30
19	0.52	1.04	1.56	2.08	2.60	3.90	5.19	6.49	7.79	9.09	10.39	11.69	12.98
20	0.55	1.09	1.64	2.19	2.73	4.10	5.47	6.83	8.20	9.57	10.93	12.30	13.67
25	0.68	1.37	2.05	2.73	3.42	5.13	6.83	8.54	10.25	11.96	13.67	15.38	17.08
30	0.82	1.64	2.46	3.28	4.10	6.15	8.20	10.25	12.30	14.35	16.40	18.45	20.50
35	0.96	1.91	2.87	3.83	4.78	7.18	9.57	11.96	14.35	16.74	19.13	21.53	23.92
40	1.09	2.19	3.28	4.37	5.47	8.20	10.93	13.67	16.40	19.13	21.87	24.60	27.33
45	1.23	2.46	3.69	4.92	6.15	9.23	12.30	15.38	18.45	21.53	24.60	27.68	30.75
50	1.37	2.73	4.10	5.47	6.83	10.25	13.67	17.08	20.50	23.92	27.33	30.75	34.17
55	1.50	3.01	4.51	6.01	7.52	11.28	15.03	18.79	22.55	26.31	30.07	33.83	37.58
60	1.64	3.28	4.92	6.56	8.20	12.30	16.40	20.50	24.60	28.70	32.80	36.90	41.00
65	1.78	3.55	5.33	7.11	8.88	13.33	17.77	22.21	26.65	31.09	35.53	39.98	44.42
70	1.91	3.83	5.74	7.65	9.57	14.35	19.13	23.92	28.70	33.48	38.27	43.05	47.83
75	2.05	4.10	6.15	8.20	10.25	15.38	20.50	25.63	30.75	35.88	41.00	46.13	51.25
80	2.19	4.37	6.56	8.75	10.93	16.40	21.87	27.33	32.80	38.27	43.73	49.20	
85	2.32	4.65	6.97	9.29	11.62	17.43	23.23	29.04	34.85	40.66	46.47	52.28	
90	2.46	4.92	7.38	9.84	12.30	18.45	24.60	30.75	36.90	43.05	49.20		
95	2.60	5.19	7.79	10.39	12.98	19.48	25.97	32.46	38.95	45.44	51.93		
100	2.73	5.47	8.20	10.93	13.67	20.50	27.33	34.17	41.00	47.83			

3 % Spannungsverlust

Stromstärke in Ampere	Kabellänge in Meter												
	2	4	6	8	10	15	20	25	30	35	40	45	50
1	0.09	0.18	0.27	0.36	0.46	0.68	0.91	1.14	1.37	1.59	1.82	2.05	2.28
2	0.18	0.36	0.55	0.73	0.91	1.37	1.82	2.28	2.73	3.19	3.64	4.10	4.56
3	0.27	0.55	0.82	1.09	1.37	2.05	2.73	3.42	4.10	4.78	5.47	6.15	6.83
4	0.36	0.73	1.09	1.46	1.82	2.73	3.64	4.56	5.47	6.38	7.29	8.20	9.11
5	0.46	0.91	1.37	1.82	2.28	3.42	4.56	5.69	6.83	7.97	9.11	10.25	11.39
6	0.55	1.09	1.64	2.19	2.73	4.10	5.47	6.83	8.20	9.57	10.93	12.30	13.67
7	0.64	1.28	1.91	2.55	3.19	4.78	6.38	7.97	9.57	11.16	12.76	14.35	15.94
8	0.73	1.46	2.19	2.92	3.64	5.47	7.29	9.11	10.93	12.76	14.58	16.40	18.22
9	0.82	1.64	2.46	3.28	4.10	6.15	8.20	10.25	12.30	14.35	16.40	18.45	20.50
10	0.91	1.82	2.73	3.64	4.56	6.83	9.11	11.39	13.67	15.94	18.22	20.50	22.78
11	1.00	2.00	3.01	4.01	5.01	7.52	10.02	12.53	15.03	17.54	20.04	22.55	25.06
12	1.09	2.19	3.28	4.37	5.47	8.20	10.93	13.67	16.40	19.13	21.87	24.60	27.33
13	1.18	2.37	3.55	4.74	5.92	8.88	11.84	14.81	17.77	20.73	23.69	26.65	29.61
14	1.28	2.55	3.83	5.10	6.38	9.57	12.76	15.94	19.13	22.32	25.51	28.70	31.89
15	1.37	2.73	4.10	5.47	6.83	10.25	13.67	17.08	20.50	23.92	27.33	30.75	34.17
16	1.46	2.92	4.37	5.83	7.29	10.93	14.58	18.22	21.87	25.51	29.16	32.80	36.44
17	1.55	3.10	4.65	6.20	7.74	11.62	15.49	19.36	23.23	27.11	30.98	34.85	38.72
18	1.64	3.28	4.92	6.56	8.20	12.30	16.40	20.50	24.60	28.70	32.80	36.90	41.00
19	1.73	3.46	5.19	6.92	8.66	12.98	17.31	21.64	25.97	30.29	34.62	38.95	43.28
20	1.82	3.64	5.47	7.29	9.11	13.67	18.22	22.78	27.33	31.89	36.44	41.00	45.56
25	2.28	4.56	6.83	9.11	11.39	17.08	22.78	28.47	34.17	39.86	45.56	51.25	
30	2.73	5.47	8.20	10.93	13.67	20.50	27.33	34.17	41.00	47.83			
35	3.19	6.38	9.57	12.76	15.94	23.92	31.89	39.86	47.83				
40	3.64	7.29	10.93	14.58	18.22	27.33	36.44	45.56					
45	4.10	8.20	12.30	16.40	20.50	30.75	41.00	51.25					
50	4.56	9.11	13.67	18.22	22.78	34.17	45.56						
55	5.01	10.02	15.03	20.04	25.06	37.58	50.11						
60	5.47	10.93	16.40	21.87	27.33	41.00							
65	10.47	15.93	21.40	26.87	32.33	46.00							
70	15.47	20.93	26.40	31.87	37.33	51.00							
75	20.47	25.93	31.40	36.87	42.33								
80	25.47	30.93	36.40	41.87	47.33								
85	30.47	35.93	41.40	46.87	52.33								
90	35.47	40.93	46.40	51.87									
95	40.47	45.93	51.40										
100	45.47	50.93	56.40										

AWG
18
16
14
12
10
8
6
4
2
1
1/0

Anhang 2: Bestimmung des Energieverbrauchs

Der genaue Energieverbrauch einer Segelyacht ist sehr schwer zu bestimmen, da er je nach Gebrauch des Bootes von Tag zu Tag variiert. Eine Liste mit dem Stromverbrauch aller einzelnen Geräte, sowohl in Standby (sofern zutreffend) als auch in voll ausgelastetem Betrieb, ist jedoch sehr aufschlussreich.

Die Verbraucher können in drei Gruppen eingeteilt werden: Geräte, die öfters im Dauerbetrieb laufen, Geräte, die meist im Standby-Betrieb bleiben, und Geräte, die nur bei Bedarf eingeschaltet werden. So entsteht ein besseres Bild über den typischen Verbrauch innerhalb von 24 Stunden. Motorbootfahrer müssen sich um solche Berechnungen kaum kümmern, auch wenn sie oft über Nacht ankern, denn schon nach kurzer Fahrt am nächsten Tag sind die Batterien wieder randvoll.

Bedenken Sie, dass der Anteil am Stromverbrauch von Geräten, die in Fahrt dauerhaft eingeschaltet sein müssen, leicht abzuschätzen ist. Bei einem Kühlschrank ist der in der Betriebsanleitung angegebene Stromverbrauch dagegen höher als der tatsächliche, denn der Kühlschrank schaltet sich über das Thermostat immer wieder an und aus. Schaltet man ihn gar nur bei Bedarf von Hand ein, reduziert man den Stromverbrauch noch mehr – allerdings auf Kosten der Temperatur im Inneren. Oft wird das Radar zusammen mit dem Kartenplotter eingeschaltet, wechselt dann in den Standby-Modus und wird leicht ebenso vergessen wie dessen Stromverbrauch. Multifunktionsdisplays oder der Kartenplotter werden oft durchgehend betrieben, obwohl sie nicht wirklich gebraucht werden. In der Tabelle gegenüber ist die Leistung anstelle der Stromstärke verschiedener Geräte aufgelistet, damit sie für größere Yachten mit einem 24-V-Bordnetz ebenso verwendet werden kann. Da sich die Stromstärke aus der Leistung geteilt durch die Spannung ergibt, kann man die angegebene Wattzahl durch eine durchschnittliche Bordspannung von 12,5 V für ein 12-V-Bordnetz und durch 25 V für ein 24-V-Bordnetz dividieren.

Um abschließend den Verbrauch mit der Batteriekapazität in Ah vergleichen zu können, muss die Stromstärke mit der täglichen Betriebsdauer des jeweiligen Geräts in Stunden multipliziert werden. So lässt sich bestimmen, wie viele Amperestunden jedes Gerät innerhalb von 24 Stunden verbraucht. Da die Ausrüstung von Boot zu Boot sehr unterschiedlich ist, wurde in der Tabelle Platz gelassen, um selbst alle relevanten Werte eintragen zu können.

Geräte im Dauerbetrieb

Geräte, die bei Fahrt durchs Wasser meist durchgehend eingeschaltet bleiben	Typischer Stromverbrauch (A)	Verbrauch in 24 Stunden (Ah)
AIS mit eigenem Display	0,1	2,4
NAVTEX	0,1	2,4
Windinstrumente, Log und Echolot	0,3	7,2
Tochteranzeigen	0,1	2,4
Separater GPS-Empfänger	0,1	2,4
Gasfernschalter	0,1	2,4
Gasdetektor	0,1	2,4
UKW/DSC-Funkgerät	0,3	7
Kühlschrank (durchschnittlicher Verbrauch)	1,5	36
Batteriewächter	0,1	2,4
	Gesamt	**67 Ah**
Kartenplotter und Radar		
Modernes Multifunktionsdisplay (Plotter)	0,75	18
Radar in Standby-Modus	1,5	36
	Gesamt	**67–121 Ah**

Verbrauchsrechnung

Geräte im Standby-Modus	Leistung Standby (Watt)	Leistung Betrieb (Watt)	Stromverbrauch (Ampere)	Verbrauch/24 h (Ampere-Std.)
Navigation und Ausrüstung an Deck				
Multifunktionsdisplay (Kartenplotter)				
Zweites Multifunktionsdisplay				
Radar mit geschlossener Radomantenne				
Radar mit frei drehender Antenne				
Fishfinder				
Autopilot (Boote unter 10 Meter)				
Autopilot (Boote über 10 Meter)				
Navigationslichter				
Ankerlicht				
Decksstrahler / Salinglichter				
Cockpitbeleuchtung				
Zusätzliche Segelinstrumente				
Ankerwinde				
Bugstrahlruder				
Allg. Ausrüstung, Verbraucher unter Deck				
Innenbeleuchtung				
Wassermacher				
Musikanlage				
Ventilatoren				
Dieselheizung				
Wechselrichter / Inverter				
Wasserpumpen				
Fernseher				
Gefriertruhe				
MF/DSC-Funkgerät				
SSB-Empfänger				
Laptop-Computer				
Weitere Ausrüstung (hier nicht aufgelistet)				

Anhang 3: Batterien und Batterieschalter

Bei zwei oder mehr Batteriebänken sind Batterieschalter nötig. Einerseits, um zu kontrollieren, welche Bank geladen wird, und anderseits, um zu verhindern, dass eine Bank versehentlich ganz entladen wird. Die einfachste Lösung sind Schalter, die rein mechanisch arbeiten und von Hand bedient werden müssen. Am anderen Ende der Skala stehen vollautomatische, elektronisch kontrollierte Schaltsysteme.

Warum Batterieschalter?

Nahezu jedes Boot hat zumindest eine Batterie und eine Möglichkeit sie aufzuladen. Auf kleinen und mittelgroßen Booten sind zwei getrennte Batteriebänke Standard. Mit steigender Bootsgröße kommt häufig eine dritte Batterie für starke Stromverbraucher, wie elektrische Winschen, Ankerwinden oder Bug- und Heckstrahlruder, hinzu. Gleichzeitig steigen auch häufig die Möglichkeiten der Batterieladung, da mehrere Stromquellen zur Verfügung stehen.

In diesem Fall muss das Bordnetz über Batterieschalter gesteuert werden. Die Hauptaufgaben der Batterieschalter sind:

- Steuerung des Ladestroms aus einer oder mehreren Stromquellen an die gewünschte Batteriebank.
- Steuerung, welche Batteriebank vorrangig geladen werden soll.
- Trennung der Batteriebänke, wenn keine Aufladung erfolgt, damit keine gegenseitige Entladung stattfinden kann.
- Vollständige Trennung der Batteriebänke, wenn das Boot nicht in Gebrauch ist.

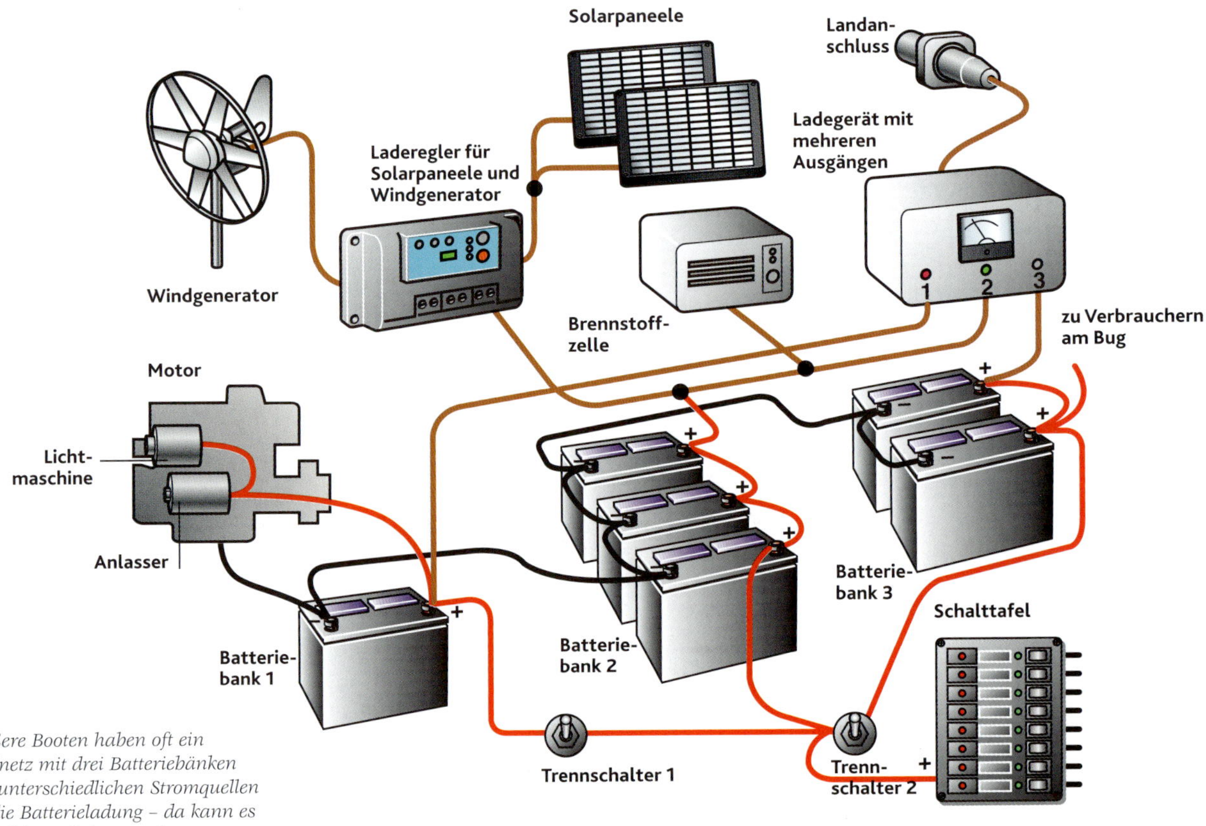

Größere Booten haben oft ein Bordnetz mit drei Batteriebänken und unterschiedlichen Stromquellen für die Batterieladung – da kann es schnell kompliziert werden.

Batteriebänke und Stromquellen für Batterieladung

Batteriebank	Stromquelle für Batterieladung
Starterbatterien für Motor und Dieselgenerator	Lichtmaschine, 230-V-Ladegerät, 1. Ausgang
Verbraucherbatterien	230-V-Ladegerät, 2. Ausgang Solarpaneele Windgenerator Schlepp- oder Hydrogenerator Brennstoffzelle
Batterien für Bugstrahlruder / Ankerwinde / elektrische Winschen	230-V-Ladegerät, 3. Ausgang Alternativ können die Solarpaneele auch hier angeschlossen werden.

Ladezustand bei mehreren Batteriebänken

Ladestrom und Ladezustand		Aufgabe der Batterieschalter
Motor ausgeschaltet, kein Strom aus der Lichtmaschine	Verbraucherbatterien werden von anderen Stromquellen ausreichend geladen	Nach vollständiger Aufladung der Verbraucherbatterien kann der Ladestrom zur Starterbatterie oder zur dritten Batteriebank geleitet werden.
	Verbraucherbatterien entladen, bei schwacher Aufladung aus anderen Quellen	Trennung der Verbraucherbatterien von Starterbatterie und dritter Batteriebank, damit diese nicht durch Ausgleichsströme entladen werden.
	Dritte, zusätzliche Batteriebank stark entladen (z. B. nach langem Einsatz der Ankerwinde)	Trennung der dritten Batteriebank von Verbraucherbatterien und Starterbatterie. Die dritte Batteriebank kann erst bei genügend überschüssigem Ladestrom wieder aufgeladen werden, da sie die niedrigste Priorität hat. Oder zur Aufladung wird extra der Motor gestartet.
Motor läuft, Ladestrom aus der Lichtmaschine	Starterbatterie wird vorrangig geladen	Sobald die Starterbatterie vollständig aufgeladen ist, werden die Verbraucherbatterien geladen.
Dieselgenerator läuft	Liefert 230-V-Wechselstrom für das Ladegerät	Alle Batteriebänke werden gleichzeitig geladen. Die Verbraucherbatterien beanspruchen in der Regel den meisten Ladestrom. Das Ladegerät muss mehrere Stunden eingeschaltet bleiben.
Brennstoffzelle angeschaltet	Liefert Ladeerhaltungsspannung, kann lange Zeit (über Nacht) angeschaltet bleiben	Die Verbraucherbatterien werden vorrangig geladen. Bei vollständiger Aufladung kann die Ladeerhaltungsspannung der Starterbatterie oder der dritten Batteriebank zugutekommen.

Anhang 3: Batterien und Batterieschalter (2)

Es mag unkompliziert und vorteilhaft erscheinen, zwischen den Batteriebänken und den unterschiedlichen Stromquellen für die Batterieladung von Hand umzuschalten, doch besteht bei einem Bedienungsfehler das Risiko, eine Batteriebank vollständig zu entladen Automatische Batterieschalter sind daher meist vorzuziehen. Die preisgünstigsten Geräte verursachen aber einen beträchtlichen Spannungsverlust.

Ein Drehschalter mit vier Schaltstellungen ist eine weitverbreitete Lösung für Bordnetze mit zwei Batteriebänken. Stellen Sie den Schalter beim Motorstart auf »Battery 1« und ungefähr zehn Minuten später auf »Both«, um den Ladestrom auf beide Batteriebänke aufzuteilen. Stellen Sie den Schalter auf »Battery 2«, wenn der Motor abgestellt ist, um die Starterbatterie zu isolieren. Alternativ kann auch für jede Batteriebank ein eigener Trennschalter verwendet werden (rechts).

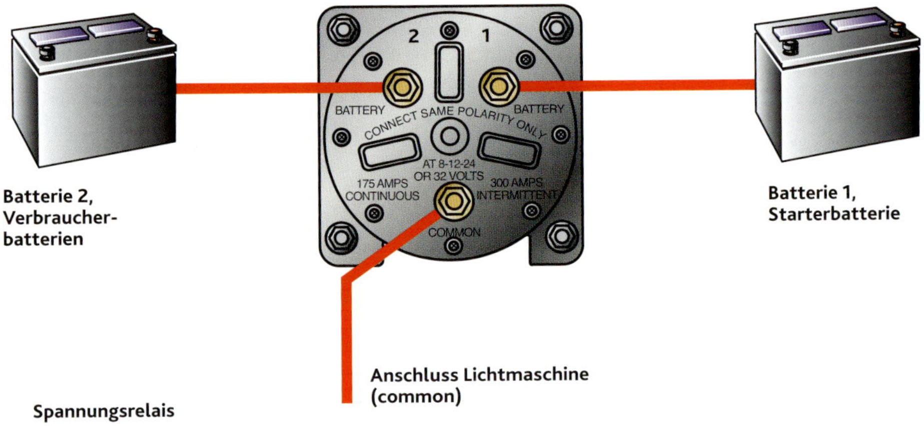

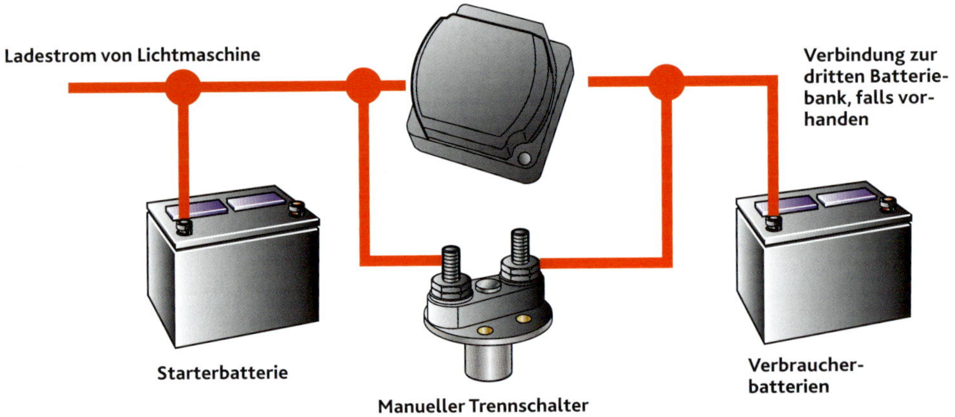

Eine vollautomatische Lösung, bei der die Spannung der Starterbatterie von einem Spannungsrelais überwacht wird. Sobald die Starterbatterie vollständig aufgeladen ist, schaltet das Spannungsrelais auf die Verbraucherbatterien um. Viele Spannungsrelais arbeiten bidirektional und schalten bei vollen Verbraucherbatterien den Ladestrom aus Solarzellen oder dem Windgenerator zur Starterbatterie oder zu einer dritten Batteriebank um. Ein manueller Trennschalter ermöglicht es, falls nötig einzugreifen (links).

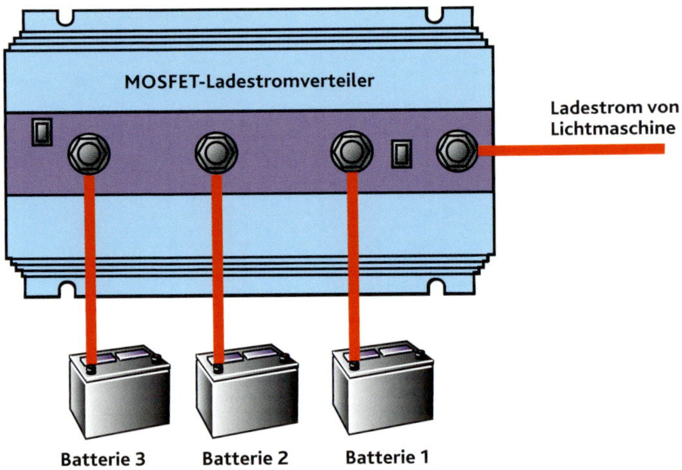

Ein Ladestromverteiler bietet eine perfekte Lösung zum gleichzeitigen Laden der drei Batteriebänke mit dem zur Verfügung stehenden Strom aus der Lichtmaschine. Mit manuellen Trennschaltern kann der Verteiler im Notfall überbrückt werden (rechts).

Vor- und Nachteile von Batterieschaltungen

	Vorteile	Nachteile
Manuelle Schalter	Rein mechanisch, kein Spannungsverlust	Muss von Hand bedient werden
Einfacher Trennschalter	Ideal, um einen automatischen Batterieschalter oder Trenndioden im Notfall zu überbrücken	
Batterie-Umschalter (Drehschalter)	Minimale Anforderung bei einem Bordnetz mit zwei Batteriebänken, unkompliziert im Gebrauch	
Automatische Schalter	Keine manuelle Bedienung nötig	Grundsätzlich zuverlässig, aber jede Ausführung hat ihre Schwächen
Trenndioden	Einfach zu installieren	Spannungsverlust von mindestens 1 V an den Dioden führt zu geringerer Ladespannung an den Batterien
Relais-gesteuerte automatische Schalter	Starterbatterie wird durch elektronische Regelung vorrangig geladen	Wiederholtes Hin- und Herschalten des Relais ist möglich und sollte mit einer elektronischen Ansprechverzögerung vermieden werden
Automatisches Laderelais	Funktion wie Trenndioden, jedoch ohne nennenswerten Spannungsverlust	Simple Schaltung ohne Messung der Batteriespannung
Spannungsrelais	Intelligenter Schalter, der sich nach der Batteriespannung richtet und den Ladestrom entsprechend leitet	
MOSFET-Ladestromverteiler*	Etwas zuverlässiger als Relais-gesteuerte Schalter, mehr elektronische Kontrollmöglichkeiten	Höherer Preis, Wärmeentwicklung bei hohen Strömen, benötigt gute Belüftung
Multifunktionales Ladegerät	Komplettlösung mit mehreren Funktionen in einem Gerät	Hochpreisig, jedoch in Anbetracht der vielen Funktionen günstiger als mehrere Einzelgeräte
Hochleistungsregler für Lichtmaschine	Holt mit mehrstufiger Ladekennlinie das Beste aus der Lichtmaschine heraus und erzielt eine vollständige Aufladung der Verbraucherbatterien	

* Dank der MOSFET-Halbleitertechnik können hohe Stromstärken aufgenommen werden. Die Spannungsverluste sind mit 0,1–0,2 V minimal und wesentlich geringer als bei Trenndioden.

Anhang 4: Motorelektrik

Die einwandfreie Funktion der Motorelektrik ist für jedes Boot wichtig, doch ist sie den äußeren Einflüssen von Vibration und Hitze im Motorraum sowie Regen und salziger Gischt an den Cockpitinstrumenten ausgesetzt. Die Motorelektrik kann in zwei Bereiche aufgeteilt werden: Motorbedienung zum Starten und Abstellen der Maschine und Instrumente zur Überwachung des Motors.

Betätigen Sie den Zugschalter, bis der Motor zum Stillstand gekommen ist, und schalten Sie dann die Anzeigen der Motorelektrik aus.

Motorstart

Das Diagramm auf der Seite gegenüber zeigt die grundlegende Motorelektrik. Bei Glühkerzen-Motoren hat das Zündschloss an der Schalttafel vier Positionen. Als Erstes schaltet man für ungefähr zehn Sekunden auf »Vorglühen« oder »Glow«. Dabei fließt hoher Strom durch ein Heizelement neben der Einspritzdüse, um den Startvorgang zu erleichtern.

Nach der kurzen Vorglühzeit schaltet man über die »Off-Position« auf »On«, womit alle elektrischen Instrumente, auch der Alarmgeber (10), eingeschaltet werden, gibt etwas Gas und dreht gegen die Rückstellfeder auf »Start«. Dadurch fließt Strom zum Magnetschalter (12), der den Anlasser (13) einschaltet. Sobald der Motor startet, lässt man das Zündschloss los, das sich auf die »On-Position« zurückstellt.

Bei laufendem Motor fließt Strom zu:

- Allen Instrumenten (6)
- Den Gebern der Ladekontrollleuchte (VR), der Öldruckanzeige (15) und der Kühlwassertemperatur-Warnanzeige (14). Die Warnleuchten erlöschen nach dem Startvorgang, während die Ladespannung der Lichtmaschine ansteigt.
- Dem Laderegler, der über eine Leitung (11) von der Ladekontrollleuchte versorgt wird. Dabei wird ein schwaches Magnetfeld im Rotor erzeugt, sodass dieser beim Anlaufen des Motors genug Strom für den Laderegler produzieren kann.
- Den Messsensoren der Anzeigen (16), deren Minusleitung über den Motorblock und die Anlasser-Minusleitung (8) zum Minuspol der Batterie zurückführt.

Bei Motoren ohne Glühkerzen gibt man zum Starten üblicherweise Vollgas, zieht kurz den Zugschalter zum Abstellen des Motors heraus, der sich von allein wieder zurückstellt, und betätigt dann die Zündung. So gelangt etwas mehr Kraftstoff in die Brennkammer, und der Motorstart wird erleichtert. Sobald der Motor zündet, stellt man den Gashebel auf eine geringere Drehzahl zurück.

Bei Motoren mit Glühkerzen hat das Zündschloss vier Schaltpositionen.

Motor abstellen

Um einen Dieselmotor abzustellen, muss die Kraftstoffzufuhr unterbrochen werden. Dazu betätigt man einen Zugschalter. Erst wenn der Motor zum Stillstand gekommen ist, schaltet man auf »Off« an der Schalttafel. Alternativ kann auch ein Stoppschalter (17) installiert sein, der über einen Magnetschalter (17) die gleiche Funktion ausführt. Schalten Sie den Motor niemals am Zündschloss aus, bevor er zum Stillstand gekommen ist.

Sensoren, Geber und Alarme

Instrumentenanzeigen an der Schalttafel sind mit Sensoren am Motor verbunden, die folgende zwei Aufgaben erfüllen:

- Einen Messwert für die Anzeige der Kühlwassertemperatur, des Öldrucks, der Ladespannung, Stromstärke und anderer Werte an die Instrumente liefern.
- Ein Schaltsignal an die akustischen Alarme und Alarmleuchten liefern, wenn ein bestimmter Messwert überschritten wird.

Bei einer Motorschalttafel ohne Instrumente sind nur Geber für die Alarmfunktionen angeschlossen.

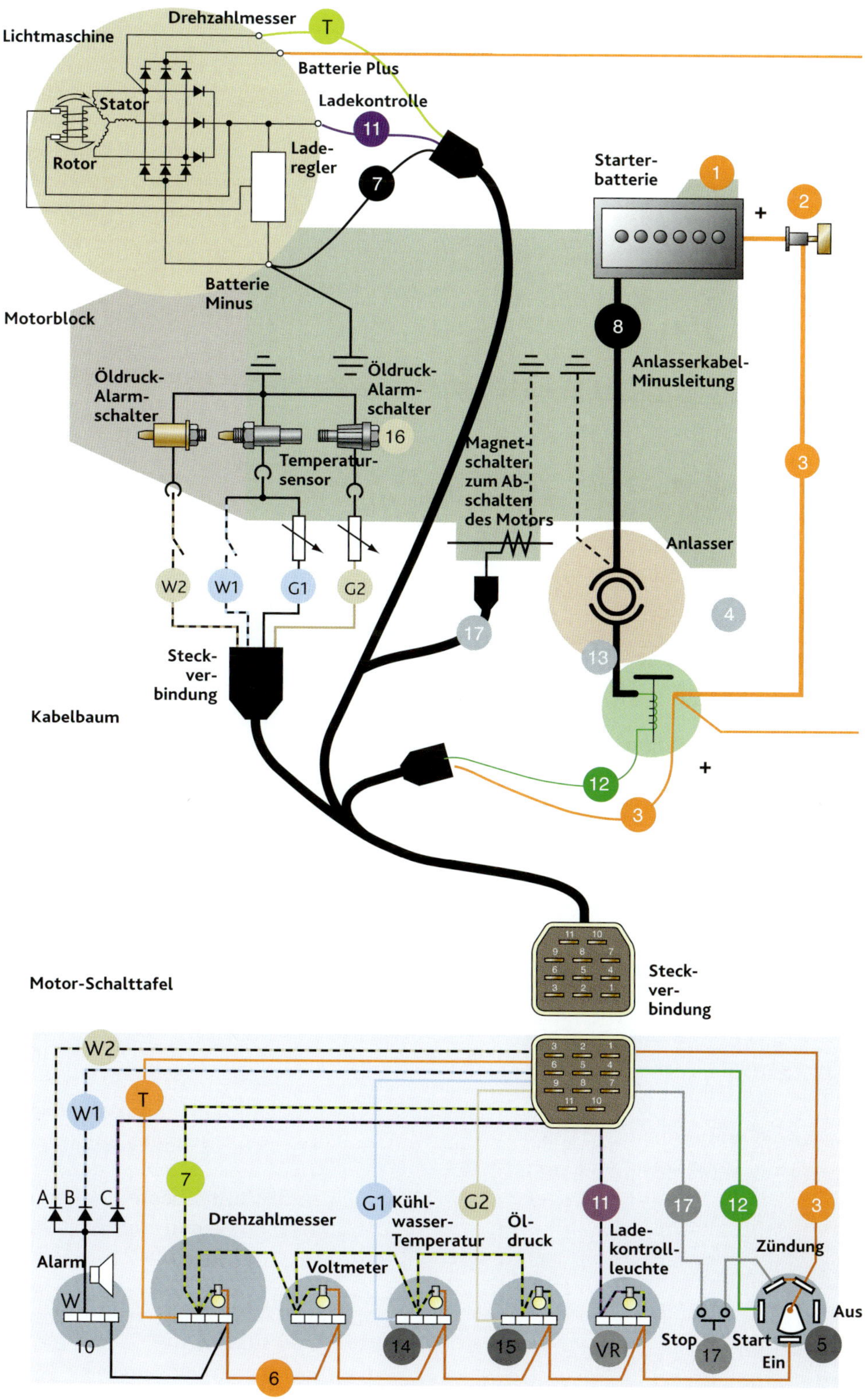
Lichtmaschine
Drehzahlmesser
T
Batterie Plus
Stator
Rotor
Ladekontrolle
11
Lade-
regler
7
Batterie
Minus
Motorblock
Starter-
batterie
1
2
+
8
Anlasserkabel-
Minusleitung
Öldruck-
Alarm-
schalter
Öldruck-
Alarm-
schalter
16
Temperatur-
sensor
Magnet-
schalter
zum Ab-
schalten
des Motors
3
Anlasser
W2
W1
G1
G2
4
17
13
Steck-
ver-
bindung
Kabelbaum
12
3
+
Steck-
ver-
bindung
Motor-Schalttafel
W2
W1
T
A B C
7
Drehzahlmesser
G1
Kühl-
wasser-
Temperatur
G2
Öl-
druck
11
Lade-
kontroll-
leuchte
17
12
3
Zündung
Alarm
W
Voltmeter
Aus
10
14
15
VR
Stop
17
Start
Ein
5
6

Anhang 5: NMEA-Datensätze

In der Tabelle sind die meistverwendeten Datensätze für NMEA 0183 aufgelistet. Es ist hilfreich zu wissen, welche Datensätze vom Sender zur Verfügung stehen – oder von mehreren Sendern, wenn ein Multiplexer verwendet wird – und welche Datensätze vom Empfänger benötigt werden. Auch beim Konvertieren zwischen NMEA 0183 und NMEA 2000 ist die Datensatz-ID von Bedeutung.

Konvertieren

Zum Konvertieren von NMEA 0183 in NMEA 2000 wird ein Netzwerkadapter/Konverter benötigt. Es sind mehrere Modelle erhältlich. Die meisten Datensätze sind hier aufgelistet, doch da die Software öfter aktualisiert wird, sollte man auch auf der Website des Herstellers nachsehen.

Häufig wird das Bordnetz nachträglich um ein AIS-Gerät erweitert. Viele AIS-Geräte geben die Daten immer noch in NMEA 0183 aus, die ein moderner Kartenplotter unter Umständen nicht lesen kann. In diesem Fall wird ein Netzwerkadapter/Konverter wie der Actisense NGW-1-AIS oder der für allgemeine Umwandlung geeignete Actisense NGW-1 benötigt. Auch der AMEC NK80 Netzwerkadapter ermöglicht die gemeinsame Nutzung der Daten zwischen NMEA 0183- und NMEA 2000-Geräten in beide Richtungen.

Datenaustausch zwischen NMEA 0183-Geräten

In einem NMEA 0183-Netzwerk mit beispielsweise einem Garmin GPS 128 als einzigen Sender kann man die Datensätze den einzelnen Empfängern wie Autopilot, GPS-Tochteranzeige oder UKW/DSC-Funkgerät zuordnen. Mit einem Multiplexer können mehrere Sender vereint werden. Stellen Sie dazu eine Liste aller verwendeten Datensätze zusammen, die der Multiplexer ausgibt. Für die Empfänger ist der Multiplexer wie ein einziger Sender.

Abkürzungen (*)	
AIS	Automatisches Identifizierungssystem
COG	Kurs über Grund
SOG	Geschwindigkeit über Grund
GNSS	Global Navigation Satellite System
DOP	Dilution of Precision, beeinflusst die Streuung der GPS-Messwerte

NMEA 0183 Datensätze

Gruppe	Datensatz-ID	Definition
Wegpunkte u. Routen	AAM	Wegepunkt-Annäherung-Alarm
	BOD	Peilung zwischen Wegepunkten
	BEC	Peilung und Entfernung zum Wegepunkt – gekoppelt
	BWC	Peilung und Entfernung zum Wegepunkt – Großkreis
	BWR	Peilung und Entfernung zum Wegepunkt – Loxodrome
	DTM	Kartendatum
	RTE	Routen
	WCV	Annäherung an einen Wegepunkt, Geschwindigkeit
	WPL	Position eines Wegepunktes
	XTE	Kursversatz (auch in RMB enthalten)
Tiefe	DBT	Tiefe unter dem Geber
	DPT	Tiefe
Navigation / GPS	GGA	GPS-Empfangsdaten
	GLL	GPS-Position Länge und Breite
	GNS	GNSS-Daten*
	GSA	DNSS, DOP und aktive Satelliten*
	GSV	GNSS verwendete Satelliten
	RMB	Minimal benötigte Navigationsdaten
	RMC	Minimal benötigte GNSS-Daten inkl. COG, SOG*
	VTG	Kurs und Geschwindigkeit über Grund
Kurs	HDG	Steuerkurs und Missweisung
	HDT	Wahrer Steuerkurs
	ROT	Kursänderung-Geschwindigkeit
	RSA	Ruderlage
Temperatur	MTW	Wassertemperatur
Wind	MWD	Windrichtung und Geschwindigkeit
	MWV	Scheinbare Windrichtung und Geschwindigkeit
	VWR	Umdrehungen pro Minute
Motor	RPM	Richtung und Geschwindigkeit
Wasserströmung	VDR	Steuerkurs und Geschwindigkeit durchs Wasser
	VHW	Datum und Uhrzeit
Datum und Uhrzeit	ZDA	AIS-UKW-Funk-Verbindung, eigene Daten
AIS*	VDO	AIS-UKW-Funk-Verbindung, fremde Daten
	VDM	Radar, eigene Daten
Radar	RSD	Radarziel-Daten
	TTM	Empfangsdaten eines DSC-Alarms
UKW/DSC-Funk	DSC	Empfangsdaten eines DSC-Alarms über DSC/UKW

Beschreibung	Verwendete Datensätze						
	NMEA 0183–2000 Konverter			Sender / Empfänger			
	Actisense NGW-1.	Actisense NGW-1-AIS	AMEC NK80	GPS 128	Autopilot	GPS-Tochteranzeige	UKW-DSC-Funkgerät
Alarmsignal bei Unterschreitung eines festgelegten Abstands zum Wegepunkt							
Bei Routen, Angabe von Peilung und Entfernung zum letzten und zum vorausliegenden Wegepunkt				•			
Entfernung errechnet mit Geschwindigkeit durchs Wasser anstelle von SOG* vom GPS							
Kürzeste Entfernung, Großkreiskurs					•		
Entfernung bei konstantem, rechtweisendem Kurs, Loxodrome					•		
Verwendetes Kartendatum, z. B. WGS84							
Alle Wegepunkte einer aktiven Route				•			
Errechnet die gutgemachte Geschwindigkeit zu einem Wegepunkt							
Name des Wegepunktes und Position in Länge und Breite				•			
Abstand der eigenen Position zur direkten Kurslinie vom Startpunkt (oder letzten Wegepunkt) zum nächsten Wegepunkt	•	•	•		•		
Wassertiefe unter dem Echolotgeber ohne Berücksichtigung, wie tief der Geber unter der Wasserlinie eingebaut ist	•		•				
Beschickte Wassertiefe, zeigt je nach Wunsch die tatsächliche Wassertiefe oder die Tiefe unter dem Kiel	•	•	•				
Höhe über Null, GPS-Genauigkeit, Anzahl der empfangenen Satelliten	•	•	•	•	•		
Ältere Variante von GGA	•	•	•	•	•		
Ausführliche GPS-Empfangsdaten							
Daten über die Qualität der empfangenen GPS-Daten	•	•	•	•		•	
Daten der zur Positionsbestimmung verwendeten Satelliten	•	•	•	•			
Navigationsdaten zur Ansteuerung eines Wegepunktes inkl. Kursversatz XTE	•			•	•	•	
Enthält Position, UTC-Zeit, Datum, SOG, COG und Missweisung (Deklination)	•	•	•	•	•	•	•
Rechtweisender Steuerkurs	•	•	•				
Kursänderung in Grad pro Minute	•	•			•		
Ruderlageanzeige in Grad	•				•		
Signal des Temperatursensors, der oft im Loggeber enthalten ist	•	•	•				
	•		•				
	•		•				
Wahre Winddaten, errechnet aus scheinbarem Wind und COG und SOG	•		•				
Scheinbare Winddaten von den Windinstrumenten	•	•	•		•		
Winkel des scheinbaren Windes zum Steuerkurs, Windeinfallswinkel	•		•				
Umdrehungen der Propellerwelle oder des Motors pro Minute	•						
Richtung und Geschwindigkeit des Gezeitenstroms, errechnet als Unterschied zwischen COG, SOG und Steuerkurs, Geschwindigkeit durchs Wasser	•		•				
Daten vom Loggeber und Kompasssensor	•		•		•		
UTC-Zeit und Lokalzeit	•	•	•		•		
Daten zur Darstellung des eigenen Bootes relativ zu anderen Booten oder AIS-Sendern		•	•				
Empfangene AIS-Daten zur Darstellung anderer Fahrzeuge oder AIS-Sendern		•	•				
Peilung und Entfernung des Cursors am Radarschirm zur eigenen Position							
Daten zur Verfolgung eines Radarziels, Name, Peilung, Entfernung, Geschwindigkeit, etc.							
Für die Datenübertragung bei einem Notruf und zur Darstellung des Havaristen auf einem Kartenplotter, Peilung und Entfernung können angezeigt werden			•				

Glossar

A

AGM-Batterie AGM steht für »Absorbent Glass Matt« und beschreibt eine verbesserte Technologie gegenüber herkömmlichen Blei-Säure-Batterien. AGM-Batterien sind besonders leistungsfähig, völlig wartungsfrei sowie auslaufsicher.

AIS Das Automatische Identifizierungssystem ist ein System zur Übertragung der eigenen Schiffsdaten und zum Empfang der Daten anderer, in Reichweite befindlicher Fahrzeuge und Navigationseinrichtungen. AIS arbeitet auf zwei speziell zugewiesenen UKW-Kanälen.

Analoges Signal Spannungssignal am Ausgang eines Messsensors.

Ankerwinde Mechanische Winde zum Aufholen und Ablassen des Ankergeschirrs. Elektrisch angetriebene Ankerwinden haben einen hohen Stromverbrauch, sodass spezielle Vorkehrungen im Bordnetz getroffen werden müssen.

Anlaufstrom Kurzzeitig auftretende, höhere Stromstärke während des Einschaltens eines Verbrauchers. Elektromotoren und Glühbirnen verbrauchen beim Einschalten wesentlich mehr Strom als im andauernden Betrieb.

B

Batteriekapazität wird in Amperestunden (Ah) angegeben und ist ein Nennwert, um die Leistung verschiedener Batterien zu vergleichen. Die angegebene Batteriekapazität kann im normalen Gebrauch nicht ausgeschöpft werden, da man die Batterie vollständig entladen würde.

Batteriespannung Die Spannung einer Batterie an ihren Polen in Volt, oft in Bezug auf die Spannung, die nach mehreren Verbindungen, Sicherungen und Schaltern an einem Verbraucher im Stromkreis tatsächlich ankommt.

Batterie-zu-Batterie-Ladegeräte sind Gleichspannungswandler, die die Eingangsspannung zur Ladung einer anderen Batterie auf einen höheren Wert transformieren und über eine eingebaute vierstufige Ladekontrolle verfügen. Batterie-zu-Batterie-Ladegeräte arbeiten in der Regel während gleichzeitig der Motor läuft, sodass die Versorgungsbatterie über die Lichtmaschine nachgeladen wird.

Baudrate Digitale Signale werden in einem Kabel als eine lange Reihe aus 0 und 1 übertragen. Die Baudrate, auch Symbolrate genannt, gibt an, wie viele Symbole aus 0 und 1 pro Sekunde übertragen werden.

Blei-Säure-Batterie Diese konventionelle Nasszellen-Batterieart wird in Straßenfahrzeugen als Starterbatterie eingesetzt und ist für die Abgabe hoher Ströme über kurze Zeit optimiert. Sie ist mit Schwefelsäure gefüllt und nicht auslaufsicher.

Bugstrahlruder sind elektrisch oder hydraulisch angetriebene Propeller, die am Bug quer zur Längsachse eines größeren Bootes oder einer Yacht angebracht sind und das Vorschiff zum Manövrieren im Hafen zu einer Seite hin drehen können. Elektrische Bugstrahlruder haben einen hohen Stromverbrauch, der spezielle Anforderungen an das Bordnetz stellt.

C

Crimp-Verbinder sind Quetschverbinder, bei denen man die Litze in ein Rohrstück am Ende des Verbinders steckt, das mit einer Crimpzange fest um das Kabelende verpresst wird. Bei besonders dicken Kabeln werden hydraulische Presszangen zum Crimpen verwendet.

D

DeviceNet Industriestandard, der die Spezifikation von Kabeln und Steckverbindungen bei NMEA 2000-Netzwerken festlegt.

Differenzverstärker verstärken nur die Differenz der Spannungen an ihren zwei Eingängen. Der Wert der Batteriespannung wird nicht übertragen. Differenzverstärker werden bei der Stromstärkemessung zur Übertragung der geringen Spannungsunterschiede an Shunts oder Halleffekt-Sensoren verwendet.

Diode, genauer Halbleiterdiode, ist ein elektronisches Bauelement, das Strom nur in einer Richtung nahezu ungehindert durchlässt und in die andere Richtung nahezu ganz isoliert.

Durchgangsprüfung Mit einer Widerstandsmessung mit einem Multimeter kann man feststellen, ob eine Leitung unterbrochen ist oder nicht bzw. allgemein, ob zwei Punkte in einem Stromkreis leitend miteinander verbunden sind. Die Stromquelle muss bei der Messung abgeklemmt sein. Freien Durchgang zeigen viele Multimeter zusätzlich mit einem akustischen Signal an.

E

Einziehstangen Flexible GFK-Stangen, die miteinander verbunden werden können, um Kabel hinter Verblendungen, Deckenpaneelen oder unter Böden einzuziehen.

Elektrolyt Hier eine elektrisch leitende Lösung, um eine chemische Reaktion zu ermöglichen. In einer Blei-Säure-Batterie dient Schwefelsäure als Elektrolyt.

Energiebilanz Das Verhältnis von Energieverbrauch aus den Batterien und der gesamten Leistung zur Wiederaufladung der Batterien aus allen zur Verfügung stehenden Stromquellen.

Erdung ist die Ableitung von elektrischem Strom in die Erde oder zum Punkt mit dem geringsten Spannungspotenzial, um bei einem Fehler in einem elektrischen Gerät Schäden oder Verletzungen von Personen durch Berührungsspannung oder Stromschlag zu verhindern.

F

Fehlerstrom-Schutzschalter oder RCD Sicherheitsvorkehrung bei 230-V-Wechselstrom, die die Stromstärke in der Phase und im Neutralleiter überwacht. Bei einwandfreier Funktion ist die Stromstärke in beiden Leitern gleich. Fließen auch nur 30 mA Fehlerstrom über die Erdung oder den Schutzleiter ab, unterbricht die RCD sowohl die Phase als auch den Neutralleiter.

Fishfinder Echolot mit großer Genauigkeit und Auflösung. Manche Geräte sind so genau, dass man sogar unterschiedliche Fischarten unterscheiden kann.

G

Gelbatterie Batterie mit einem Elektrolyt in Gelform. Gelbatterien sind absolut auslaufsicher, da sie komplett verschlossen sind und können in jeder beliebigen Lage eingebaut werden.

Generator Stromerzeuger, der Bewegungsenergie, zum Beispiel eines Verbrennungsmotors, in elektrische Energie umwandelt.

Gleichstrom Im Gegensatz zu Wechselstrom ein elektrischer Strom mit konstanter Richtung und Polarität. Batterien und Solarzellen können ausschließlich Gleichstrom liefern.

GPS Das »Global Positioning System« kann die eigene geographische Position aus empfangenen Signalen von drei oder mehr Satelliten ermitteln.

H

HOLD-Funktion Multimeter mit HOLD-Funktion können das Messergebnis auch noch nach der Messung anzeigen, wenn die Messkabel von den Messpunkten bereits abgezogen sind.

I

Isolierung Ummantelung von Kabeln und Bauteilen mit elektrisch nicht leitendem Material, in der Regel Kunststoff.

K

Kabelquerschnitt Die Dicke eines Kabels wird mit dessen Querschnittfläche in mm^2 angegeben. Welcher Kabelquerschnitt benötigt wird, muss in Abhängigkeit von der Stromstärke, der Länge des Kabels und der Höhe des akzeptablen Spannungsverlusts ermittelt werden.

Kalibrierung Bei der Einstellung eines Messinstruments muss dem Messwert eine Anzeigegröße zugeordnet werden. So erfolgt die Kalibrierung eines Amperemeters, mit dem ein Spannungsabfall in Millivolt an einem Shunt gemessen wird, typischerweise mit einer Zuordnung von einem Millivolt pro Ampere.

Kaltstartstrom In der Batteriespezifikation angegebene maximale Stromstärke in Ampere, die bei –18 °C für eine Dauer von 30 Sekunden zur Verfügung steht.

Kilovolt Einheit für Hochspannung, ein Kilovolt (kV) entspricht 1000 Volt (V).

Kohlebürsten sind elektrisch leitende, kleine Stifte, die an ihrer Stirnseite mit Federkraft gegen ein rotierendes Bauteil gepresst werden und so elektrischen Strom, beispielsweise an den drehenden Rotor einer Lichtmaschine, übertragen können. Sie nutzen sich mit der Zeit ab und können bei Bedarf gewechselt werden.

Krokodilklemmen Kleine, gezahnte Federklemmen aus Metall am Ende eines Kabels, mit denen eine temporäre Kabelverbindung hergestellt werden kann, typischerweise, um ein Messkabel an einem Messpunkt zu befestigen.

Kurzschluss Direkte Verbindung von Plus- und Minuspol, die aufgrund fehlenden Widerstands zu extrem hohen Stromfluss führt. Ein Kurzschluss kann direkt an den Batteriepolen durch eine versehentliche Verbindung auftreten oder überall im Bordnetz, wenn die Kabel von Plus- und Minusleitung in Berührung geraten.

L

Laderegler Elektronische Schaltung, die den Ladestrom einer Stromquelle, beispielsweise der Lichtmaschine oder einer Solarzelle, an die Batterie kontrolliert.

Ladestrom Der Ladestrom in Ampere, mit dem eine Batterie aufgeladen werden kann, ohne dabei Schaden zu nehmen oder zu überhitzen, ist begrenzt und richtet sich nach dem Batterietyp und der Batteriekapazität.

Glossar

Leerlaufspannung Die Spannung zwischen zwei Anschlusspunkten einer Spannungsquelle, wenn kein Strom fließt. Die Leerlaufspannung einer Solarzelle beträgt beispielsweise 18–20 V, wenn sie nicht mit einer Batterie verbunden ist.

Lichtmaschine Mechanisch angetriebenes Gerät zur Stromerzeugung. Die Lichtmaschine ist am Motor montiert und erzeugt in der Regel Wechselstrom, der in Gleichstrom umgewandelt wird, um die Batterien aufzuladen. Der Antrieb der Lichtmaschine erfolgt meist über einen Keilriemen von der Kurbelwelle des Motors.

M

Magnetfeld Fließt Strom durch einen Leiter oder ein Kabel, bildet sich ein elektromagnetisches Feld rund um den Leiter. Wird der Leiter mit vielen Wicklungen zu einer Spule geformt, kann das Magnetfeld ausgerichtet und verstärkt und zur Bewegung eines Schalters, wie bei einem Relais, oder zum Antrieb eines Elektromotors eingesetzt werden.

Magnetschalter Gleichbedeutend mit Relais. Zum Anlasser eines Verbrennungsmotors gehört ein Magnetschalter, der zunächst das Ritzel des Anlassers in die Schwungscheibe einrücken lässt und dann einen Kontakt schließt, sodass der Elektromotor des Anlassers mit Strom versorgt wird. Dadurch kann der Anlasser den Verbrennungsmotor drehen, bis dieser anspringt.

Mikrovolt Einheit für sehr kleine Spannungen. Ein Mikrovolt (µV) entspricht einem Millionstel Volt.

Millivolt Einheit für kleine Spannungen. Ein Millivolt (mV) entspricht einem Tausendstel Volt.

Minusleitung Teil eines Stromkreises, in dem der Strom von den Verbrauchern zum Minuspol der Batterie zurückgeführt wird. Die Minusleitung kann teilweise auch über den Motorblock erfolgen, wie es beim Anlasser und der Lichtmaschine häufig der Fall ist.

Multifunktionsdisplay Bildschirm zur Anzeige unterschiedlicher Parameter. Neben der Hauptfunktion als Kartenplotter mit digitalen Seekarten können auch Radarbilder, Videobilder von Bordkameras, AIS-Daten und weitere Informationen dargestellt werden.

Multimeter Batteriebetriebenes, digitales Vielzweck-Messgerät, mit dem man Gleich- und Wechselspannung, Gleichstromstärke und Widerstand messen sowie Dioden und Batterien testen kann. Umgangssprachlich auch als Voltmeter bezeichnet.

O

Opferanode Metallkörper aus Zink, Aluminium oder Magnesium, der am Unterwasserschiff angebracht wird und die metallischen Teile im Unterwasserbereich des Bootes, wie Propeller oder Propellerwelle, vor galvanischer Korrosion schützt. Die Opferanode wird mit der Zeit aufgebraucht und zersetzt sich. Sie muss bei Bedarf ausgetauscht werden.

P

Parallelschaltung Bei einer parallelen Schaltung zweier Batterien zu einer Batteriebank werden der Pluspol mit dem Pluspol und der Minuspol mit dem Minuspol verbunden, sodass die Spannung der Batteriebank gleichbleibt, sich die Kapazitäten der Batterien aber addieren, vgl. Reihenschaltung.

Polarität Die Zuordnung von zwei Punkten, zwischen denen eine Potenzialdifferenz, das heißt eine elektrische Spannung, besteht, nennt man Polarität. Bei einer Batterie, oder allgemein bei Gleichspannung, sind dies der positive Pol, Pluspol oder Anode und der negative Pol, Minuspol oder Kathode.

Potenzialdifferenz Der Spannungsunterschied in Volt zwischen zwei Punkten in einem Stromkreis.

R

RCD oder Fehlerstrom-Schutzschalter Sicherheitsvorkehrung bei 230-V-Wechselstrom, die die Stromstärke in der Phase und im Neutralleiter überwacht. Bei einwandfreier Funktion ist die Stromstärke in beiden Leitern gleich. Fließen auch nur 30 mA Fehlerstrom über die Erdung oder den Schutzleiter ab, unterbricht die RCD sowohl die Phase als auch den Neutralleiter.

Reihenschaltung Batterien sind in Reihe oder seriell geschaltet, wenn man sie hintereinander, das heißt mit dem Pluspol der einen Batterie an den Minuspol der anderen Batterie, verbindet. Dadurch bleibt die Kapazität gleich, aber die Batteriespannungen addieren sich. So kann man aus zwei 12-V-Batterien eine 24-V-Batteriebank bilden. Vgl. Parallelschaltung

Relais Elektro-mechanischer Schalter, der mit einem Elektromagneten ein- und ausgeschaltet wird. Der Schaltstrom, der den Elektromagneten aktiviert, kann mit wenigen hundert Milliampere sehr gering ausfallen, während der über das Relais eingeschaltete Strom sehr hohe Stromstärken haben kann.

S

Sammelschiene Längliche Metallplatte, meist aus Kupfer oder einem anderen sehr gut leitenden Material, mit mehreren Schraubklemmen. Die Sammelschiene erleichtert den Anschluss vieler Kabel an einem gemeinsamen Kontaktpunkt.

Schrumpfschlauch Kunststoffschlauch, der seinen Durchmesser bei Hitzeeinwirkung verringert und zur Abdichtung und Isolierung von elektrischen Verbindungen verwendet wird.

Signalleitung Kabel von einem Sensor zu einem Anzeigegerät oder einer Kontrolleinheit zur Übertragung der Messwerte des Sensors.

Spannungsabfall Verminderung der Spannung in einem Stromkreis, hervorgerufen durch Widerstände in Bauteilen, oft auch durch schlechten Kontakt an Verbindungsstellen oder durch große Kabellängen.

Stromkreis Elektrische Schaltung bestehend aus mindestens einer Stromquelle und einem mit Kabeln verbundenem Verbraucher. Zudem befinden sich in einem Stromkreis häufig Schalter und Sicherungen. Der Stromkreis beginnt und endet am positiven und negativen Batteriepol.

Stromzange oder Zangenstrommesser Messgerät für die Bestimmung der Stromstärke, das um ein Kabel gelegt werden kann, ohne das Kabel zuvor lösen zu müssen. Geeignet zum Messen hoher Stromstärken.

T

Thermoelement Sensor zur Temperaturmessung, bestehend aus einem Paar metallischer Leiter aus unterschiedlichem Material, die an einem Ende verbunden sind und elektrische Energie aus Wärme erzeugen. Die erzeugte Spannung ist direkt proportional zur Temperatur.

Trenndioden Der Ladestrom einer Lichtmaschine kann mit Trenndioden auf mehrere Batterien aufgeteilt werden, die dadurch unabhängig voneinander geladen werden können. Die Batterien sind auch dann voneinander isoliert, wenn keine Ladung erfolgt, und können sich nicht gegenseitig beeinflussen oder entladen.

U

Überbrückungsschalter Manueller Batterieschalter, der einen automatischen Batterieschalter oder Trenndioden umgeht. Mit einem Überbrückungsschalter kann im Notfall der Motor auch mit den Verbraucherbatterien gestartet werden, was durch automatische Batterieschalter normalerweise verhindert wird.

Überladung Die Aufladung einer Batterie mit zu hohen Stromstärken oder über zu lange Zeiträume führt zu einer starken Erwärmung des Elektrolyts, sodass der Wasseranteil im Elektrolyt zu verdunsten beginnt und der Druck in den Batteriezellen ansteigt. Durch Überladung wird die Batterie beschädigt.

Universal Input Bezeichnung für Elektrogeräte, die überall auf der Welt an die unterschiedlichen Wechselstromspannungen von 80–250 V und 40–70 Hz angeschlossen werden können, ohne am Gerät eine Einstellung vornehmen zu müssen.

V

Verbraucherbatterien Im Gegensatz zur Starterbatterie eine Bezeichnung für die Batterien im Bordnetz, die elektrische Geräte mit Strom versorgen, aber nicht für den Motorstart verwendet werden.

Verstärker Elektronische Schaltung, die die Spannung eines analogen Eingangssignals mehrfach verstärkt und als analoges Ausgangssignal weiterleitet.

W

Wartungsfrei Batterien mit verschlossenen Zellen werden als wartungsfrei bezeichnet, da man die einzelnen Zellen nicht öffnen und weder den Elektrolytstand überprüfen noch destilliertes Wasser nachfüllen kann.

Wechselstrom ändert im Gegensatz zu Gleichstrom fortlaufend und regelmäßig seine Polarität. Wie oft das pro Sekunde geschieht, wird in Hertz (Hz) gemessen.

Z

Zangenstrommesser oder Stromzange Messgerät für die Bestimmung der Stromstärke, das um ein Kabel gelegt werden kann, ohne das Kabel zuvor lösen zu müssen. Geeignet zum Messen hoher Stromstärken.

Zyklenfestigkeit gibt die Anzahl der möglichen Lade- und Entladevorgänge einer Batterie an und hängt in großem Maße von der Batterieart und der Ausführung ab.

Register

G

H

I

J

K

L

M

Register

U

V

W

Z

Fotonachweis und Danksagung

Der Verlag bedankt sich für die zur Verfügung gestellten Fotos und Abbildungen bei folgenden Agenturen und Fotografen:

Alamy 12, 36–37, 152–153
Peter Caplan 42
Corbis 40
istockphoto.com 2–3, 10–11, 20–21, 50–51, 62, 116, 164
Jake Kavanagh 166–169
The National Maritime Electronic Association (NMEA) 144–145
Rupert Holmes 86–87, 114–115
Shutterstock 58–59, 136–137

Der Autor dankt folgenden Firmen und Personen für die zur Verfügung gestellten Fotos und Abbildungen:

Active Research Ltd. (Actisense), Advanced Yacht Systems, Airmar Technology corporation, Ampair, Andrew Simpson (S. 173), Bardon Batteries, BOC (Linde Group) (S. 75), CC Marine, Eclectic Energy Ltd., Fuel Cell Systems Ltd., Furneaux Riddall, Marlec Engineering Ltd., Mastervolt, Merlin Power Systems, Murata Power Solutions, National Maritime Electronics Association, Optima Batteries UK, Richborough Consultants, Smart Gauge Electronics, Sterling Power Products Ltd., Victron Energy BV.

Der Autor bedankt sich für die Unterstützung bei Fotoaufnahmen bei:

Aspire Boat Sales Ltd., Sarisbury Green; Hamble School of Yachting, Hamble Pascoe International, Sarisbury Green; Quintessence Sea School, Sarisbury Green; Raymarine Ltd., Fareham; Universal Marina, Sarisbury Green; Vortec Marine, Port Solent.

Dank auch an: Sarah Doughty, Judith Chamberlain-Webber, Rupert Holmes und die Ivy-Group, Studio Peters & Zabranski für künstlerische Gestaltung und an Andrew Simpson für die technische Beratung, und »last but not least« möchte ich meiner Frau Sue Johnson für ihre unschätzbare Unterstützung und Ermutigung danken.